공학도를 위한

전기·전자회로 기초실험

김락환·김준식·권오상 공저

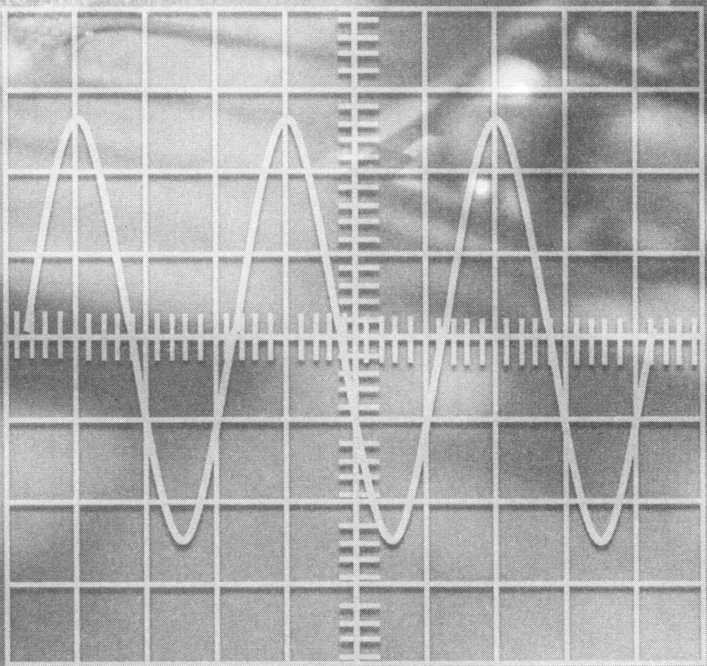

오성미디어

머리말

전기·전자·정보통신공학은 내용이 다양하고 발전속도가 매우 빠르고, 첨단을 지향하는 분야이기에 산업 전반에 폭넓게 적용되고 있다. 오늘날 정보통신기술(IT), 컴퓨터 계측제어, 산업전자의 발달은 이러한 첨단 전기·전자·정보통신공학기술의 향상에 기인하는 것이다.

본 실험교재는 전기·전자·정보통신 관련학과에서 요구하는 필수적인 하드웨어 기초과정에 해당하는 내용을 선별하였으며, 1년 과정으로 기초 실험수업을 하는데 무리가 없을 것으로 생각된다.

이 실험교재에서는 각 실험마다 실험과정을 자세히 설명하였으며, 또한 실험에 필요한 이론을 요약하여 정리하였다. 이렇게 함으로써 실험내용에 대한 예습을 통하여 이론지식을 갖고 실험에 임할 수 있으므로 실험이해는 물론 응용능력 향상에도 크게 도움이 되리라 생각된다.

이 실험교재를 펴내면서 국내외 여러 도서를 참고하였기에 이들 저자님들에게 깊은 감사의 말씀을 드립니다.

실험테마설정 및 내용에 누락된 점이 있으리라 생각되어 독자 여러분의 고견에 따라 수정·보완해 나갈 것이다.

본 교재가 전기 · 전자 · 정보통신 분야를 이용하는 산업체 종사자와 공학도들에게 조금이나마 도움이 되길 바란다.

아울러 본서의 출판과정에서 지대한 관심을 가지시고 저자와 많은 대화를 나누어 주신 오성미디어 오성결 사장님이하 직원 여러분들에게 깊은 감사를 드립니다.

2010년 2월 저자 일동

목 차

실험 1 전기 · 전자기초

1.1 전기의 정의

전기란 하나의 자연현상으로 사람의 눈으로 볼 수 없는 무형으로 존재하는 에너지의 한 형태이다. 전기의 모든 작용은 전자(Electron)라는 작은 입자가 **한 곳에서 다른 곳으로 움직임**으로써 발생되며, 전기를 발생시키려면 **전자의 움직임**이 발생해야 하며, 전자를 움직이기 위해서는 일정한 형태의 **에너지**가 필요하다. 사용할 수 있는 에너지는 **마찰, 압력, 열, 빛, 자기, 화학작용** 등이다.

1.2 원자

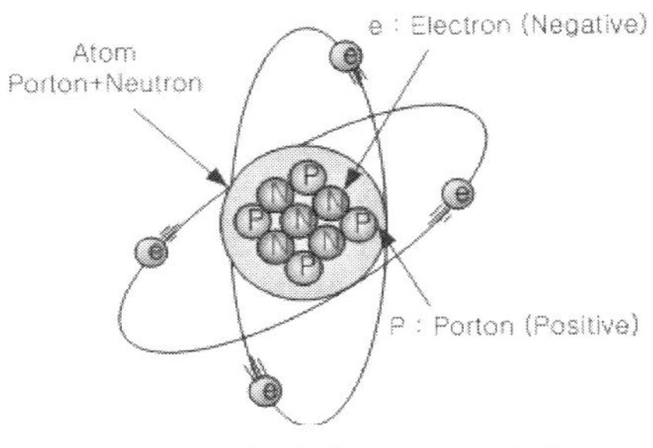

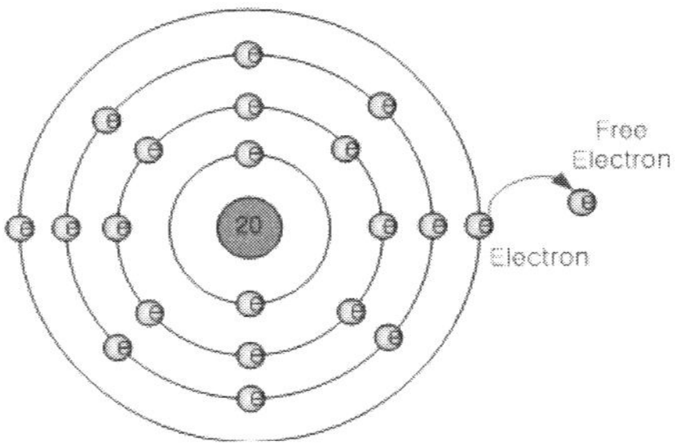

원자궤도 : K(2전자)+L(8전자)+M(18전자)+N(18전자)

그림1.1 원자의 구조 그림1.2 원자궤도의 구성

원자의 제일 바깥쪽 궤도의 전자는 원자핵에 가까운 궤도에 있는 전자보다는 원자핵으로 끌리는 힘이 약하다. 따라서 이 최외곽 전자들은 작은 외부 힘으로 쉽게 그 궤도를 벗어나게 할 수 있다. 이와 같이 궤도를 벗어난 전자를 자유전자(Free Electron)라고 한다. 모든 전기적인 효과는 이 자유전자에 의하여 발생한다.

1.3 인력과 척력

양자(Porton)와 전자(Electron)는 같은 극성끼리는 밀어내는 **힘(척력)**, 다른 극성끼리는 잡아당기는 **힘(인력)**을 갖는 성질이 있다.

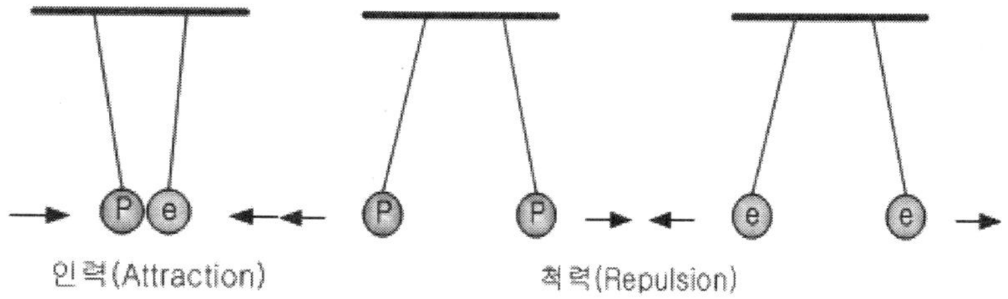

그림1.3 인력과 척력

1.4 전하(Electric charge)와 전하량

원자핵이나 전자가 전기적 성질을 가지고 있는 입자를 전하(Electric charge)라 하며 **전기적인 일(에너지)**을 할 수 있는 입자이며, 극성에 따라 양전하(positive electric charge)와 음전하(negative electric charge)가 있다. 전하의 기호는 Q 이며 단위는 쿨롱[C]를 사용한다. 1개의 전자는 1.6×10^{-18}[C]의 전하량을 가진다.

$$Q = \frac{Total\ Electron\,(n)}{6.24 \times 10^{18}}$$

1[C]는 6.25×10^{17}개의 전자가 1초 동안 이동하는 전기량을 말한다.

1.5 마찰전기

중성인 두 물체를 문지르면 전기적으로 **대전(charging)**되는데 이를 마찰 전기라 한다. 처음에 중성이었던 두 물체가 대전되는 것은 새로운 전하가 생성되는 것이 아니라, 한 물체 내에 있던 전자가 마찰에 의해 발생한 에너지에 의해 다른 물체로 이동하기 때문이다. 즉, **전하는 새로 생성되거나 소멸하지 않고 보존된다. 양전하**로 대전되었다는 것은 그 전하와 같은 양의 전자가 부족한 상태이고, 그 반대로 **음전하**로 대전되었다는 것은 전자의 양이 과잉된 상태를 말한다.

1.6 전류(Current)

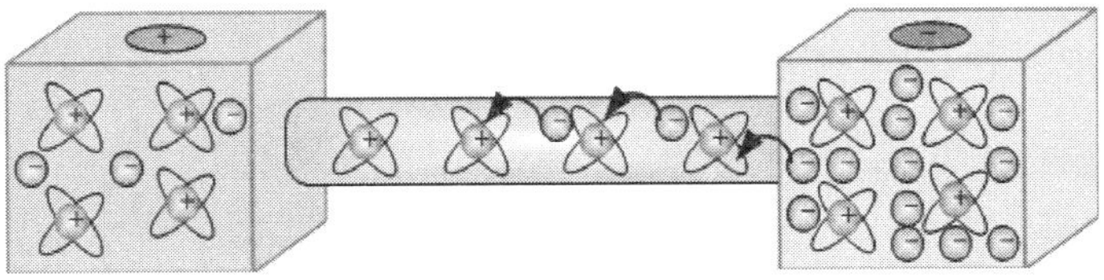

그림1.4 전자의 흐름

전하가 연속적으로 이동하는 현상을 전류(Current)라 한다. 즉 전류란 단위 시간 [sec, 초]당 이동한 전하량을 말한다.

$$I\,[A] = \frac{Q[C]}{t\,[s]}$$

전류의 기호는 I이고, 전류 세기의 단위는 암페어[A](Ampere)이다. 1[A]는 1[s] 동안 1[C]의 전하가 정해진 점을 **통과(흐르는)**하는 것을 말한다. 전류는 (+)에서 (-)로 흐르지만 전자는 (-)에서 (+)로 이동한다.

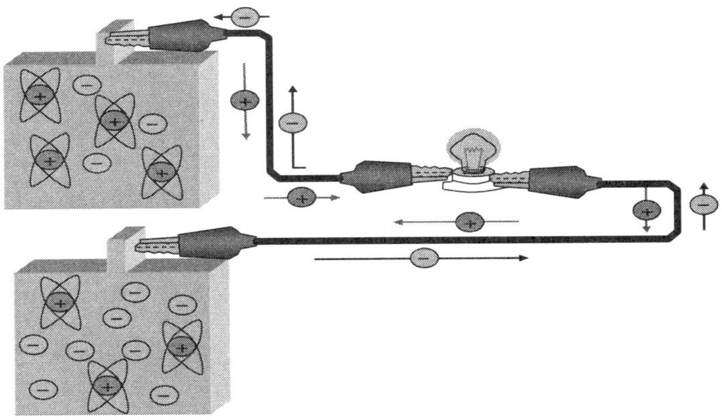

그림1.5 전류의 흐름

1.6.1 전류의 3대 작용

(가) 전류의 발열작용

니크롬선과 같은 저항체에 전류가 흐르면 열이 발생하는데, 이를 전류의 열작용이라고 한다. 전류의 열작용 원인은 저항체에 전압을 걸면 자유 전자들이 (-)극에서 (+)극으로 이동하며 전류가 흐른다. 이 때 자유 전자가 이동하면서 물질을 구성하고 있는 원자들과 충돌하는데, 이로 인해서 열이 발생한다. 전류의 열작용을 이용한 것으로는 전기장판, 전기난로, 전기다리미, 전기 주전자 등이 있다.

(나) 전류의 자기작용

전류가 흐르는 도선 주위에 자침을 놓으면 자침의 바늘이 움직이는 것은 도선 주위에 발생하는 자기장과 자침의 자기장이 서로 작용하기 때문이다. 전류의 자기작용 중에 것으로 전동기는 도선이 자기장 내에서 받는 힘을 이용하여 회전운동을 얻는 장치이다.

(다) 전류의 화학작용

전해질 속을 전류가 흐르면 전극에 이온이 도달해 방전하고 기체를 발생시키며 금속이 석출되는 전기분해, 또 그것과 반대로 전극에서 물질이 이온으로 이온화 함으로써 기전력이 생기는 현상을 전류의 화학작용이라고 한다. 전류의 화학작용을 이용한 것으로는 충전 가능한 밧데리 등이 있다.

1.7 전압(Voltage)

전압은 전자를 움직이는 힘 혹은 압력이다. 전압을 전위차(Potential difference)라고도 한다. 1[C]의 양전하를 옮기는데 1[J]의 일이 필요할 때, 두 점 사이의 전위를 1볼트(V)라고 하고, 이것은 전위차 또는 전압의 단위로 사용한다.

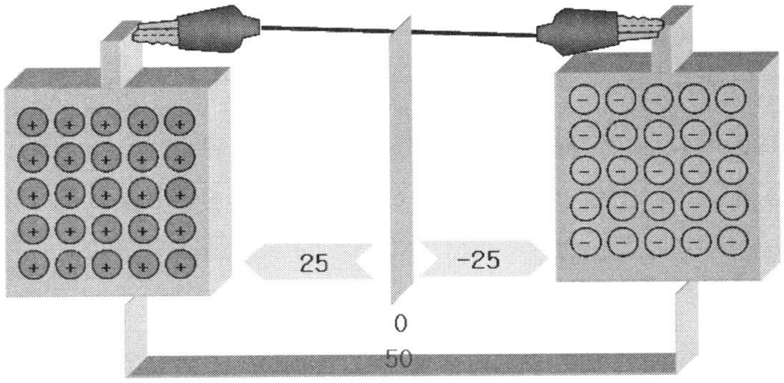

그림1.6 전위차

전압의 기호는 V이고, 전압의 단위는 볼트[V](Volt)이다. 전압 1[V]는 약6.24×10^{18}개의 전자가 이동하면서 1[J]의 일을 하는데 필요한 힘(압력)의 세기를 말한다.

(1) 유체 시스템에서 압력이 높으면 유체의 흐름이 빨라진다.
(2) 전기적 시스템에서 전압이 낮으면 전류가 감소하고, 전압이 높으면 전류는 증가한다. 즉 전류는 전압에 대해 비례적이다. ($I \propto V$)

1.8 도체 (Conductor)

도체(Conductor)는 전자가 흘러가는 통로를 제어한다는 의미로 사용된다. 전도성(conductance)은 전류를 운반하는데 **얼마나 좋은 도체**인가의 측정값이다. 컨덕턴스의 기호는 G이고 저항(resistance)의 역수이며, 단위는 모호[℧]이다.

$$\text{컨덕턴스}(G) = \frac{1}{\text{저항}\ (R)} \quad [\Omega^{-1}]$$

즉 컨덕턴스는 저항에 대해 반비례적이다.

1.9 저항(Resister)

저항은 도선을 따라 흐르는 전류의 흐름을 억제하는 것을 말한다. 저항값이 클수록 전류는 적게 흐르고, 저항이 작으면 전류는 많이 흐른다. 저항의 기호는 Resister 의 약자 R 로 표시하고, 단위는 오옴(Ω: ohm)으로 표시한다. 저항은 전류의 흐름을 억제하는 동시에 전기적인 부하를 의미한다. 부하(Load)란 전기적 ·기계적 에너지를 발생하는 장치의 출력에너지를 소비하는 것, 또는 소비하는 동력(動力)의 크기를 의미한다.

1.10 전기회로(Electric circuit)

전기회로란 전류가 흐르는 길을 말한다. 전기회로에서 회로가 도중에 끊겨있거나 스위치가 열려있으면 전류는 흐르지 않는다. **전원에서 나온 전류는 전기회로를 따라 다시 전원으로 돌아가야 한다**. 전기회로에는 개방회로(Open circuit), 닫힌회로(Close circuit), 단락회로(Short circuit)가 있다.

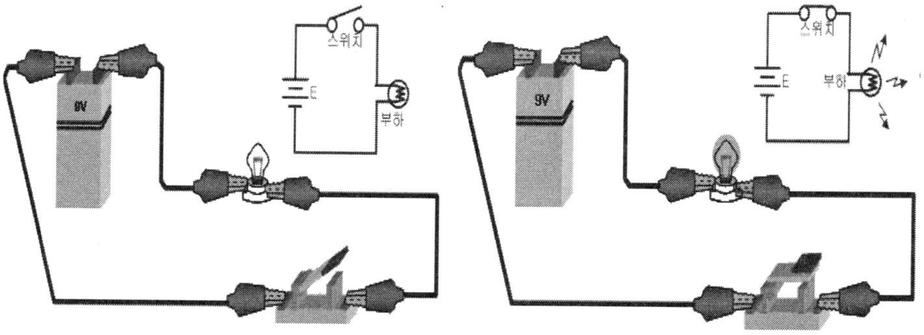

(a) Open circuit (b) Close circuit

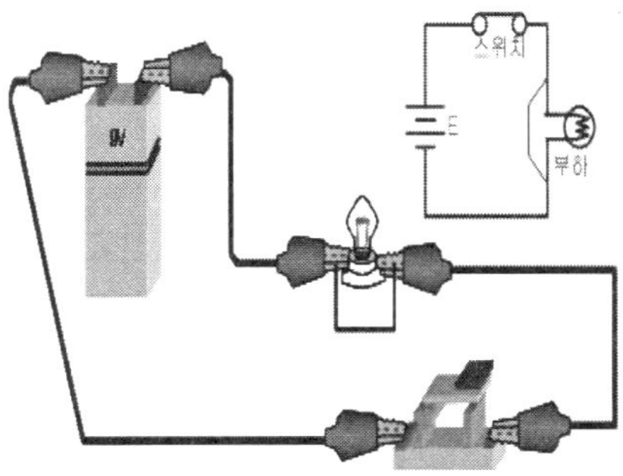

(c) Short circuit

그림1.7 전기회로의 종류

1.11 전력(Power)

전력은 전류에 의해 단위시간당 이루어지는 일의 양을 말하며, 기호는 P, 단위는 와트(W : Watt)를 사용한다. 1W는 1[V]의 전압으로 1[A]의 전류가 이동하면서 소비되는 에너지이다.

$$P = V \times I[V][A] = V \times I[W] = \frac{W}{t}[J/s]$$

$$P = V \cdot I = I^2 \cdot R = \frac{V^2}{R}[W]$$

전기가 하는 일의 양은, 전력(P)에다, 전류가 에너지를 소비한 시간(t)을 곱하면 된다. 이것을 전력량이라고 한다. 따라서 전력량은

(전력량) = (전력) x (시간)

이다.

전력량의 단위는 와트·시(Wh)로 표시하는데, 보통은 킬로와트·시(kWh)가 사용된다. 이것은 1킬로와트의 전력을 1시간 사용했을 때의 전력량이다.

1.12 전기의 기본 단위계

표1.1 SI 단위계

양	기호	명칭	단위	양	기호	명칭	단위
전류	I	Ampere	A	에너지	P	Watt	W
전압	V	Volt	V	전하	Q	Coulomb	C
전력	P	Watt	W	정전용량	C	Farad	F
저항	R	Ohm	Ω	인덕턴스	L	Henry	H
컨덕턴스	G	Mho	℧	주파수	f	Hertz	Hz

표1.2 배수계

명칭	Tera	Giga	Mega	kilo	centi	milli	micro	nano	pico
기호	T	G	M	k	c	m	μ	n	p
배수	10^{12}	10^{9}	10^{6}	10^{3}	10^{-2}	10^{-3}	10^{-6}	10^{-9}	10^{-12}

표1.3 전기 심볼

명칭	심볼	명칭	심볼	명칭	심볼
접지	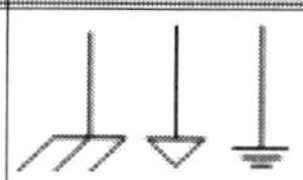	스위치		콘덴서	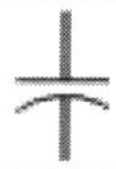
휴즈		직류전원	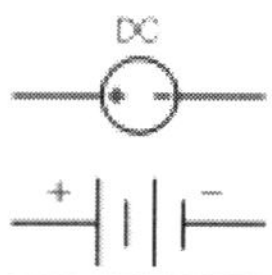	교류전원	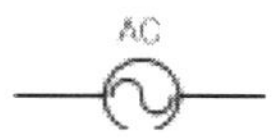
저항		가변저항	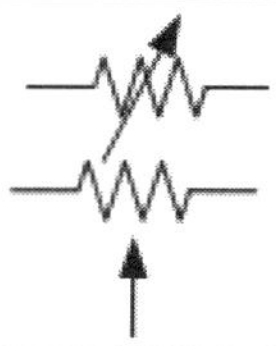	코일	
다이오드	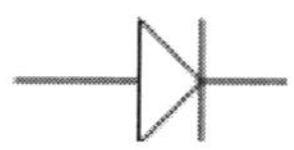	도선의 결합	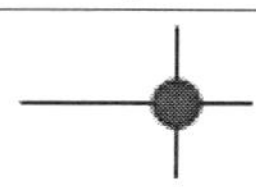	변압기	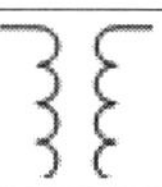
디지털 멀티메타	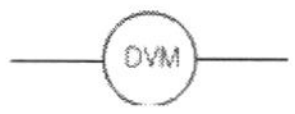	전압계		전류계	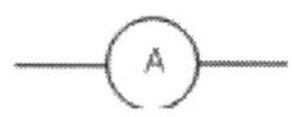

실 험 보 고 서

실험제목			실험일자	
학년	반	학번	실험조	성명

1. 만약 5×10^{19}개의 전자가 4초 동안 도체의 한 점을 통과할 때 몇[A]의 전류가 흐르는가? ________________ [A]

2. (+)로 대전된 물체와 (-)로 대전된 물체가 서로 가까이 접근하면 __________________ 한다.

3. 다음을 전기 배수계를 사용하여 변환하시오.
   1) 0.003A = ________________ mA
   2) 0.07mA = ________________ μA
   3) 7333mA = ________________ A
   4) 1275μA = ________________ mA
   5) 3000 V = ________________ kV
   6) 0.14 V = ________________ mV
   7) 1500kV = ________________ MV

4. 전하 1[C]은 몇 개의 전자로 이루어져 있는가? __________ [개]

5. 전압을 다른 말로 표현하면 ________________ 이다.

6. 전기회로 중 최대의 전류가 흐르는 회로는 _________회로이다.

7. 전자는 ___ 에서 ____로 흐르고, 전류는 ___ 에서 ____로 흐른다.

8. 저항의 주 기능을 설명하시오. ________________________________

절취선

9. 전압은 있으나 전류는 흐르지 않는다, 전압이 있고 전류도 흐른다, 전압도 없고 전류도 흐르지 않는다, 전류는 있으나 전압은 흐르지 않는다. 의 내용 중에서 전기회로 내에서 가능하지 않은 것은?

10. 전류에 대한 정의 전류란 ______________________________ 이다.

11. 전압에 대한 정의 전압이란 ______________________________ 이다.

12. 전류의 3대 작용으로는 __________, __________, __________ 이다.

13. 전압의 기호와 단위를 쓰시오. 기호 : ________ 단위 : ________

14. 전류의 기호와 단위를 쓰시오. 기호 : ________ 단위 : ________

15. 전력의 기호와 단위를 쓰시오. 기호 : ________ 단위 : ________

16. 전기회로의 종류를 쓰시오. ______________________________

17. 12[V], 300[mA] 전원 공급 장치의 최대 전력은 얼마인가. __________

18. 다음 중 가장 큰 전력 양을 나타낸 것은?

(1) 1시간 동안 7500[W] (2) 30분 동안 127,000[W]

(3) 6시간 동안 25[W]

19. 접지 기호를 그리시오.

20. DC 전원 기호를 그리시오.

실험 2 전압 · 전류 측정

<table>
<tr><td>실습목적</td><td colspan="4">• 디지털멀티미터와 브레드보드의 사용법을 숙지한다.
• 브레드보드에 전기회로를 꾸미는 방법을 학습한다.
• 디지털멀티미터로 전압과 전류를 측정하는 방법을 학습한다.</td></tr>
<tr><td rowspan="3">실습준비물</td><td>계측기</td><td colspan="2">• 디지털 멀티미터
• 가변직류전원장치</td><td>1대
1대</td></tr>
<tr><td rowspan="2">부 품</td><td>• 브레드보드</td><td></td><td>1개</td></tr>
<tr><td>• 저항</td><td>100Ω, 220Ω, 300Ω
470Ω, 680Ω, 1kΩ, 2kΩ</td><td>각1개</td></tr>
</table>

I 이 론

2.1 전원공급기 (DC Power Supply)

기초 전기 · 전자공학 실험에서 많이 사용되는 전원공급기로는 그림2.1과 같다. 이 모델은 0~30 V 까지 연속적으로 가변이 가능한 2개의 출력을 갖고 있다. 또한 출력 전류는 0~3A까지 Current Limiting의 연속 가변이 가능한 정전류(Constant Current) 방식으로 되어 있다. 그림2.1은 2채널의 출력전압을 얻을 수 있는 일반적인 전원공급 장치이다.

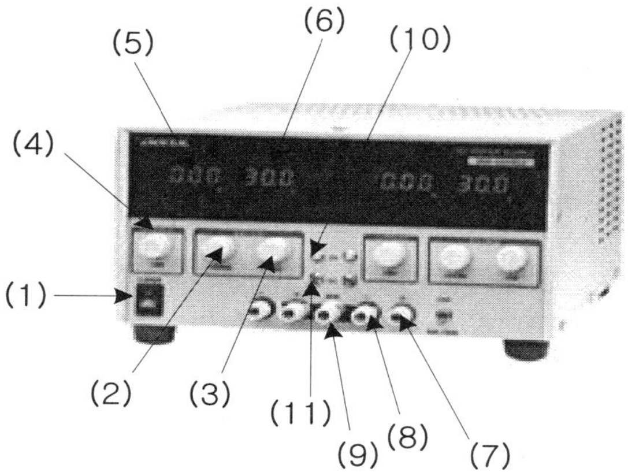

그림2-1 전원공급기

(1) 전원 스위치	위로 누르면 전원이 켜지고, 아래로 누르면 꺼짐
(2) 전압 조정다이얼	이 다이얼을 돌리면 출력전압이 가변
(3) 전압미세조정다이얼	이 다이얼을 돌리면 전압을 미세하게 조정할 수 있다.
(4) 전류 조절다이얼	이 다이얼을 돌리면 전류를 조절할 수 있다.
(5) 전류 표시창	현재 전기회로에 흐르는 전류의 크기를 보여준다.
(6) 전압 표시창	출력되는 전압의 크기를 보여준다.
(7) (+)단자	+ 전압이 출력
(8) (-)단자	- 전압이 출력
(9) COM	공통 접지단자
(10) CV 램프	전기회로에 정상적으로 전류가 흐르고 있음을 표시
(11) CC 램프	전기회로에 과전류가 흐르고 있음을 표시

2.1.1 사용방법

10V의 전압을 출력하고자 할 경우 우선 전원을 켜고 전압조정 레벨로 10V 근사값까지 맞춘 후 전압미세조정 다이얼을 돌려서 정확히 10V를 맞춘다. 다음에 10V를 회로에 인가할 경우 전류조절 다이얼을 오른쪽으로 돌려 적당한 곳에 위치시킨다. 회로에 전류가 많이 흐를 경우에는 오른쪽 끝에 위치하도록 하고, 적은 전류일 경우 가운데 위치에 맞추면 된다. 이때 전류 조정다이얼을 돌린다고 해서 전류 표시창에 전류가 표시되는 것은 아니다. 전류 조정다이얼을 중간에 위치하고 전기회로에 전원을 공급했는데 CC램프가 켜진다면 설정한 전류치 보다 전기회로

에 더 많은 전류가 흐르기 때문이다. 이때는 전류 조정다이얼을 오른쪽으로 돌리면 된다. 다이얼을 오른쪽 끝까지 돌렸는데도 CC램프가 켜지면 이는 전기회로가 단락되었거나, 전기회로에 3A 이상이 흐르는 것이다. 이와 같이 과전류가 흐르게 되면 전압 표시창에 표시된 설정 출력전압이 변하게 된다. 따라서 전원전압기는 CV램프가 켜지면 전기회로가 정상 상태이다.

2.2 디지털 멀티미터(DVM)

디지털 멀티미터는 교류전압 (AC), 직류전압(DC), 교류전류, 직류전류, 저항 측정을 할 수 있다. 그림2.2는 범용의 디지털 멀티미터를 나타낸다. 이 그림에서 각부의 명칭과 기능은 다음과 같다.

(1) 10A 입력단자	10A의 전류를 연속으로 측정할 때 사용하는 단자
(2) COM 단자	GND 단자
(3) Ω·V	전압과 저항을 측정할 때 사용하는 단자
(4) mA 입력단자	10A 이하의 전류를 측정할 때 사용하는 단자

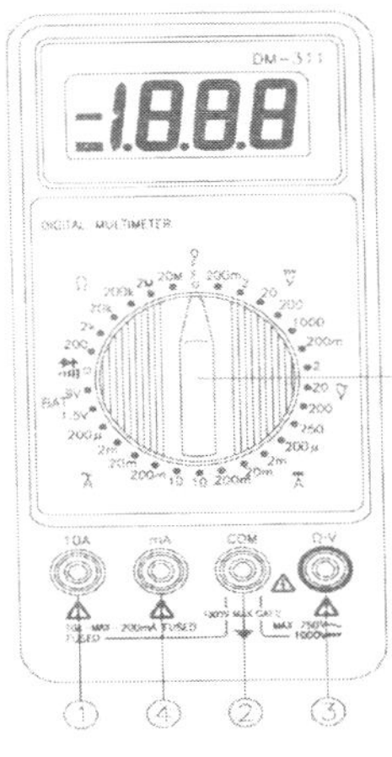

그림2.2 디지털 멀티미터 외관

2.2.1 기능선택

⎓ V	직류 전압	DC V	Ω	저 항	R
~ V	교류 전압	AC V	⊣▶⊢ •)))	다이오드 및 도통	BZ
⎓ A	직류 전류	DC A	FREQ	주파수	F
~ A	교류 전류	AC A			

2.2.2 입력단자와 과전압 입력 제한 범위

(*AC(교류)값은 실효값(RMS))

기 능	입력단자		최소표시값	최대표시값	최대입력
전압(V)	VΩHz	COM	0.1mV	1000V	1000VDC, 750VAC
전류(10A)	10A	COM	0.01A	10A	10A/250V
전류(mA)	mA	COM	0.001mA	200mA	200mA/250V
저항(Ω)	VΩHz	COM	0.1Ω	20MΩ	600VAC/DC(1분)
주파수(Hz)	VΩHz	COM	10Hz	200kHz	250VAC/DC
도통시험	VΩHz	COM			600VAC/DC
다이오드시험	VΩHz	COM			600VAC/DC(1분)

2.2.3 테스터 리드선 연결방법

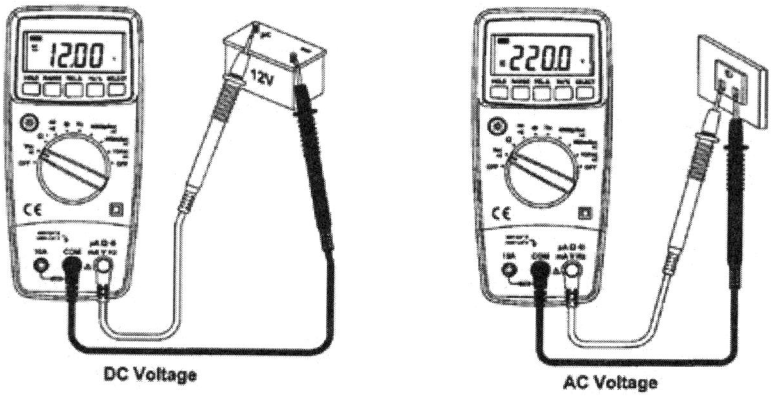

그림2.3 DC/AC 전압 측정

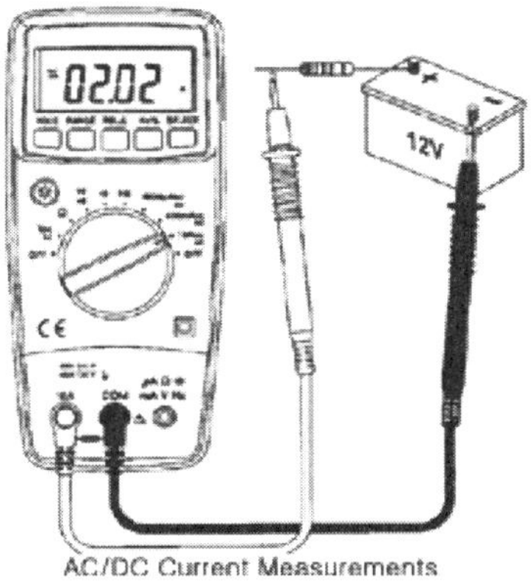

AC/DC Current Measurements

그림2.4 DC/AC 전류 측정

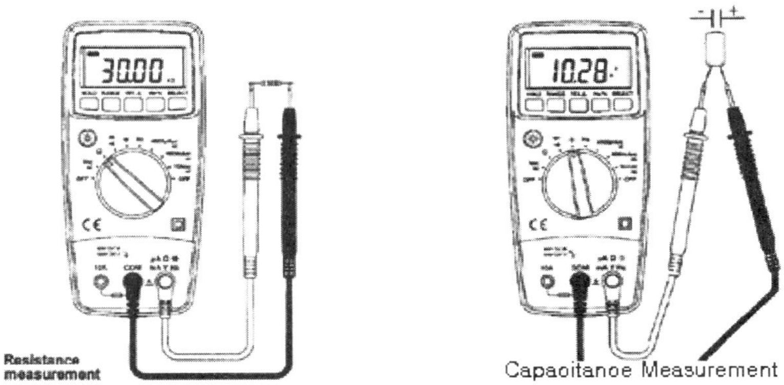

그림2.5 AC, 저항/콘덴서 측정

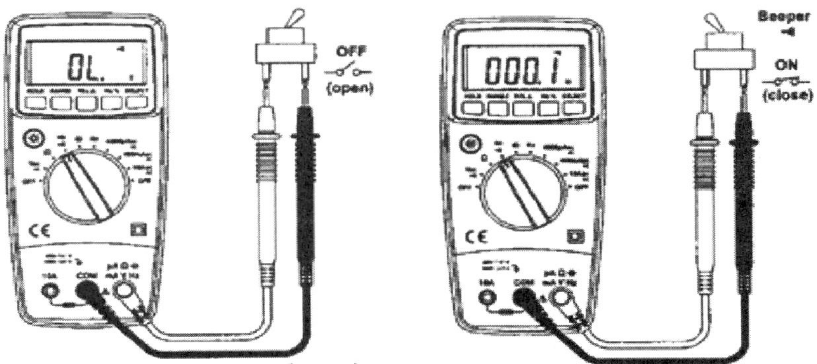

Continuity Measurement(open)　Continuity Measurement(close)

그림2.6 도통 측정

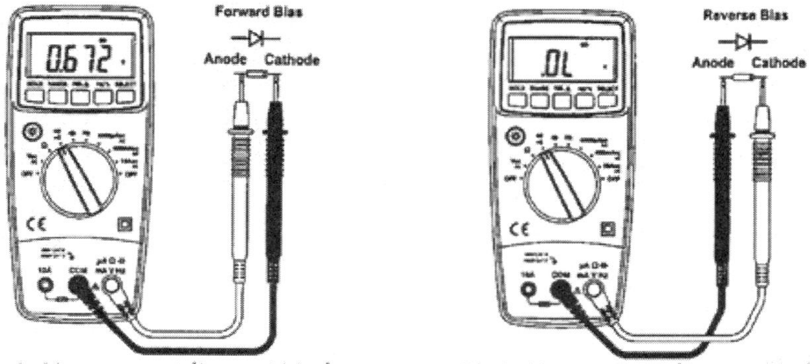

Diode Measurement (forward bias) Diode Measurement (reverse bias)

그림2.7 다이오드 시험

2.3 브레드보드

브레드보드는 그림 2.8(a)와 (b)같은 형태로서 전기·전자실험에서 기판에 납땜 혹은 기타 연결수단을 사용하지 않고도 회로를 구성할 수 있는 회로 제작용 보드이다. 그림 2.9는 브레드보드를 사용하여 회로를 구성할 때 양호한 연결과 불량한 연결을 보여준다.

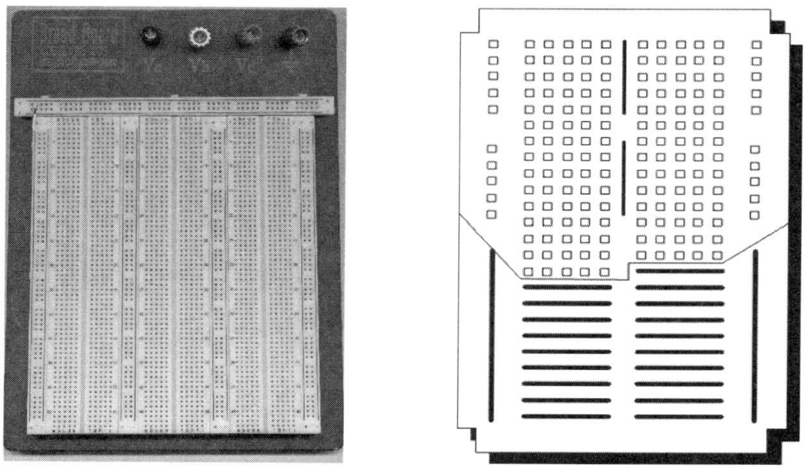

(a) (b)

그림2.8 브레드보드

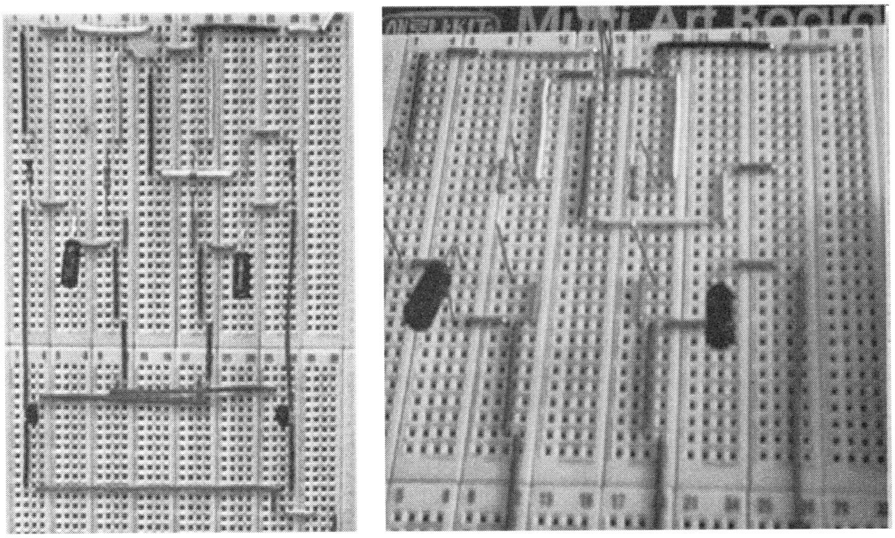

그림2.9 브레드보드 사용 예

2.4 전압과 전류의 측정

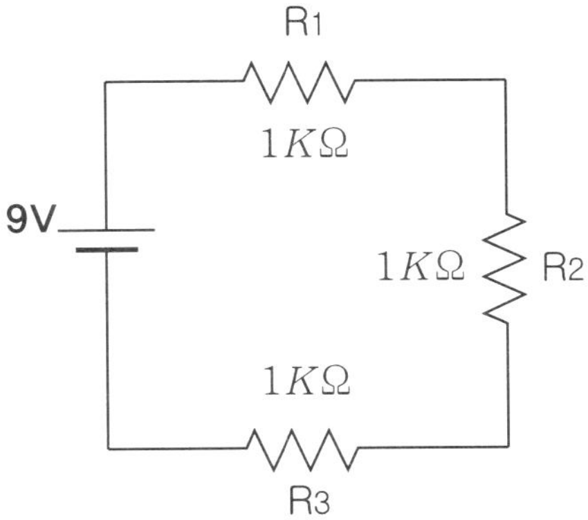

그림2.10 브레드보드 위에 구성할 회로

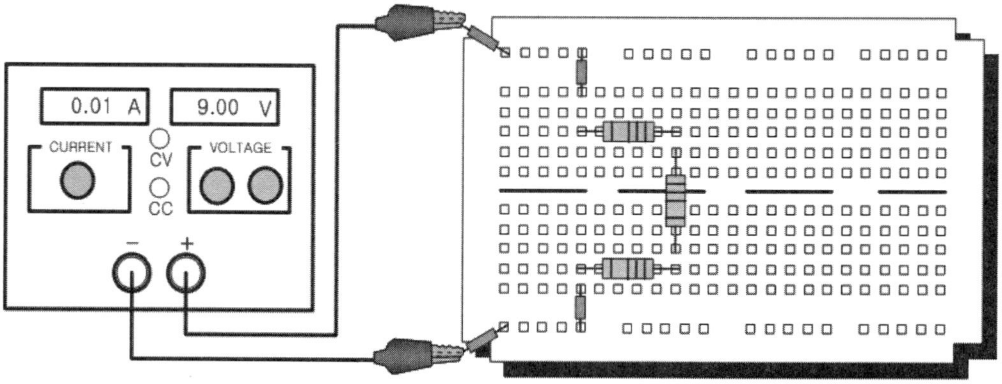

그림2.11 브레드 보드에 그림2.10 구성

2.4.1 전압 측정

전기회로의 **전압측정은 측정기(멀티미터)를 피측정물에 대해 항상 병렬로 위치시킨다.** 전압 측정 시 적색프로브는 측정기로 전류가 들어오는 곳에 위치하고, 흑색프로브는 전류가 나가는 곳에 위치하면 된다. 그림2.12는 브레드보드에 그림2.10 회로를 구성한 후 디지털 멀티미터를 사용하여 전압을 측정하는 방법을 나타낸 것이다.

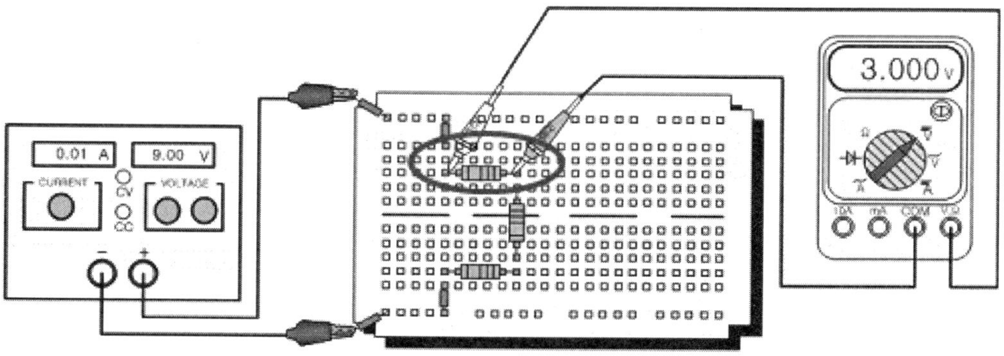

그림2.12 전압측정

2.4.2 전류 측정

전기회로의 **전류측정은 측정기(멀티미터)를 피측정물에 대해 항상 직렬로 연결**하여 측정한다. 전류 측정 시 적색프로브는 측정기로 전류가 들어오는 곳에 위치하고, 흑색프로브는 전류가 나가는 곳에 위치하면 된다. 그림2.13은 브레드보드에 그림2.10 회로를 구성한 후 디지털 멀티미터를 사용하여 전류를 측정하는 방법을 나타낸 것이다. 그림 ①과 같이 저항과 점프선 사이의 연결을 끊은 후 멀티미터의 적색 프로브를 점프선에 접촉하고, 흑색 프로브를 저항의 한쪽 끝에 접촉시킨 후 전류값을 읽는다.

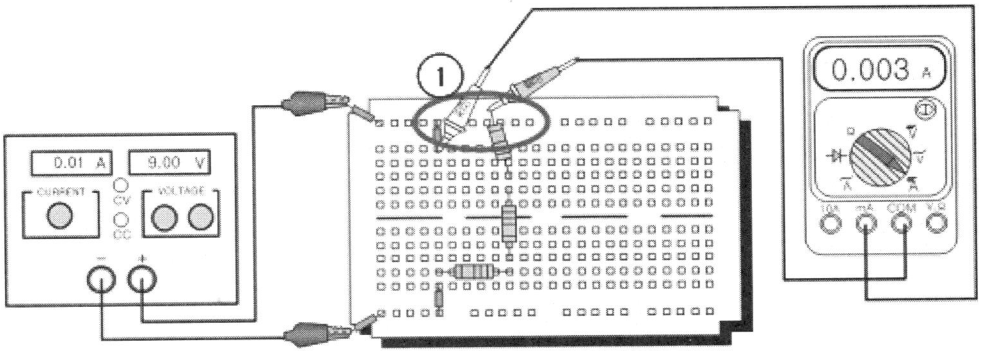

그림2.13 전류측정

2.4.3 저항 측정

브레드보드에 구성되어 있는 저항 값을 측정하기 위해서는 우선 보드에 공급되는 Power Supply의 전원 선을 보드에서 제거시킨 후, 측정하고자 하는 저항을 그림2.14와 같이 측정한다.

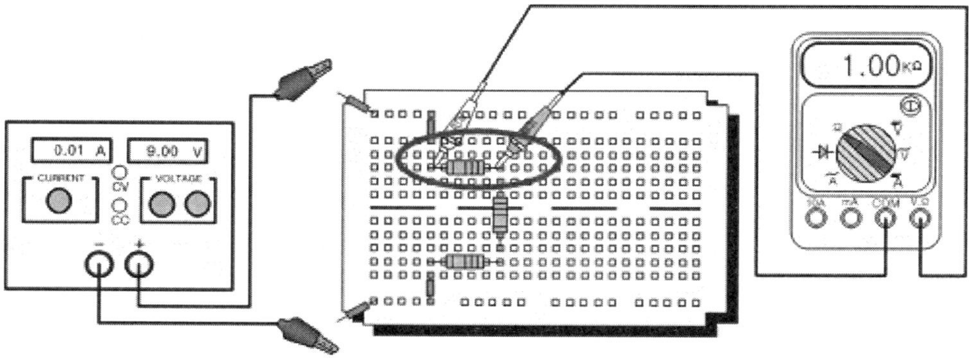

그림2.14 저항 측정

Ⅱ 실험

실험 1

(가) 그림2.15의 회로를 브레드보드에 구성하시오.

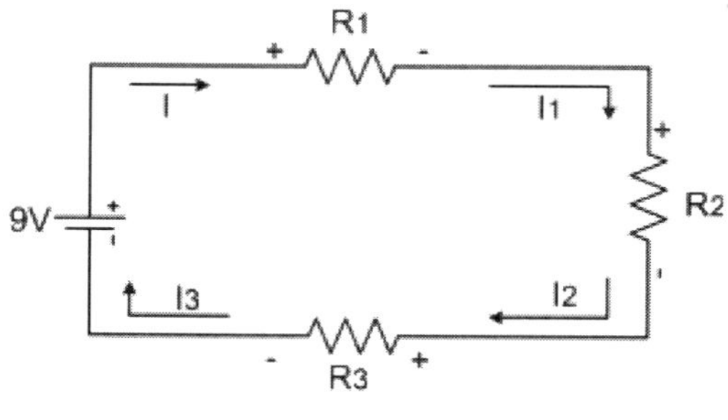

$(R_1=100\Omega,\ R_2=220\Omega,\ R_3=1k\Omega)$

그림2.15 전압 · 전류측정 실험(1)

(나) 디지털멀티미터를 저항(Ω) 위치에 놓는다. 적색프로브는 Ω, V에 꽂고, 흑색프로브는 COM에 꽂는다. 이때 전원공급기와 브레드보드는 연결하지 않는다. 적색 프로브를 R_1의 (+)점에 대고, 흑색프로브를 R_1의 (-)점에 접촉한 후 디지털멀티미터의 표시 창에 나타난 저항값을 읽는다. R_2, R_3의 저항값도 측정하고 읽어본다.

R_1 = ____________ [Ω], R_2 = ____________ [Ω], R_3 = ____________ [Ω]

(다) 디지털멀티미터의 적색 프로브를 R_1의 (+)점에 대고, 흑색프로브를 R_1의 (-)점에 연결한 후 디지털멀티미터의 전압값을 읽고 측정값을 표2-1에 기록하시오. (이때 디지털멀티미터는 (⎓ V)위치에 있어야 하며 적색프로브는 Ω, V에 꽂고, 흑색프로브는 GND에 꽂는다.)

(라) 전원(9V)를 OFF시킨다. 브레드보드의 (+)단자와 R1의 (+)점 사이의 연결선을 제거한다. 다음에 적색프로브를 브레드보드의 (+)단자에 연결하고, 흑색프로브를 R1의 (+)점에 연결한 후, 전원을 ON시킨다. 디지털멀티미터의 전류값을 측정하여 표2-1에 기록하시오. (이때 디지털멀티미터는 (⎓A)위치에 있어야 하며 적색프로브는 mA에 꽂고, 흑색프로브는 COM에 꽂는다.) 전류는 전기회로가 끊어져 있으면 흐르지 않는다. 전류측정에서는 디지털멀티미터가 제거된 연결선의 역할을 한다.

(마) 표2-1에 제시한 전압값과 전류값을 (나)와 (다)항과 같이 측정하여 표2-1에 기록하시오.

표2-1

	R_1 양단	R_2 양단	R_3 양단	
전압				
	I	I_1	I_2	I_3
전류				

실험 2

(가) 그림2.16의 회로를 브레드보드에 구성하시오.

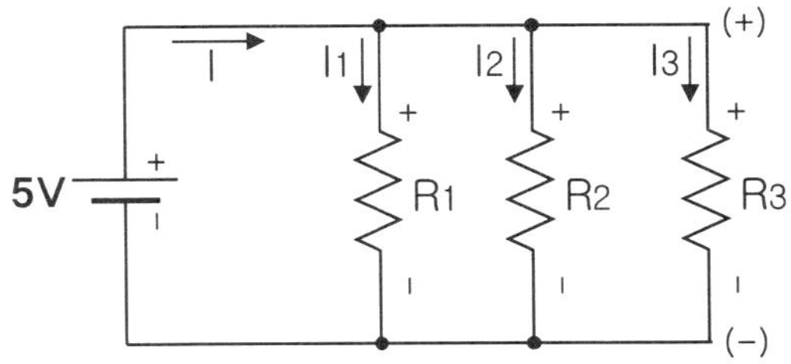

(R_1=300Ω, R_2=470Ω, R_3=1kΩ, R_4=2kΩ)

그림2.16 전압 · 전류측정 실험(2)

(나) 디지털멀티미터의 적색 프로브를 R_1의 (+)점에 대고, 흑색프로브를 R_1의 (-)점에 연결한 후 디지털멀티미터의 전압값을 읽고 측정값을 표2-2에 기록하시오. 같은 방법으로 R_2, R_3 양단 전압을 측정하여 표2-2에 기록하시오.

(다) 전원을 OFF시킨다. 전원공급기의 (+)와 브레드보드의 (+) 사이의 연결선을 제거한다. 다음에 적색 프로브를 전원공급기의 (+)에 연결하고, 흑색프로브를 브레드보드의 (+)점에 연결한 후, 전원을 ON시킨다. 디지털멀티미터의 전류값(I)을 읽고 표2-2에 기록하시오.

(라) 전원을 OFF시킨다. 브레드보드의 (+)와 저항 R_1의 (+)점 사이의 연결선을 제거한다. 다음에 적색 프로브를 브레드보드의 (+)에 연결하고, 흑색프로브를 저항 R_1의 (+)점에 연결한 후, 전원을 ON시킨다. 디지털멀티미터의 전류값(I1)을 읽고 표2-2에 기록하시오.

(마) (라)의 방법으로 I_2와 I_3의 전류값을 측정한 후 표2-2에 기록하시오.

표2-2

	R_1 양단	R_1 양단	R_1 양단	
전압				
	I	I_1	I_2	I_3
전류				

실험 3

(가) 그림 2.11과 같이 브레드보드에 구성하시오.

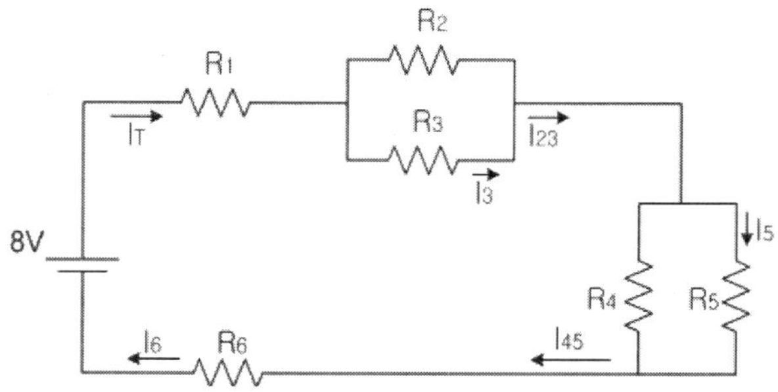

(R_1=100Ω, R_2=220Ω, R_3=300Ω, R_4=470Ω, R_5=1kΩ, R_6=680Ω)

그림2.11

(나) 실험 2와 동일한 방법으로 표2-3의 각 점에 대한 전압과 전류를 측정하여 표 2-3에 기록하시오.

표2-3

	R_1 양단	R_2 양단	R_3 양단	R_6 양단		
전압						
	I_T	I_3	I_{23}	I_5	I_{45}	I_6
전류						

실험 4

(가) 그림 2.12과 같이 브레드보드에 구성하시오.

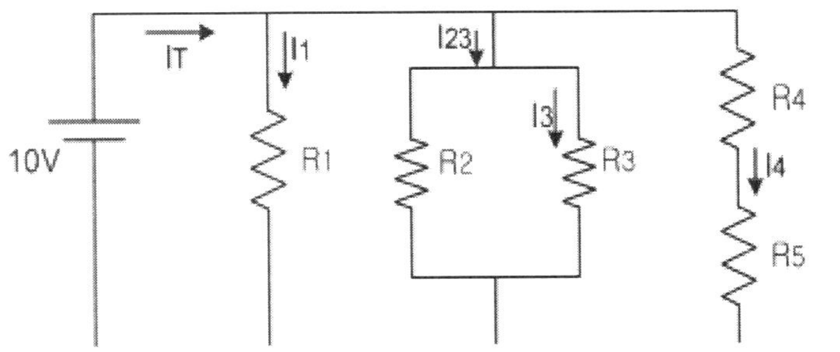

(R_1=680Ω, R_2=1kΩ, R_3=470Ω, R_4=2kΩ, R_5=100Ω)

그림 2.12

(나) 실험 2와 동일한 방법으로 표2-4의 각 점에 대한 전압과 전류를 측정하여 표 2-4에 기록하시오.

표2-4

	R_1 양단	R_2 양단	R_3 양단	R_4 양단	R_5 양단
전압					
	I_T	I_1	I_{23}	I_4	
전류					

실 험 보 고 서

실험제목			실험일자	
학년	반	학번	실험조	성명

실험 1

	R_1 양단	R_2 양단	R_3 양단	
전압				
	I	I_1	I_2	I_3
전류				

실험 2

	R_1 양단	R_1 양단	R_1 양단	
전압				
	I	I_1	I_2	I_3
전류				

실험 3

	R_1 양단	R_2 양단	R_3 양단	R_6 양단		
전압						
	I_T	I_3	I_{23}	I_5	I_{45}	I_6
전류						

절취선

실험 4

	R_1 양단	R_2 양단	R_3 양단	R_4 양단	R_5 양단
전압					
	I_T	I_1	I_{23}	I_4	
전류					

실험 3 저항 판독과 오옴의 법칙

<table>
<tr><td>실습목적</td><td colspan="4">• 저항 소자의 특성과 저항값 판독법을 학습한다.
• 저항 소자들로 구성된 회로에서 옴의 법칙을 실험을 통하여 확인한다.</td></tr>
<tr><td rowspan="5">실습준비물</td><td>계측기</td><td colspan="2">• 디지털 멀티미터
• 가변직류전원</td><td>1대
1대</td></tr>
<tr><td rowspan="3">부 품</td><td>• 브레드보드</td><td></td><td>1개</td></tr>
<tr><td>• 저항</td><td>470Ω, 680Ω, 1kΩ, 2kΩ
3kΩ, 4kΩ, 5kΩ, 10kΩ</td><td>각1개</td></tr>
<tr><td>• 가변저항</td><td>10kΩ</td><td>1개</td></tr>
</table>

I 이론

3.1 저항기(Resistor)

전기적인 특성이 주로 저항(resistance)인 구체적인 실물을 저항기(resistor)라고 한다. 저항의 단위는 [Ω]이다. 도체에 1[V]의 전압이 인가되었을 때 1[A]의 전류가 흐르면 이때의 이 도체는 1[Ω] 저항이라 말한다.

$$V = I \cdot R \tag{3.1}$$

식(3.1)의 전압-전류 관계식을 **옴의 법칙(Ohm's law)**이라 한다. 모든 도체에는 저항을 가지고 있으며, 이를 통하여 전류가 흐르면 열이 발생한다. 이는 자유전자가 도체 내를 이동할 때 그 물질입자가 비탄성충돌을 하며 이때 소비되는 전기적 에너지가 열로 나타나는 것이며, 또한 전기적 에너지 소모로 인하여 전류의 방향으로 전압강하가 일어난다.

저항은 크기나 형태에 따라 종류가 다양하나 크게 고정형과 가변형으로 분류된다. 일반적으로 고정저항으로 가장 많이 사용되는 저항은 탄소복합 저항이다. 그 이외에 금속피막, 산화금속피막, 권선저항, 시멘트 저항, 칩저항 등이 있다. 저항의 선택 시 고려해야 할 특성은 정격(전력, 온도), 저항값(허용오차, 온도계수) 등이 있다. 여기서 전력은 저항이 소비할 수 있는 최대 전력을 정격으로 한다. 일반적으로 1/4W와 1/8W가 많이 사용된다.

3.2 저항 판독법

저항의 저항값을 표시하는 방법에는 저항에 직접 표시하는 방법과 색띠로 표시하는 방법이 있다. 여기서 색 띠로 된 저항의 저항값을 읽는 방법을 알아본다. 표 3-1은 색 표시 방법을 나타내고 있다.

(가) ± 5% 저항 읽는 법

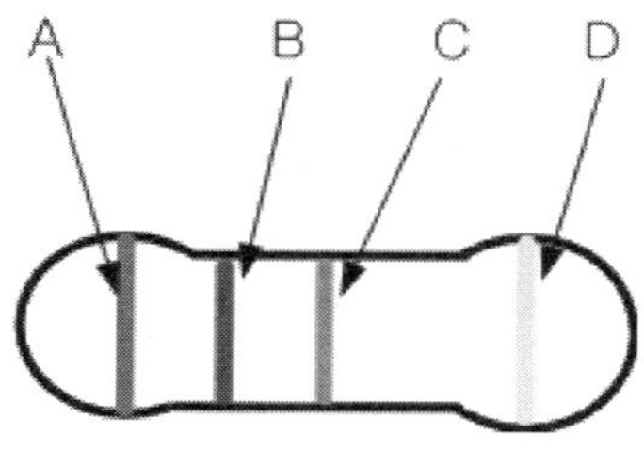

A: 10단위 B: 1단위 C: 10의 배수 D: 허용오차

그림3.1 ± 5% 저항의 색 띠 표시 방법

그림3.1에서 A와 D의 구분은 D의 색깔이 금색(±5%)이라는 것이다. ±5%저항에서는 A에 금색을 쓸 수가 없다. A와 D가 구분이 되면 A색은 10단위, B는 1단위, C는 10의 배수가 된다. 그림3.1에 실제로 다음과 같은 색띠가 있을 때 저항값을 구하여 보자. 표3-1에 나타난 색에 대해 숫자로 변환하면 A가 녹색이고 B가 적색이면 52가 된다. 다음 C가 등색(주황색)이라면 10^3이 된다. 즉 52×10^3 [Ω]±5 % = 52[kΩ] 이다.

표3-1 저항의 색깔에 대한 매개변수

색 명	색 띠			
	제1색띠 (10자리)	제2색띠 (1자리)	제3색띠 (10배수)	제4색띠 (오차)
흑색(Black)	0	0	10^0	
갈색(Brown)	1	1	10^1	±1%
적색(Red)	2	2	10^2	
등색(주황색, Orange)	3	3	10^3	
황색(Yellow)	4	4	10^4	
녹색(Green)	5	5	10^5	
청색(Blue)	6	6	10^6	
보라색(자색, Violet)	7	7	10^7	
회색(Gray)	8	8	10^8	
백색(White)	9	9	10^9	
금색(Gold)			10^{-1}	±5%
은색(Silver)			10^{-2}	±10%
무색				±20%

(나) ±1% 저항 읽는 법

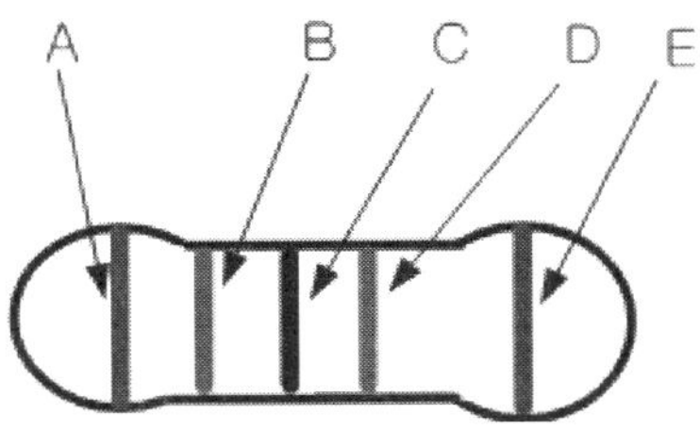

A: 100단위 B: 10단위 C: 1단위 D: 10의배수 E: 허용오차

그림3.2 ±1% 저항의 색 띠 표시 방법

그림3.2에서 A와 E의 구분은 E의 색깔이 갈색(± 1%)이라는 것이다.

그러나 ± 1%저항에서는 A에 갈색을 쓸 수가 있기 때문에 이때는 D와 E의 간격이 눈으로 보아 넓어 보이는 갈색 부분이 오차가 된다. A와 E가 구분이 되면 A색은 100단위, B는 10단위, C는 1단위, D는 10의 배수가 된다. 그림3.2에 실제로 다음과 같은 색띠가 있을 때 저항값을 구하여 보자. 표3-1에 나타난 색에 대해 숫자로 변환하면 A가 갈색이고 B가 녹색, C가 흑색이면 150이 된다. 다음 D가 적색이라면 10^2이 된다.

즉 150×10^2 [Ω]±1 % = 15[kΩ] 이다.

(다) 가변 저항

가변 저항기의 실물은 그림 3.3과 같이 세단자의 소자이다. A와 B사이의 저항값은 저항기의 표면에 기록되어 있으며 가변저항의 전체저항이다. C는 가변기에 있는 손잡이(축)와 연결되어 있어 이 손잡이를 돌리면 AC와 BC사이의 저항값이 변하게 된다.

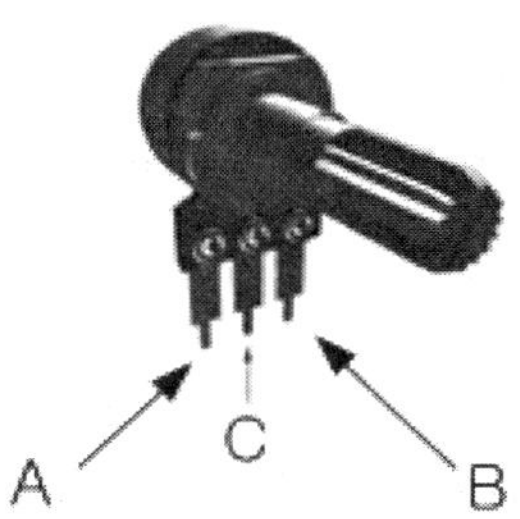

그림3.3 가변 저항기

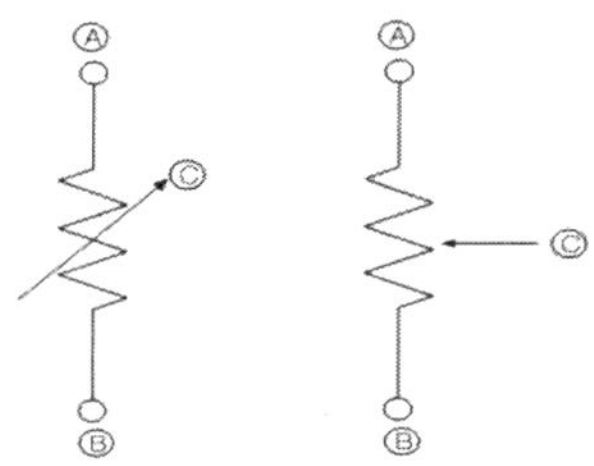

(a) (b)

그림3.4 가변저항기의 기호

그림3.4의 (a)와 (b)는 가변저항기의 기호를 나타낸 것으로 AB의 저항값은 AC+CB가 된다. 여기서 가변저항기를 사용할 경우 AC 또는 CB의 두 단자를 사용하면 된다. 예를 들어 그림3.4의 가변저항 표면에 10kΩ이라고 적혀있으면 이는 그림3.4(a)의 Z저항 값이다. 가변저항의 축을 돌린 후 X저항을 측정해보니 4kΩ이라면 BC의 저항값은 Y=Z-X에서 6kΩ이 된다. 가변저항기의 사용법 중 일반적인 방법은 그림3.6(a)과 같이 C단자를 A나 B단자에 연결하여 사용하는 것이다.

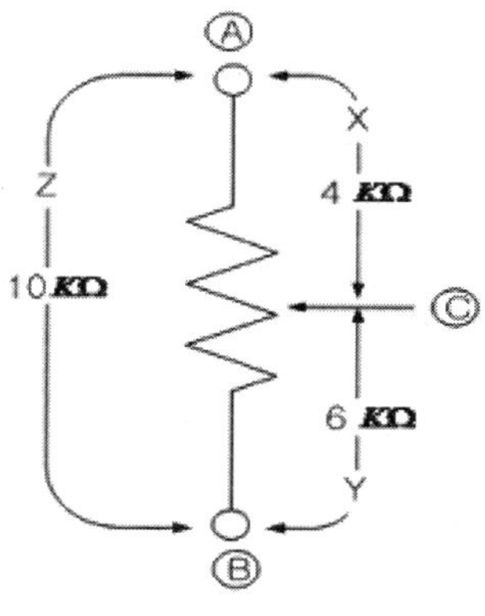

그림3.5 가변저항의 저항측정법

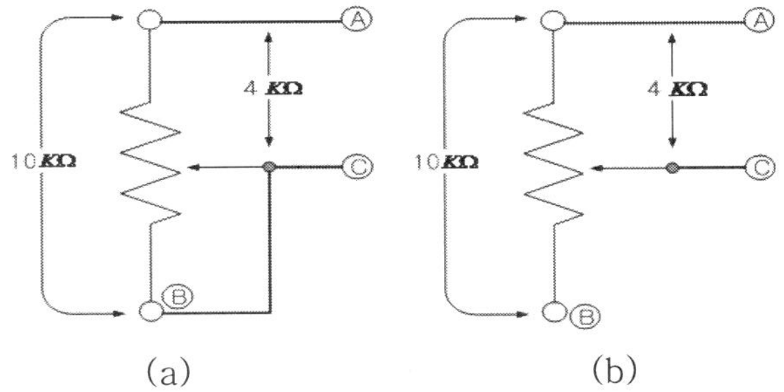

그림3.6 가변저항의 사용법

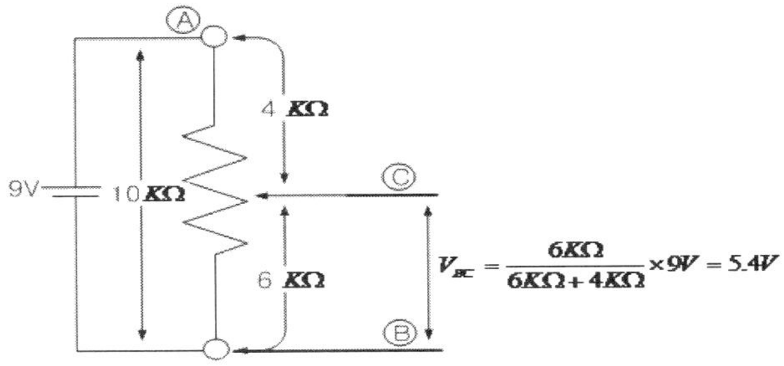

그림3.7 가변저항기를 이용한 전압 발생

그림3.7은 가변저항기를 이용한 전위차계를 나타낸 것이다. 그림과 같이 연결을 하고 가변저항기의 손잡이를 돌리게 되면 B와 C사이의 가변된 전압 값을 출력으로 얻을 수 있게 된다.

3.3 오옴의 법칙(Ohm's law)

오옴의 법칙은 전기회로에 사용되는 가장 기본적인 법칙이며, 이는 전기회로에서의 전압, 전류, 저항의 관계를 나타낸다. 식 (3.1)과 같이 도체 내에 흐르는 전류는 그 도체에 인가한 전압에 비례하고 도체가 가진 저항에 반비례한다는 것이다. 그림 3.8 회로에서 저항 R에 흐르는 전류 I는 저항의 단자전압 V(전압강하)에 비례하고, 저항 R에 반비례한다.

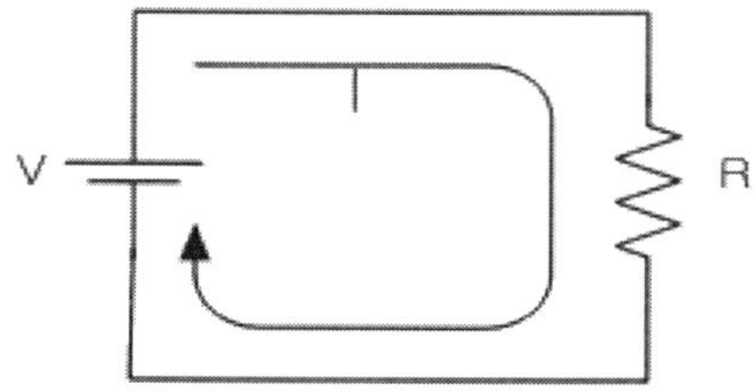

그림3.8 오옴의 법칙

$$I=\frac{V}{R}[A],\ V=I\cdot R\,[V],\ R=\frac{V}{I}[\Omega] \tag{3.2}$$

예제3.1

그림3.9의 회로에서 저항100Ω에 흐르는 전류 I를 구하시오.

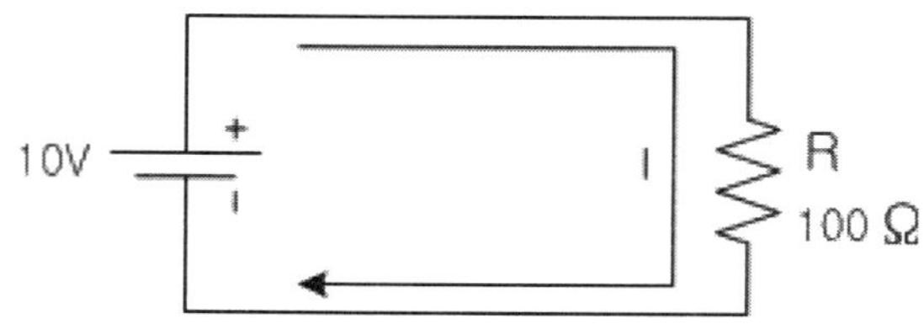

그림3.9 오옴의 법칙 예제

그림3.5에서는 전압값과 저항값을 알고 있으므로 식(3.2)의 첫 번째 식에 대입하면 $I=\frac{V}{R}=\frac{10\,V}{100\,\Omega}=0.1\,[A]$, 즉 100mA의 전류가 저항에 흐른다.

3.4 전기회로에서의 전력

저항을 통하여 전류가 흐르면 전자의 충돌로 인하여 열이 발생하며, 이는 전기에너지가 열 에너지로 변환되는 것이다. 전기회로 내에는 항상 일정 양의 전력이 소비되는데 이것은 전압, 저항과 전류의 크기에 달려 있으며 식(3.3)과 식(3.4)와 같이 나타낼 수 있다.

$$P = VI = V\left(\frac{V}{R}\right) = \frac{V^2}{R}[W] \tag{3.3}$$

$$P = VI = (IR)I = I^2R[W] \tag{3.4}$$

그림3.5에서 전압이 10V이고 저항에 전류가 100mA가 흐른다면 이때 저항에 발생하는 전력은 $P = VI = 10 \times 0.1 = 1[W]$가 된다. 여기서 주의할 사항은 그림3.9 회로를 구성할 때 저항을 1[W]을 사용해야만 한다. 만약 1/4W 저항을 사용할 경우 발생되는 열을 견디지 못하고 저항이 손상되게 된다.

4.5 접지(Ground)

접지는 전기회로의 기준점이며 회로 내의 다른 점에 비하여 0V의 전위를 갖는다. 전압은 항상 어느 한 점을 기준으로 측정한다. 만약 이 점이 명확하게 어떠한 전압 기준으로 정의되어 있지 않는다면 기준 접지는 회로의 동작에 어떠한 영향도 주지 못할 것이다. 기준 접지는 대지 접지보다 완전하게 다른 접지로 작용할 수 있다. 기준 접지는 공통단자라 불리며 COM 또는 COMM으로 표기된다. 실험실에서 브레드 보드에 도선을 연결할 때 사용자는 하나의 도선을 공통단자로 연결하여 사용하여야 할 것이다.

Ⅱ 실험

실험 1. 다음의 저항값에 대한 색 띠를 쓰시오.

(예) 1kΩ ±5% : 갈색, 흑색, 적색, 금색

1	270Ω ±5%	
2	1.5kΩ ±1%	
3	39kΩ ±5%	
4	470kΩ ±1%	

실험 2.

임의의 저항 10개를 선택하여 저항값을 육안으로 확인한 후, 멀티미터로 측정하여 표3-2를 완성하시오. 확인 값과 측정값을 비교하시오.

표3-2 임의의 저항값 읽기

번호	색 띠					판독값	저항 오차	측정값
	A	B	C	D	E			
1								
2								
3								
4								
5								
6								
7								
8								
9								
10								

실험 3. **표3-3에 제시된 색 띠에 대해 저항값을 작성하시오.**

표3-3 색 띠를 보고 저항값 읽기

번호	색 띠					저항값	오차(%)
	A	B	C	D	E		
1	적색	등색	황색	금색			
2	녹색	흑색	적색	갈색	갈색		
3	회색	청색	흑색	금색			
4	자색	흰색	적색	금색	갈색		
5	갈색	황색	녹색	금색			
6	갈색	회색	적색	등색	갈색		

실험 4. 가변저항 값 읽기

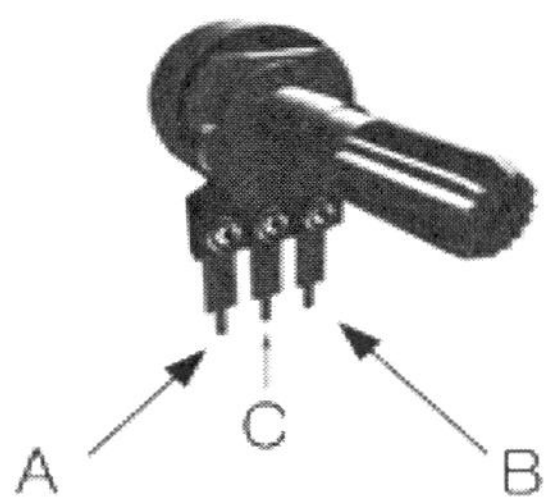

(1) 주어진 가변저항의 표면에 쓰여진 저항값을 읽고 그 값을 기록하시오. **저항값 =** ____________

(2) 주어진 가변저항의 손잡이(축)를 정면으로 한 후 적당한 위치까지 축을 돌린다.

(3) 표3-4에 주어진 내용을 디지털멀티미터로 측정하여 기록한다.

표3-4 가변저항값 측정

	R_{A-B}	R_{A-C}	R_{C-B}	표면값과 R_{A-B} 오차
저항값				

실험 5. 가변저항을 이용한 전압 만들기

(가) 그림3.11과 같이 회로를 구성하시오.

(나) 가변저항의 손잡이(축)를 임의의 위치로 돌린 후 표3-5의 저항값을 측정하여 표3-5에 기록한다.

(다) 그림3.7 가변저항기를 이용한 전압 발생의 식을 사용하여 V_{B-C}값을 계산하여 표3-5에 기록한다.

(라) 가변직류전원을 10V에 맞춘 후 브레드보드에 공급한다.

(마) V_{B-C}를 멀티미터로 측정하여 표3-5에 기록한다.

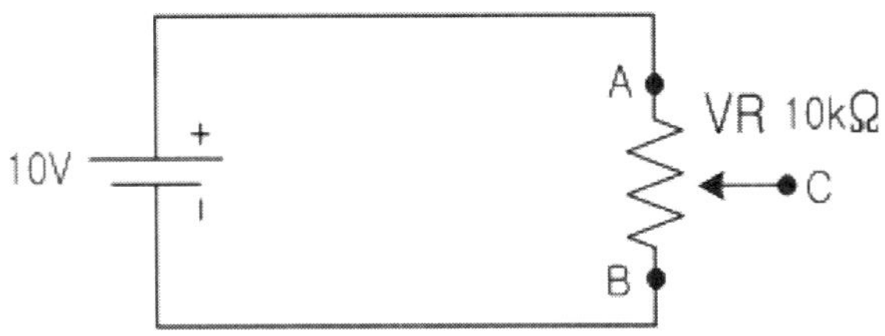

그림3.11 가변저항의 가변전압 실험

표3-5 가변저항의 가변전압 실험

저항 측정값	R_{A-C}	R_{C-B}
전압	계산된 V_{B-C}	측정한 V_{B-C}

실험 6. 저항과 가변저항을 이용한 전압 만들기

(가) 그림3.12와 같이 회로를 구성하시오.

(나) 가변저항의 손잡이(축)를 임의의 위치로 돌린 후 표3-6의 저항값을 측정하여 기록한다.

(다) $V_{a-b} = \dfrac{VR_{A-B}}{VR_{A-B} + R} \times V_S$를 계산하여 표3-6에 기록한다.

(라) 가변직류전원을 7V에 맞춘 후 브레드보드에 공급한다.

(마) V_{a-b}를 멀티미터로 측정하여 표3-6에 기록한다.

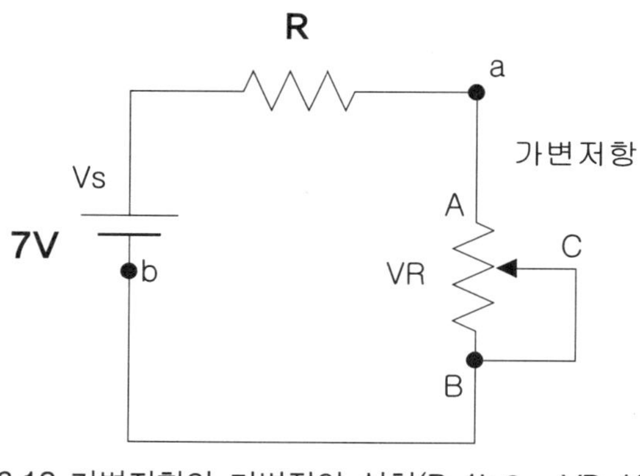

그림3.12 가변저항의 가변전압 실험(R=1kΩ , VR=10kΩ)

표3-6 저항과 가변저항을 이용한 전압 실험

R_{A-B}	계산된 V_{a-b}	측정된 V_{a-b}

실험 7. 오옴의 법칙

(가) 그림 3.13과 같이 회로를 구성하시오. 저항 R은 표3-7의 저항을 순차적으로 사용한다.

(나) 오옴의 법칙을 적용하여 전류를 계산하여 표3-7에 계산값을 기록하시오. 또, 각각의 저항에 대해 전력(P)를 계산하여 표3-7에 기록하시오.

(나) 전원(+)와 저항 사이에 흐르는 전류값을 측정한 후 표3-6에 기록하시오.

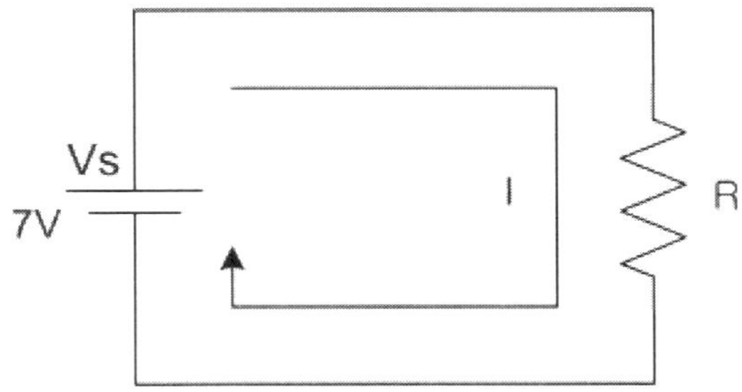

그림3.13 오옴의 법칙 실험

(다) 표3-7에 제시된 저항값으로 교체한 후 실험(나)를 반복하여 실시한 후 표3-7에 기록하시오.

표3-7 오옴의 법칙

저항값	전류값		전력 (W)	저항값	전류값		전력 (W)
	계산값	측정값			계산값	측정값	
470Ω				3kΩ			
680Ω				4kΩ			
1kΩ				5kΩ			
2kΩ				10kΩ			

(바) 그림3.14의 회로에서 표3-8과 같이 가변직류전원의 값을 변경하면서 전원(+)와 저항 사이에 흐르는 전류를 측정하여 표3-8에 기록하시오.

(사) 회로에서 발생하는 전력(P)을 계산하여 표3-8에 기록하시오.

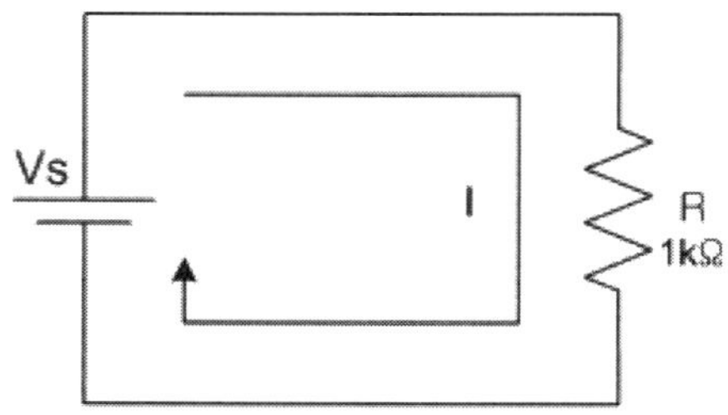

그림3.14 오옴의 법칙 실험

표3-8 오옴의 법칙

전압값	전류값		전력 (W)	전압값	전류값		전력 (W)
	계산값	측정값			계산값	측정값	
2V				10V			
4V				12V			
6V				14V			
8V				16V			

실험 8. 오옴의 법칙

(가) 그림3.15의 회로에서 저항값을 계산하여 표3-9에 기록하시오.

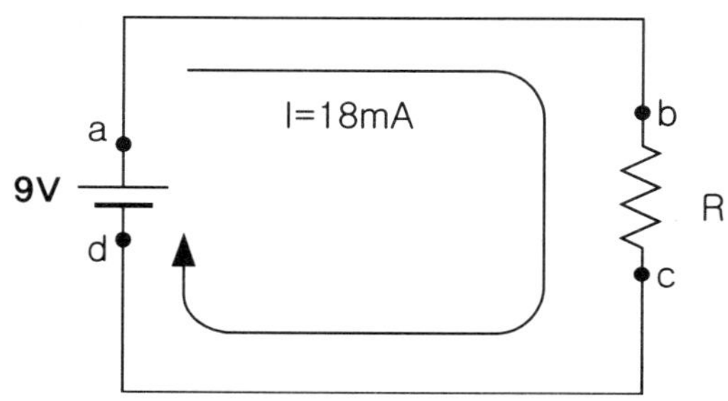

그림3.15 오옴의 법칙 실험

(나) 계산된 저항값을 사용하여 그림3.14를 구성하시오.

(다) 전원(+)와 저항 사이에 흐르는 전류를 측정하여 표3-9에 기록하시오.

표3-9 오옴의 법칙

저항값	전류값	전력값

실 험 보 고 서

실험제목			실험일자	
학년	반	학번	실험조	성명

실험1

저항	색 띠				
	A	B	C	D	E
270Ω ±5%					
1.5kΩ ±1%					
39kΩ ±5%					
470kΩ ±1%					

실험2

번호	색 띠					판독값	저항 오차	측정값
	A	B	C	D	E			
1								
2								
3								
4								
5								
6								
7								
8								
9								
10								

절
취
선

실험3

	1	2	3	4	5	6
저항값						

실험4

	R_{A-B}	R_{A-C}	R_{C-B}	표면값과 R_{A-B} 오차
저항값				

실험5

저항 측정값	R_{A-C}	R_{C-B}
전압	계산된 V_{B-C}	측정한 V_{B-C}

실험6

R_{A-B}	계산된 V_{a-b}	측정된 V_{a-b}

실험7

저항값	전류값		전력 (W)	저항값	전류값		전력 (W)
	계산값	측정값			계산값	측정값	
470Ω				3kΩ			
680Ω				4kΩ			
1kΩ				5kΩ			
2kΩ				10kΩ			

전압값	전류값		전력 (W)	전압값	전류값		전력 (W)
	계산값	측정값			계산값	측정값	
2V				10V			
4V				12V			
6V				14V			
8V				16V			

절취선

실험8

저항값	전류값	전력값

실험 4 키르히호프의 전압 · 전류 법칙

실습목적	• 저항소자에 흐르는 전류와 전압의 관계를 실험적으로 확인하여, 키르히호프의 제 1법칙(전류법칙 : KCL) 및 제 2법칙(전압법칙 : KVL)을 이해한다.			
실습준비물	계측기	• 디지털 멀티미터 • 가변직류전원		1대 1대
	부 품	• 브레드보드		1개
		• 저항	100Ω,200Ω,270Ω,300Ω, 470Ω, 560Ω, 910Ω, 1kΩ, 1.5kΩ, 2kΩ, 2.2kΩ, 3kΩ	각1개

I 이론

4.1 키르히호프 법칙(kirchhoff's law)

비교적 간단한 전기회로는 오옴의 법칙으로 해석이 가능하지만 다수의 저항 및 전원을 포함하는 복잡한 전기회로에서는 오옴의 법칙만으로 해석하기가 어렵다. 키르히호프 법칙은 이와 같이 복잡한 회로망의 전압, 전류의 분포를 결정하는데 가장 중요하고, 기본적으로 전류에 관한 제1법칙과 전압에 관한 제2법칙이 있다.

(가) 키르히호프 전압법칙

하나의 폐회로 내에서 모든 전압강하의 합은 전원전압의 총합과 같다. 즉 직렬회로 내의 전압상승의 합은 전압강하의 합과 같다.

$$V_S = V_1 + V_2 + V_3 + \cdots + V_n \quad (4.1)$$

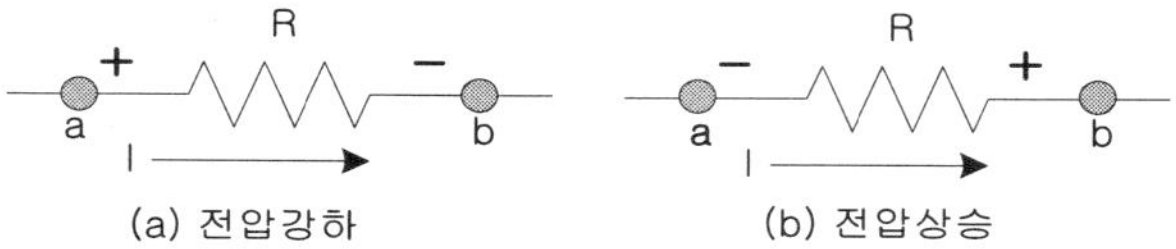

그림4.1 전압강하와 전압상승

그림4.1의 (a)는 전류가 (+)에서 (-)로 흐른다. 이는 전하가 이동하면서 에너지를 잃는 경우로 a로부터 b로 전압강하가 있다고 한다. (b)는 전류가 (-)에서 (+)로 흐른다. 이는 전하가 이동하면서 에너지를 얻는 경우로 a로부터 b로 전압상승이 있다고 한다. **전압상승은** +를 붙이고, **전압강하는** -를 붙인다. 그림4.2의 2개의 공급 전압원과 저항이 직렬로 연결된 직렬회로이다. 이 회로에 키르히호프의 전압법칙을 적용하면 식(4.2)가 된다.

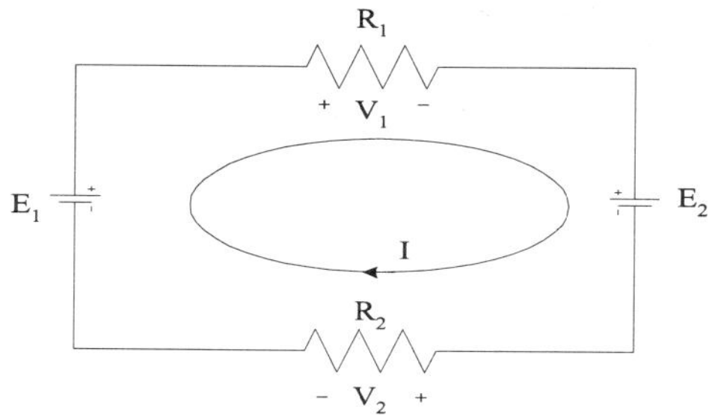

그림4.2 임의의 직렬회로

$$E_1 - V_1 - V_2 - E_2 = 0,\ E_1 - E_2 = V_1 + V_2 \qquad (4.2)$$

예제 1 그림4.3의 회로에서 E_2 전압값을 구하시오.

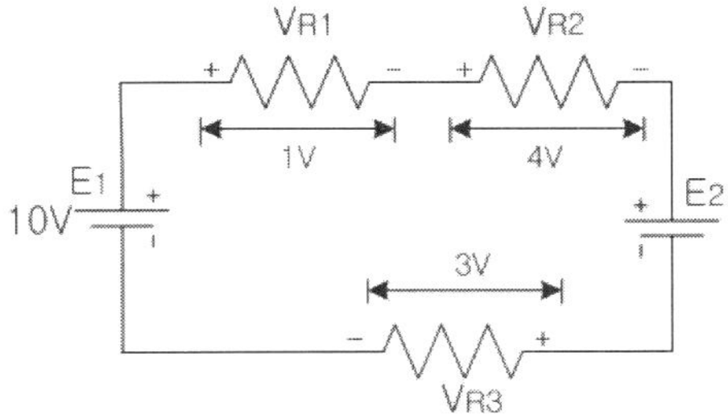

그림4.3 키르히호프의 전압법칙

전압강하 요소는 $V_{R1}, V_{R2}, V_{R3}, E_2$ 이고, 전압상승은 E_1 이다. 식(4.2)에 전압강하와 전압상승값을 대입하면

$E_1 + V_{R1} + V_{R2} + V_{R3} + E_2 = 0$

$10V -1V -4V -3V -E_2 =0$

$2V - E_2 =0$, 즉 $E_2 = 2V$ 가 된다.

(나) 키르히호프 전류법칙

회로망에서 임의의 마디인 한 점으로 들어오는 전류의 총합과 흘러나가는 전류의 총합은 같다. 즉, 임의의 한 점에 들어오는 전류와 흘러나가는 전류의 합은 0 (zero) 이다. 이를 키르히호프 전류법칙이라 한다.

$$\sum_k i_k = 0 \qquad (4.3)$$

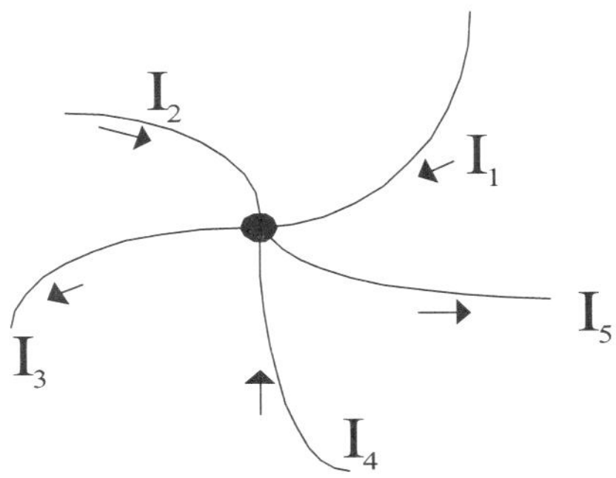

그림4.4 한 점으로 들어오는 전류와 흘러나가는 전류

흘러 들어가는 전류를 (+)로하고, 흘러 나가는 전류를 (-)로 정하여, 임의의 한 점에 흘러 들어오는 전류와 흘러나가는 전류의 합은 0 (zero)이 된다. 그림4.4를 다시 쓰면 식(4.4)과 같다.

$$I_1 + I_2 + I_4 - I_3 - I_5 = 0 \tag{4.4}$$

예제 2 그림4.5에서 R_2에 흐르는 전류를 구하시오.

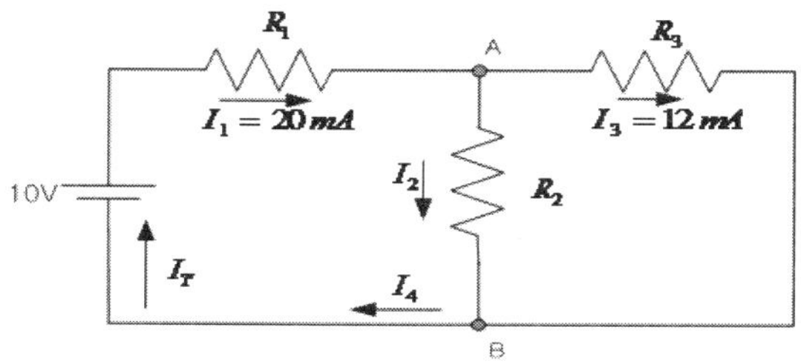

그림4.5 키르히호프의 전류법칙

그림4.5에서 $I_T = I_1 = I_4$이다. 또한 키르히호프의 전류법칙을 적용하면 A점에서는 $I_1 - I_2 - I_3 = 0$ 이고, B점에서는 $I_2 + I_3 - I_4 = 0$이다. A점에서 보면 $20mA - I_2 - 12mA = 0,\ I_2 = 8mA$가 된다.

B점에서 보면 $8mA + 12mA - I_4 = 0,\ I_4 = 20mA$ 가 된다. 따라서 $I_1 = I_4$이다.

Ⅱ 실험

실험 1. 키르히호프의 전압법칙(1)

(가) 브레드보드에 그림4.6을 구성하시오.

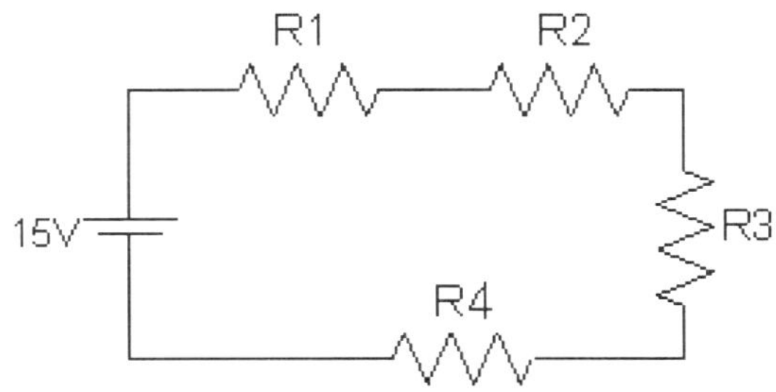

그림4.6 키르히호프의 전압법칙 실험
$(R_1 = 200\Omega, R_2 = 300\Omega, R_3 = 1k\Omega, R_4 = 1.5k\Omega)$)

(나) 멀티미터를 사용하여 R_1, R_2, R_3, R_4 양단 전압을 측정하여 표4-1에 기록하시오.

(라) $V_T = V_{R1} + V_{R2} + V_{R3} + V_{R4}$ 의 값을 표4-1에 기록하시오.

[표4-1]

	V_{R1}	V_{R2}	V_{R3}	V_{R4}	V_T
전압					

실험 2 키르히호프의 전압법칙(2)

(가) 브레드보드에 그림4.7을 구성하시오.

(나) 실험1의 방법으로 V_1, V_2, V_3를 측정한 후 표4-2에 기록하시오.

(다) $V_T = V_1 + V_2 + V_3$를 계산하여 표4-3에 기록하시오.

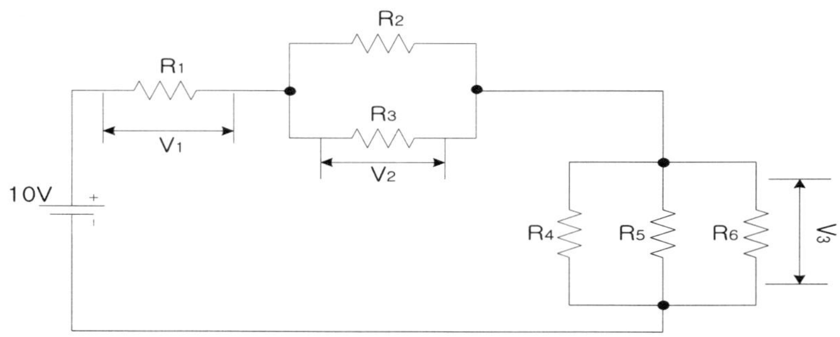

그림4.7 키르히호프의 전압법칙 실험

$(R_1 = 1k\Omega, R_2 = 270\Omega, R_3 = 1.5k\Omega, R_4 = 100\Omega, R_5 = 300\Omega, R_6 = 3k\Omega)$

표4-2

	V_1	V_2	V_3	V_T
전압				

실험 3 키르히호프의 전압법칙(3)

(가) 브레드보드에 그림4.8을 구성하시오.

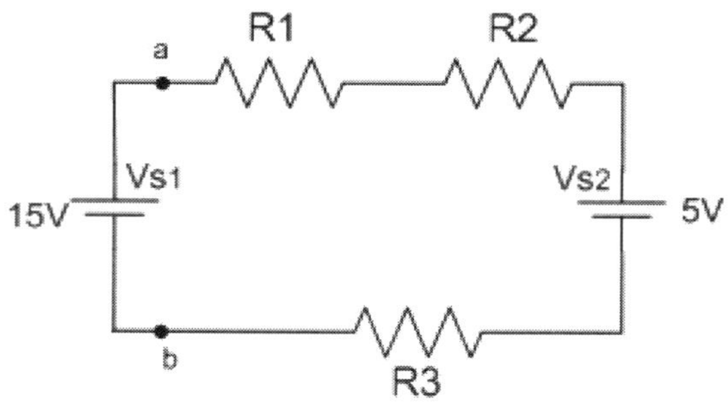

그림4.8 키르히호프의 전압법칙 실험

$(R_1 = 560\Omega, R_2 = 1k\Omega, R_3 = 2.2k\Omega)$

(나) 전압 V_{a-b}를 측정하여 표4-3에 기록하시오.

(다) V_1, V_2, V_3를 측정한 후 표4-3에 기록하시오.

(라) 키르히호프의 전압법칙이 성립하는지 확인하시오.

표4-3

	V_{a-b}	V_1	V_2	V_3
전압				

실험 4 키르히호프의 전류법칙(1)

(가) 그림4.9의 회로를 브레드보드에 구성하시오.

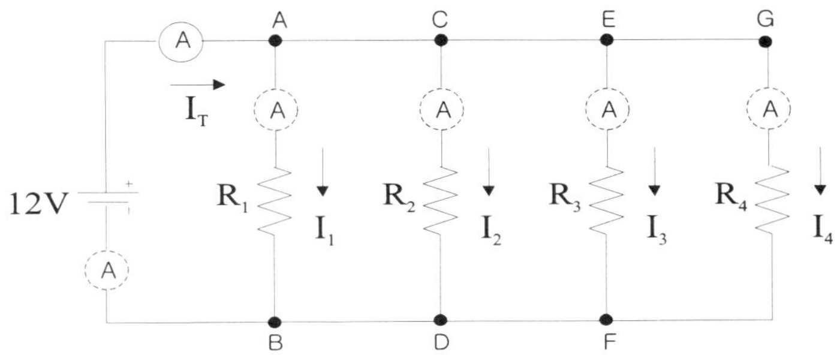

그림4.9 키르히호프의 전류법칙 실험
$(R_1 = 910\Omega, R_2 = 2k\Omega, R_3 = 1k\Omega, R_4 = 1.5k\Omega)$

(나) 전체 전류값(I_T)를 측정하여 표4-4에 기록한다.

(다) R_1, R_2, R_3, R_4에 흐르는 전류를 측정한 후 표4-4에 기록한다.

(라) $I_1 + I_2 + I_3 + I_4$를 모두 더한 결과값(I_{T1})을 표4-4에 기록하시오.

(마) 점(B)와 브레드보드의 (-) 사이에 흐르는 전류(I_{T2})를 측정하여 표4-4에 기록한다.

(바) $I_T = I_{T1} = I_{T2}$임을 확인하시오.

표4-4

	I_T	I_1	I_2	I_3	I_4	I_{T1}	I_{T2}
전류							

실험 5 키르히호프의 전류법칙(2)

(가) 그림4.10의 회로를 브레드보드에 구성하시오.

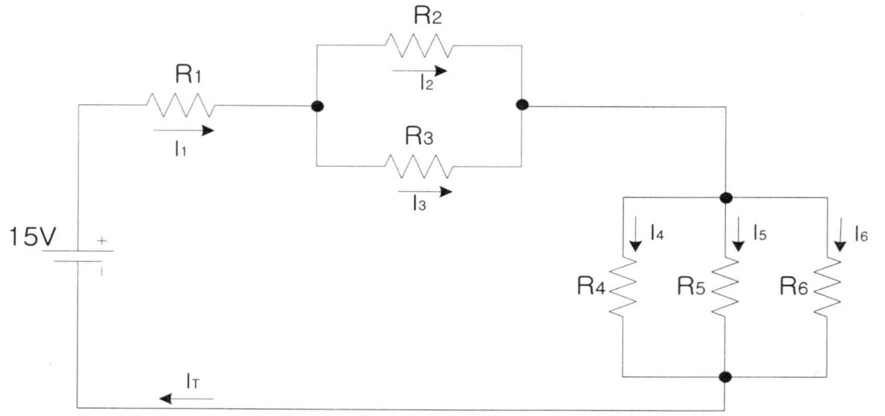

그림4.10 키르히호프의 전류법칙 실험

$(R_1 = 470\Omega, R_2 = 560\Omega, R_3 = 1k\Omega, R_4 = 910\Omega, R_5 = 1.5k\Omega, R_{6=}2k\Omega)$

(나) 실험4의 실험방법과 동일하게 그림4.10의 회로에서 $I_1, I_2, I_3, I_4, I_5, I_6, I_T$를 측정하여 표4-5에 기록하시오.

(다) $I_1=I_2+I_3=I_4+I_5+I_6 = I_T$임을 확인하시오.

표4-5

	I_1	I_2	I_3	I_4	I_5	I_6	I_T
전류							
	I_2+I_3			$I_4+I_5+I_6$			

절취선

실 험 보 고 서

실험제목			실험일자	
학년	반	학번	실험조	성명

실험 1

	V_{R1}	V_{R2}	V_{R3}	V_{R4}	V_T
전압					

실험 2

	V_1	V_2	V_3	V_T
전압				

실험 3

	V_{a-b}	V_1	V_2	V_3
전압				

실험 4

	I_T	I_1	I_2	I_3	I_4	I_{T1}	I_{T2}
전류							

실험 5

<table>
<tr><th rowspan="4">전류</th><th>I_1</th><th>I_2</th><th>I_3</th><th>I_4</th><th>I_5</th><th>I_6</th><th>I_T</th></tr>
<tr><td></td><td></td><td></td><td></td><td></td><td></td><td></td></tr>
<tr><td colspan="3">$I_2 + I_3$</td><td colspan="4">$I_4 + I_5 + I_6$</td></tr>
<tr><td colspan="3"></td><td colspan="4"></td></tr>
</table>

실험 5 저항의 직렬 · 병렬 회로

실습목적	저항의 직렬연결과 병렬연결에서 합성저항 및 전압, 전류를 구하는 방법에 대해서 학습한다.			
실습준비물	계측기	• 디지털 멀티미터 • 가변직류전원		1대 1대
	부 품	• 브레드보드		1개
		• 저항	100Ω,200Ω,470Ω,560Ω 910Ω, 1kΩ, 2kΩ	각1개

I 이론

5.1 저항의 직렬연결

그림 5.1과 같은 직렬연결의 합성저항 R_T는 식 5.1과 같이 모든 저항의 합이 된다.

$$R_T = R_1 + R_2 + R_3 + \cdot\cdot\cdot\cdot\cdot\cdot\cdot + R_n \tag{5.1}$$

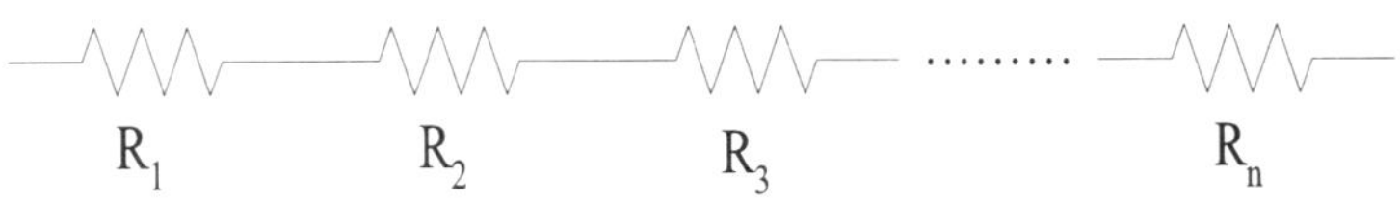

그림5.1 저항의 직렬연결

그림5.2 (a)와 같이 저항이 직렬로 연결된 회로를 해석하면 다음과 같다.

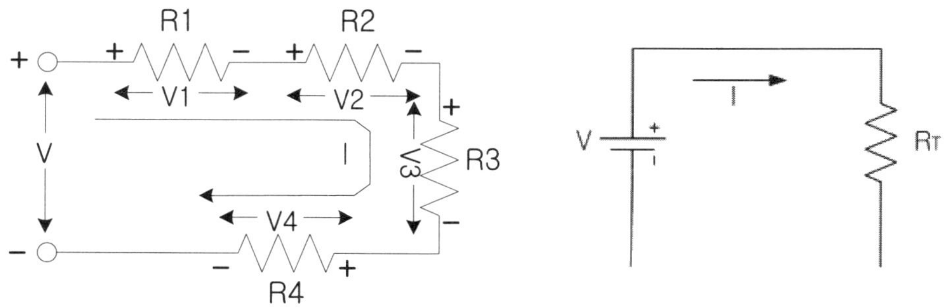

(a) (b)

그림5.2 저항의 직렬회로와 등가회로

전체저항 R_T는 식(5.2)와 같이 구해진다.

$$R_T = R_1 + R_2 + R_3 + R_4 \tag{5.2}$$

그림5.2 (a)는 R_T를 사용하여 그림5.2(b)와 같이 등가회로로 바꿀 수 있다. 그림 5.2 (b)에서 전류 I는 식(5.3)과 같이 오음의 법칙을 사용하여 구해진다.

$$I = \frac{V}{R_T} \tag{5.3}$$

그림5.2의 각 저항에 걸리는 전압은 식(5.4)와 같이 구할 수 있다.

$$V_1 = I \cdot R_1,\ V_2 = I \cdot R_2,\ V_3 = I \cdot R_3,\ V_4 \tag{5.4}$$

저항의 직렬회로에서 각 저항에 흐르는 전류는 동일하지만, 각 저항에 걸리는 전압들의 합은 전체(공급) 전압과 같다.

예제 1 그림5.3 회로에서 각 저항에 걸리는 전압을 구하시오.

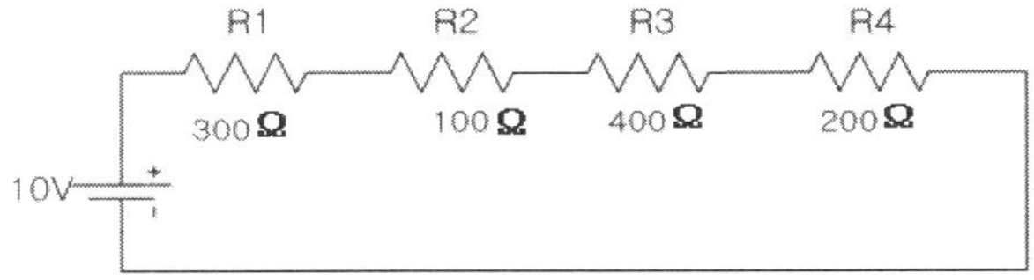

그림5.3 저항의 직렬회로

그림5.3 회로의 전체저항을 식(5.2)를 이용하여 구한다.

$R_T = R_1 + R_2 + R_3 + R_4 = 300 + 100 + 400 + 200 = 1000\Omega$

그림5.3을 간략화하면 아래 그림이 된다.

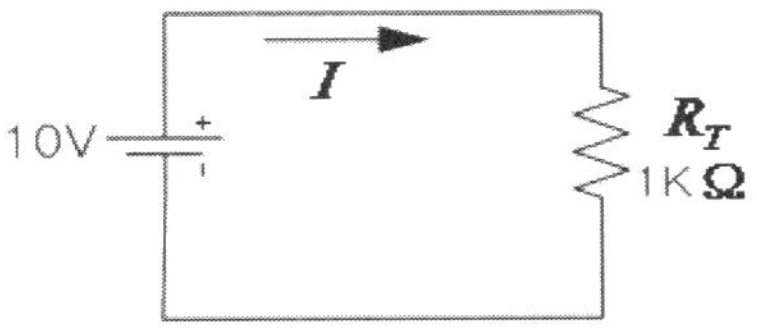

오옴의 법칙을 적용해 전류 I를 구하면

$I = \frac{V}{R} = \frac{10}{1000} = 0.01\,[A]$이다.

저항의 직렬회로에서 각 저항에 흐르는 전류는 동일하므로 각 저항에 걸리는 전압은 식(5.4)를 이용하면

$V_{R1} = IR_1 = 300 \times 0.01 = 3\,[V],\ V_{R2} = IR_2 = 100 \times 0.01 = 1\,[V]$

$V_{R3} = IR_3 = 400 \times 0.01 = 4\,[V],\ V_{R4} = IR_4 = 200 \times 0.01 = 2\,[V]$

각 저항에 걸리는 전압을 모두 더하면 10V가 되어 공급전압과 같으므로 키르히호프의 전압법칙이 성립된다.

5.2 저항의 병렬연결

그림 5.4와 같이 저항이 병렬연결인 경우의 전체 합성저항 R_T는 2가지 방법으로 계산할 수 있다.

방법 1) 식 (5.5)와 같다. 여기서 G는 $\frac{1}{R}$이며, 단위는 ℧(모호)이다.

$$G_1 = \frac{1}{R_1},\ G_2 = \frac{1}{R_2},\ G_3 = \frac{1}{R_3},\cdots,\ G_N = \frac{1}{R_N}$$

$$G_T = G_1 + G_2 + G_3 + \cdots + G_N$$

$$R_T = \frac{1}{G_T} \tag{5.5}$$

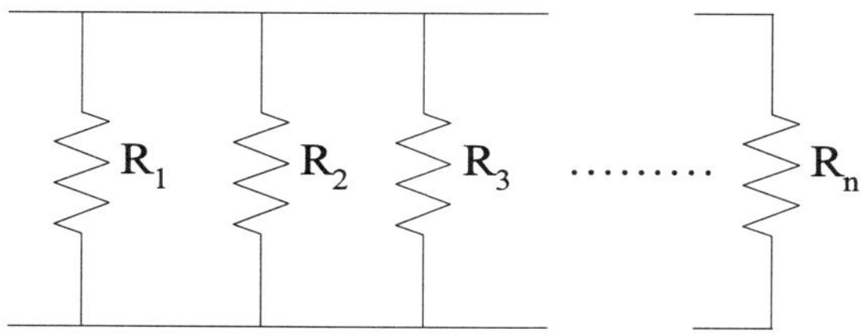

그림5.4 저항의 병렬연결

방법 2) 식 (5.6)과 같다.

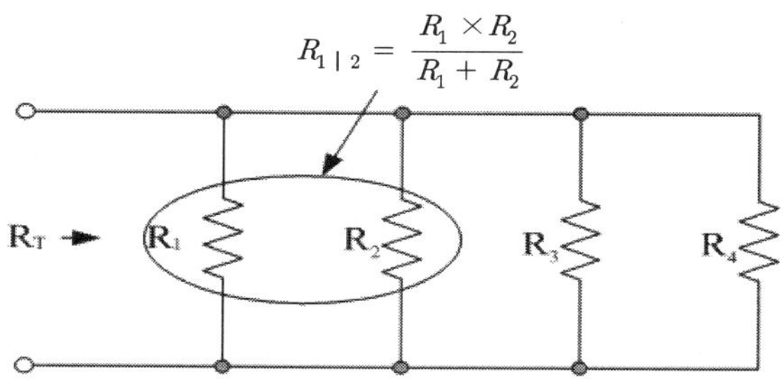

그림5.5 병렬 저항의 총저항 구하는 방법

$$R_{1\|2} = \frac{R_1 \times R_2}{R_1 + R_2} \quad R_3' = \frac{R_{1\|2} \times R_3}{R_{1\|2} + R_3} \quad R_T = \frac{R_3' \times R_4}{R_3' + R_4} \tag{5.6}$$

그림5.5와 같이 저항이 병렬로 연결된 회로를 해석하면 다음과 같다.

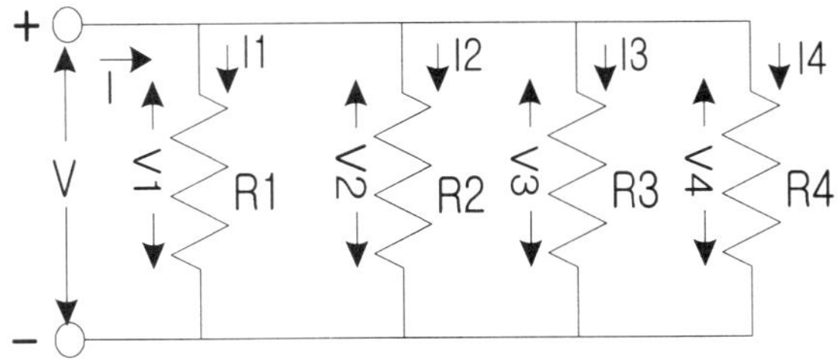

그림5.6 저항의 병렬회로

그림5.4의 병렬저항들은 식(5.5)를 사용하여 전체 저항 R_T를 구하면 그림5.6이 된다.

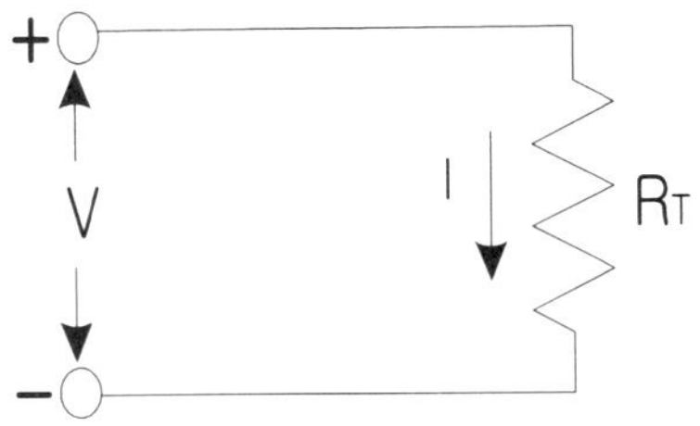

그림5.7 변환회로

그림5.7에서 전체전류 I는 식(5.7)과 같다.

$$I = \frac{V}{R_T} \tag{5.7}$$

> '저항의 병렬회로에서 각 저항에 걸리는 전압은 동일하지만, 각 저항에 흐르는 전류들의 합은 전체 전류와 같다.

$$V = V_1 = V_2 = V_3 = V_4$$

그림5.4에서 각 저항에 흐르는 전류는 식(5.8)과 같이 구해진다.

$$I_1 = \frac{V_1}{R_1}, I_2 = \frac{V_2}{R_2}, I_3 = \frac{V_3}{R_3}, I_4 = \frac{V_4}{R_4} \tag{5.8}$$

식(5.7)과 식(5.8)에서 각 저항에 흐르는 전류들의 합은 전체 전류와 같다.

예제 2 그림5.7회로에서 각 저항에 흐르는 전류를 구하시오.

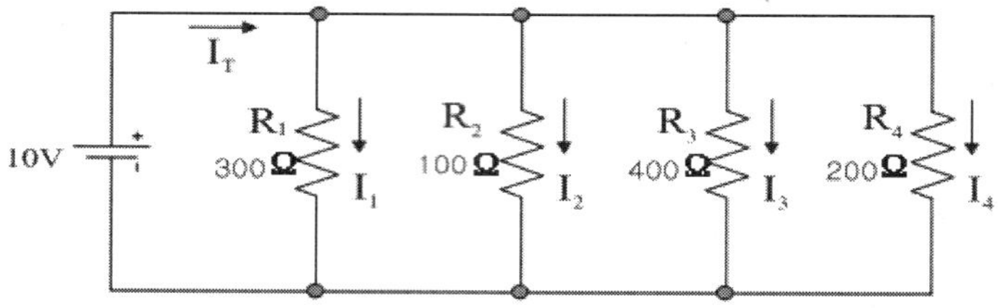

그림5.8 저항의 병렬회로

식(5.5)를 적용하여 전체저항 R_T를 구하면

$$G_1 = \frac{1}{R_1} = \frac{1}{300} = 0.003,\ G_2 = 0.01,\ G_3 = 0.0025,\ G_4 = 0.005$$

$$G_T = 0.003 + 0.01 + 0.0025 + 0.005 = 0.0205,\ \ R_T = \frac{1}{G_T} = 48.8\Omega$$

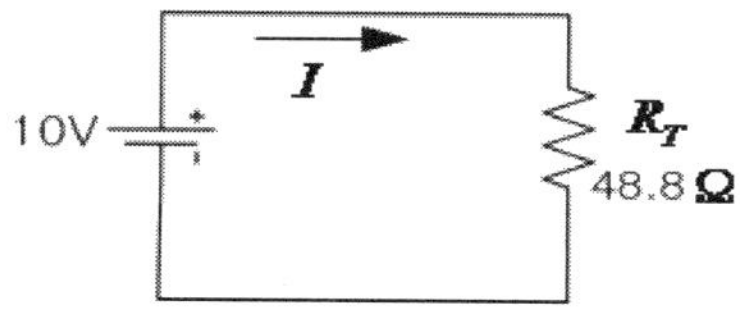

그림5.7을 간략화하면 다음그림과 같다.

전체전류 $I = \frac{10}{48.8} = 0.21\,[A]$ 가 된다.

저항의 병렬회로에서는 각 저항에 걸리는 전압은 동일하므로 각 저항에 흐르는 전류는 식(5.7)을 적용하여 구할 수 있다.

$$I_1 = \frac{V_1}{R_1} = \frac{10}{300} = 0.033\,[A],\ I_2 = 0.1\,[A],\ I_3 = 0.025\,[A],\ I_4 = 0.05\,[A]$$

각 저항에 흐르는 전류의 합을 구하면 $I_1 + I_2 + I_3 + I_4 = 0.208\,[A]$ 이다.

여기서 전체전류 I는 각 저항에 흐르는 전류의 합과 같으므로 키르히호프의 전류법칙이 성립한다.

Ⅱ 실험

실험 1 저항의 직렬회로

(가) 그림5.8의 회로를 브레드보드에 구성한다.

(나) 전체 합성저항을 계산하여 표 5-1에 기록한다.

(다) 계산된 전체전류 값을 표5-1에 기록한다.

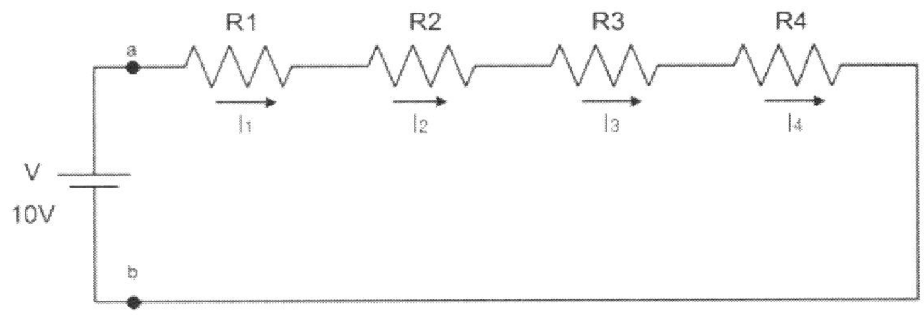

(R_1=100 [Ω], R_2=200 [Ω], R_3=1 [kΩ], R_4=2 [kΩ])

그림5.8 직렬회로 실험

(라) 각 저항에 걸리는 전압을 계산하여 표5-1에 기록한다.

(마) 점 a-b사이의 저항을 측정하시오. 이때 가변전원전압기와 브레드보드의 연결선은 분리되어 있어야 한다.

(바) 전원을 공급한 후 각 저항에 걸리는 전압을 측정하여 표5-1에 기록한다.

(사) 전체전류(I_T)와 각 저항에 흐르는 전류를 측정하여 표5-1에 기록한다.

(아) 등가회로를 구성한 후 동일한 전압을 인가한 후 회로에 흐르는 전류를 측정한다. **전류(I) = [mA]**

표5-1

	R_T	I_T	V_{R1}	V_{R2}	V_{R3}	V_{R4}	V_T
계산값							
측정값							
			I_1	I_2	I_3	I_4	
측정값							

실험 2 저항의 병렬연결

(가) 그림5.9의 병렬회로를 브레드보드에 구성하시오.

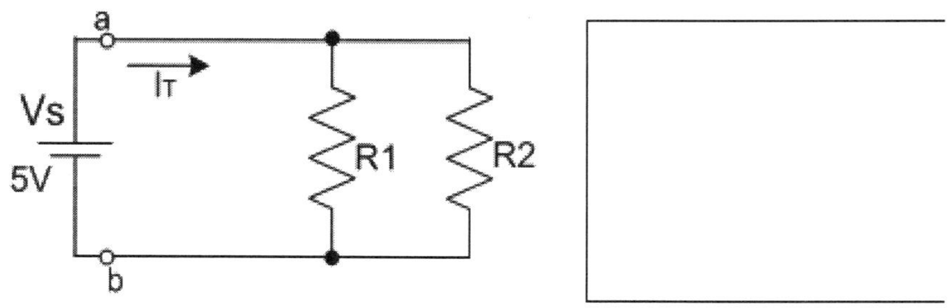

(R_1=1 [kΩ], R_2=2 [kΩ])

그림5.9 병렬회로 및 등가회로 실험

(나) 전체 합성저항 값을 계산하여 표5-2에 기록한다.

(다) 전체전류와 각 저항에 흐르는 전류를 계산하여 표5-2에 기록한다.

(라) 점 a-b사이의 저항을 측정하시오. 이때 가변전원전압기와 브레드보드의 연결선은 분리되어 있어야 한다.

(마) 전원을 공급한 후 각 저항에 걸리는 전압을 측정하여 표5-2에 기록한다.

(바) 전체전류와 각 저항에 흐르는 전류를 측정하여 표5-2에 기록한다.

(사) 등가회로를 구성한 후 동일한 전압을 인가한 후 회로에 흐르는 전류를 측정한다. **전류(I) = [mA]**

표5-2

	R_T	I_T	I_1	I_2
계산값				
측정값				
			V_{R1}	V_{R2}
측정값				

실험 3 저항의 병렬연결

(가) 그림5.10의 병렬회로를 브레드보드에 구성하시오.

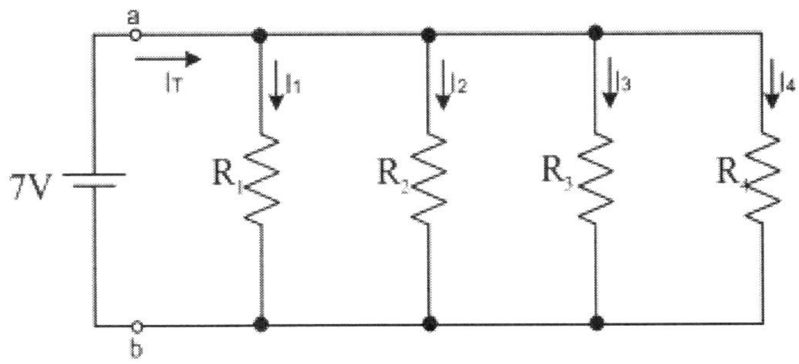

(R_1=910Ω, R_2=470Ω,R_3=1[kΩ], R_4=560Ω)

그림5.9 병렬회로 및 등가회로 실험

(나) 전체 합성저항 값을 계산하여 표5-3에 기록한다.

(다) 전체전류와 각 저항에 흐르는 전류를 계산하여 표5-3에 기록한다.

(라) 점 a-b사이의 저항을 측정하시오. 이때 가변전원전압기와 브레드보드의 연결선은 분리되어 있어야 한다.

(마) 전원을 공급한 후 각 저항에 걸리는 전압을 측정하여 표5-3에 기록한다.

(바) 전체전류와 각 저항에 흐르는 전류를 측정하여 표5-3에 기록한다.

(사) 등가회로를 구성한 후 동일한 전압을 인가한 후 회로에 흐르는 전류를 측정한다. **전류(I) = [mA]**

표5-3

	R_T	I_T	I_1	I_2	I_3	I_4
계산값						
측정값						
			V_{R1}	V_{R2}	V_{R3}	V_{R4}
측정값						

실 험 보 고 서

실험제목			실험일자	
학년	반	학번	실험조	성명

실험 1

	R_T	I_T	V_{R1}	V_{R2}	V_{R3}	V_{R4}	V_T
계산값							
측정값							
			I_1	I_2	I_3	I_4	
측정값							

등가회로

절취선

실험 2

	R_T	I_T	I_1	I_2
계산값				
측정값				
			V_{R1}	V_{R2}
계산값				
측정값				

등가회로

실험 3

	R_T	I_T	I_1	I_2	I_3	I_4
계산값						
측정값						
			V_{R1}	V_{R2}	V_{R3}	V_{R4}
계산값						
측정값						

등가회로

실험 6 저항의 직 · 병렬 회로

실습목적	저항의 직 · 병렬연결에서 합성저항 구하는 방법에 대해서 학습한다. 저항회로의 직 · 병렬연결에서 전압 및 전류값을 측정하고, 계산에 의하여 구한 이론값과 비교한다.		
실습준비물	계측기	• 디지털 멀티미터 • 가변직류전원		1대 1대
	부 품	• 브레드보드		1개
		• 저항	220Ω, 330Ω, 470Ω, 680Ω 820Ω, 1kΩ, 1.5kΩ, 2kΩ, 3kΩ, 4kΩ, 5kΩ	각 1개

I 이론

6.1 저항의 직 · 병렬연결

그림6.1에 저항의 간단한 직 · 병렬 연결을 보여준다. 점A에 연결된 저항 R_2, R_3는 병렬로 연결되어 있다. 저항의 병렬회로는 한 개의 점에 2개 이상의 저항이 연결되어 있을 때를 말한다.

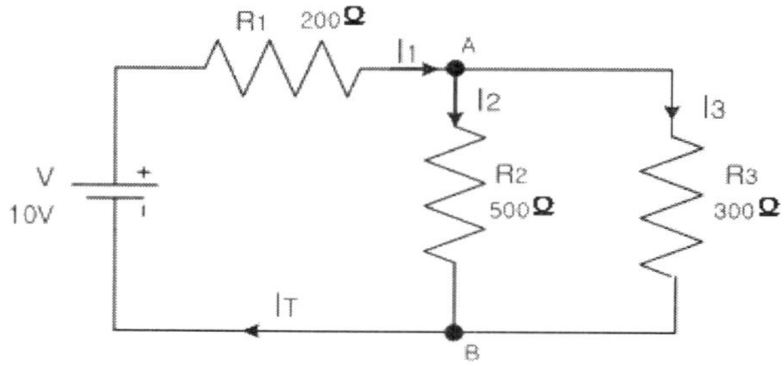

그림6.1 저항의 직·병렬회로

저항의 직·병렬회로에서는 복잡한 회로를 한 개의 저항회로로 만드는 것이 가장 중요하다. 총저항 R_T는 공급전원의 반대쪽에서부터 합성하여 만들어 간다. 그림에서 R_2, R_3는 병렬회로이므로 합성저항 $R_{2\parallel 3}$은 식(6.1)과 같다.

$$G = G_2 + G_3 = \frac{1}{R_2} + \frac{1}{R_3} = \frac{R_2 + R_3}{R_2 \cdot R_3}$$

$$R_{2\parallel 3} = \frac{1}{G} = \frac{R_2 \cdot R_3}{R_2 + R_3} \qquad (6.1)$$

저항 R_1과 $R_{2\parallel 3}$은 회로에서 직렬로 연결된다. 따라서 전체저항 R_T는

$R_T = R_1 + R_{2\parallel 3}$ 과 같이 구할 수 있다.

그림6.1회로에 오옴의 법칙을 적용하면 전체전류 I를 식(6.2)와 같이 구할 수 있다.

$$I = \frac{V}{R_T} \qquad (6.2)$$

직렬회로의 각 저항에 흐르는 전류는 같으므로 R_1에 걸리는 전압은

$V_1 = I \cdot R_1$이 되고 $R_{2|3}$에 걸리는 전압은 식(6.3)이 된다.

$$V_{23} = V - V_1 \qquad (6.3)$$

식(6.3)의 결과를 사용하여 저항 R_2, R_3에 흐르는 전류는 식(6.4)와 같이 쉽게 구할 수 있다.

$$I_2 = \frac{V_{23}}{R_2}, \quad I_3 = \frac{V_{23}}{R_3} \qquad (6.4)$$

예제 1 그림6.1에서 전체저항을 구하면

(1) $R_{2\,|\,3} = \dfrac{1}{G} = \dfrac{R_2 \cdot R_3}{R_2 + R_3} = \dfrac{500 \times 300}{500 + 300} = 187.5\,[\Omega]$

(2) $R_T = R_1 + R_{2\,|\,3} = 200 + 187.5 = 387.5\,[\Omega]$

(3) 그림6.1을 총저항의 회로로 그리면 그림6.2와 같다.

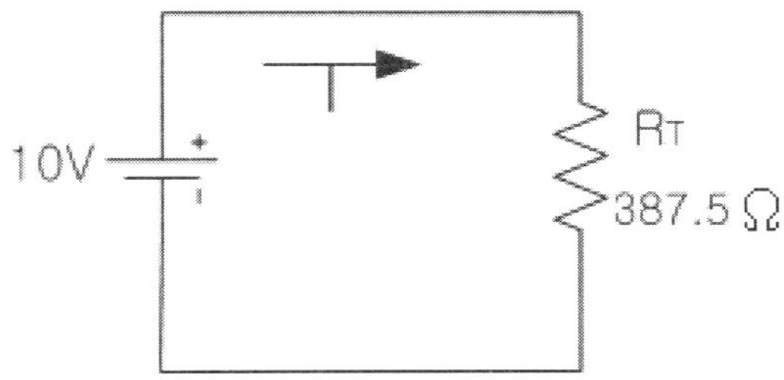

그림6.2

(4) 전류 $I = \dfrac{V}{R_T} = \dfrac{10}{387.5} = 25.8\,[mA]$

(5) 각 저항에 걸리는 전압 $V_1 = I \cdot R_1 = 0.0258 \times 200 = 5.16\,[V]$

$V_{23} = V - V_1 = 10 - 5.16 = 4.84\,[V]$

(6) 저항 R_2, R_3에 흐르는 전류

$I_2 = \dfrac{V_{23}}{R_2} = \dfrac{4.84}{500} = 9.68\,[mA]$, $I_3 = \dfrac{V_{23}}{R_3} = \dfrac{4.84}{300} = 16.1\,[mA]$

(7) $I = I_2 + I_3$가 성립됨을 알 수 있다.

Ⅱ 실험

실험 1 저항의 직 · 병렬회로(1)

(가) 그림6.3의 회로를 브레드보드에 구성하시오

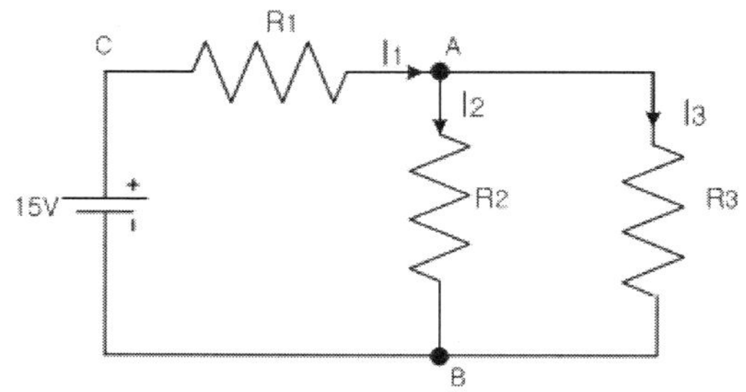

(R_1=820Ω, R_2=470Ω, R_3=1kΩ)

그림6.3 실험회로

(나) $R_{2||3}$를 계산하여 표6-1에 기록하시오.

(다) $R_T = R_1 + R_{2||3}$를 계산하여 표6-1에 기록하시오.

(라) 전원장치를 제거한 후 C점과 B점 사이의 저항(R_T)을 측정하여 표6-1에 기록하시오.

(마) 그림6.3을 총 저항으로 변환된 회로를 그리시오.

(바) 전류 I_1을 계산하여 표6-1에 기록하고, R_1과 A점 사이의 전선을 제거하고 그 사이에 멀티미터를 사용하여 전류 I_1을 측정하여 표6-1에 기록하시오.

(사) R_1 양단의 전압 V_1과 R_2양단의 전압V_{23}을 계산한 결과를 표6-1에 기록하고, 멀티미터를 사용하여 V_1, V_{23}의 측정한 결과값을 표6-1에 기록하시오.

(아) 식(6.4)를 사용하여 I_2, I_3를 계산하고, 멀티미터를 사용하여 I_2, I_3를 측정한 결과값을 표6-1에 기록하시오.

(자) I_1과 I_2, I_3의 관계를 비교해 보시오.

표6-1

	$R_{2\parallel 3}$	R_T	I_1	V_1	V_{23}	I_2	I_3
계산값							
측정값							

실험 2 저항의 직 · 병렬회로(2)

(가) 그림6.4회로를 브레드보드에 구성하시오.

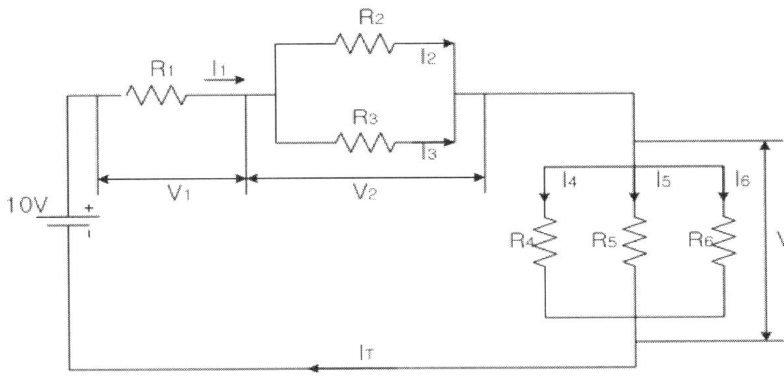

(R_1=1kΩ, R_2=220Ω, R_3=330Ω, R_4=470Ω, R_5=1kΩ, R_6=3kΩ)

그림6.4 실험2 회로

(나) $R_{2\parallel 3}$, $R_{4\parallel 5\parallel 6}$ 을 계산하여 표6-2에 기록하시오.

(다) R_1과 $R_{2\parallel 3}$, $R_{4\parallel 5\parallel 6}$ 의 직렬회로를 그리시오.

(다) 총저항(R_T)를 계산한 후, 전원장치를 제거한 후 총 저항을 측정하여 표6-2에 기록하시오. 총저항으로 변환된 회로를 그리시오.

(마) 전체전류 I_1을 계산하고, 멀티미터를 사용해 I_1을 측정한 후 표6-2에 기록하시오.

(바) 전압 V_1, V_2 , V_3를 계산하고, 각각의 전압을 측정한 후 표6-2에 기록하시오.

(사) 전류 I_2, I_3와 I_4, I_5 , I_6를 계산한 후, 각각의 전류를 멀티미터로 측정 한 후 표

6-2에 기록하시오.

표6-2

	$R_{2\parallel 3}$	$R_{4\parallel 5\parallel 6}$	R_T	V_1	V_2	V_3
계산값						
측정값						
	I_1	I_2	I_3	I_4	I_5	I_6
측정값						

실험 3 저항의 직·병렬회로(3)

(가) 그림6.5의 회로를 브레드보드에 구성하고, 실험2의 방법으로 표6-3을 기록하시오.

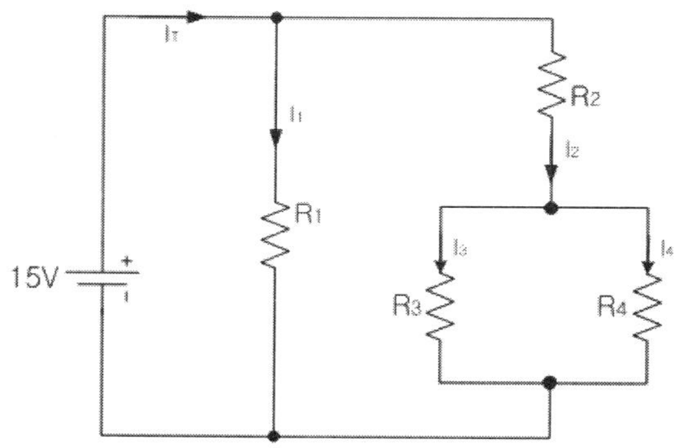

(R_1=1kΩ, R_2=680Ω, R_3=1.5kΩ, R_4=1kΩ)

그림6.5 실험회로

표6-3

	R_T	I_T	I_1	I_2	I_3	I_4
계산값						
측정값						

실험 4 저항의 직 · 병렬회로(4)

(가) 그림6.5의 회로를 브레드보드에 구성하고, 실험2의 방법으로 표6-4을 기록하시오.

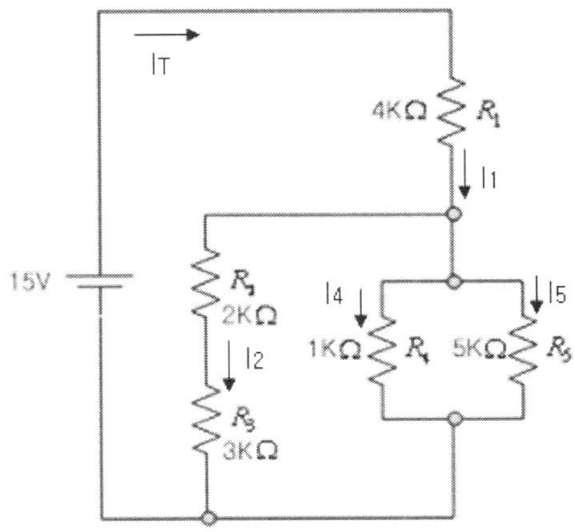

그림6.6 직병렬 회로

표6-4

	R_T	I_T	I_1	I_2	I_4	I_5
계산값						
측정값						

실 험 보 고 서

실험제목			실험일자	
학년	반	학번	실험조	성명

실험 1

	$R_{2\|3}$	R_T	I_1	V_1	V_{23}	I_2	I_3
계산값							
측정값							

등가회로

실험 2

	$R_{2\|\|3}$	$R_{4\|\|5\|\|6}$	R_T	V_1	V_2	V_3
계산값						
측정값						
	I_1	I_2	I_3	I_4	I_5	I_6
측정값						

절취선

R_1과 $R_{2\|3}$, $R_{4\|5\|6}$의 직렬회로	등가회로

실험3

	R_T	I_T	I_1	I_2	I_3	I_4
계산값						
측정값						

등가회로

실험4

	R_T	I_T	I_1	I_2	I_4	I_5
계산값						
측정값						

실험 7 전압분배 · 전류분배기

<table>
<tr><td>실습목적</td><td colspan="4">• 전압분배기(Voltage Divider)의 원리를 이해하고, 실험을 통하여 확인한다.
• 전류분배기(Current Divider)의 원리를 이해하고, 실험을 통하여 확인한다.</td></tr>
<tr><td rowspan="4">실습준비물</td><td>계측기</td><td colspan="2">• 디지털 멀티미터
• 가변직류전원</td><td>1대
1대</td></tr>
<tr><td rowspan="3">부 품</td><td>• 브레드보드</td><td></td><td>1개</td></tr>
<tr><td>• 저항</td><td>100Ω, 150Ω, 300Ω,470Ω,
680Ω, 1kΩ, 2kΩ, 3kΩ, 5kΩ</td><td>각1개</td></tr>
<tr><td>• 가변저항</td><td>10kΩ, 2kΩ</td><td>1개</td></tr>
</table>

I 이론

7.1 전압분배기 (Voltage Divider)

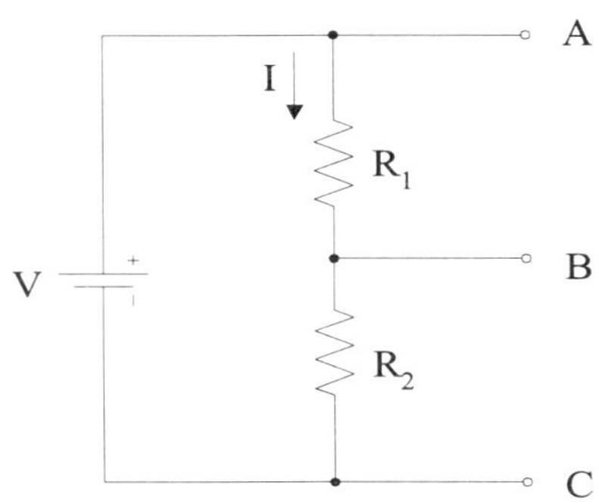

그림7.1 전압 분배 회로

그림 7.1과 같이 전원에 직렬로 연결된 여러 개의 저항에서는 저항의 크기에 비례

한 전압강하가 이루어진다. 한 개의 전원으로부터 필요한 여러 개의 전원을 얻고자 할 때는 2개 이상의 저항을 전원에 직렬로 연결하면 된다. 이와 같은 회로를 전압 분배 회로라 한다.

그림 7.1에서 전압 V_{AB}와 V_{BC}를 구하면 식(7.1)과 같다.

$$V_{AB} = I \cdot R_1 \ , \ V_{BC} = I \cdot R_2 \tag{7.1}$$

식(7.1)에서 전류 I를 구하면 식(7.2)가 된다.

$$V = V_{AB} + V_{BC} = I \cdot R_1 + I \cdot R_2 = I \cdot (R_1 + R_2) \tag{7.2}$$

따라서, 전류 I는

$$I = \frac{V}{R_1 + R_2} \tag{7.3}$$

이 된다.

식 (7.3)을 식 (7.1) 및 (7.2)에 대입하면

$$V_{AB} = \frac{R_1}{R_1 + R_2} \cdot V \tag{7.4}$$

$$V_{BC} = \frac{R_2}{R_1 + R_2} \cdot V \tag{7.5}$$

이다. 식(7.4)와 식(7.5)를 **전압분배 법칙**이라 한다.

예제 1 다음 회로의 V_{AB}, V_{BC}, V_{CD}를 전압분배법칙에 의해 계산하시오.

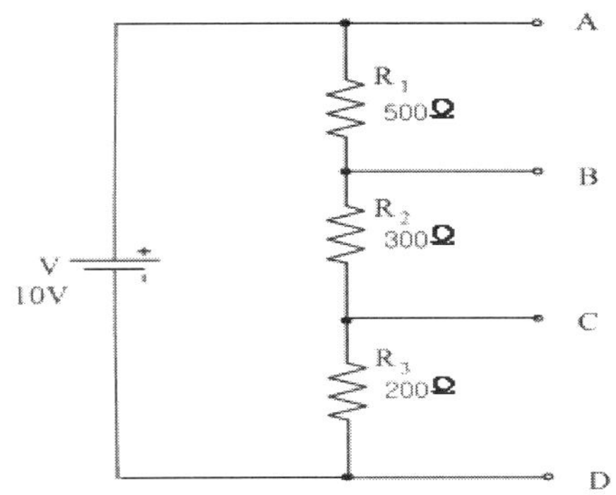

식(7.4)와 식(7.5)를 적용하여 계산하면

(1) $V_{AB} = \dfrac{R_1}{R_1 + R_2 + R_3} \cdot V = \dfrac{500[\Omega]}{1000[\Omega]} \cdot 10[V] = 5[V]$

(2) $V_{BD} = \dfrac{R_2 + R_3}{R_1 + R_2 + R_3} \cdot V = \dfrac{500[\Omega]}{1000[\Omega]} \cdot 10[V] = 5[V]$

(3) $V_{CD} = \dfrac{R_3}{R_1 + R_2 + R_3} \cdot V = \dfrac{200[\Omega]}{1000[\Omega]} \cdot 10[V] = 2[V]$이 된다.

7.2 전류분배기(Current Divider)

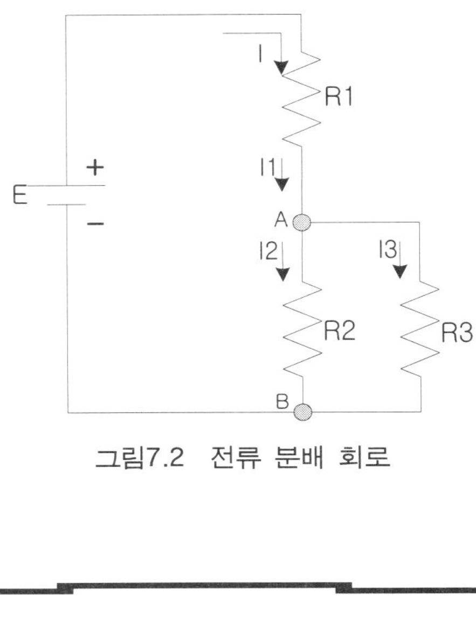

그림7.2 전류 분배 회로

그림7.2의 전체 전류를 구하기 위한 전체 저항 R_T는 식(7.6)이다.

$$R_T = R_1 + \frac{R_2 \cdot R_3}{R_2 + R_3} \tag{7.7}$$

공급 전압 E는 식(7.8)과 같이 나타낼 수 있다.

$$E = I \cdot R_T = I(R_1 + \frac{R_2 \cdot R_3}{R_2 + R_3}) \tag{7.7}$$

저항 R_2와 R_3에 걸리는 전압 V_{AB}는 식(7.8)로 나타낼 수 있다.

$$V_{AB} = E - I \cdot R_1 \tag{7.8}$$

저항 R_2에 흐르는 전류 I_2는 식(7.9)와 같다.

$$I_2 = \frac{V_{AB}}{R_2} = \frac{E - I \cdot R_1}{R_2} = \frac{I(R_1 + \frac{R_2 \cdot R_3}{R_2 + R_3}) - IR_1}{R_2} \tag{7.9}$$

식(7.9)를 정리하면 식(7.10) 과 식(7.11)이 된다.

$$I_2 = \frac{R_3}{R_2 + R_3} I \tag{7.10}$$

$$I_3 = \frac{R_2}{R_2 + R_3} I \tag{7.11}$$

식(7.10) 과 식(7.11)을 전류분배 법칙이라 한다.

예제 2 다음 회로의 I_1 , I_2를 전류분배법칙에 의해 계산하시오.

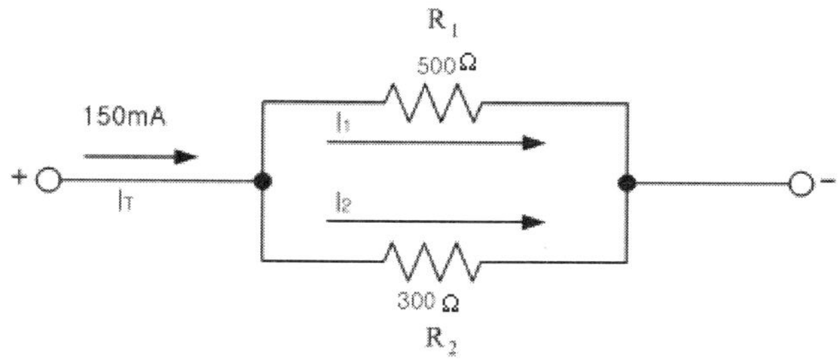

전체전류 I_T가 150mA이므로 식(7.10)과 식(7.11)을 이용하면

(1) $I_1 = \dfrac{R_2}{R_1 + R_2} \cdot I_T = \dfrac{300\,[\Omega]}{800\,[\Omega]} \cdot 0.15\,[A] = 56.25\,[mA]$

(2) $I_2 = \dfrac{R_1}{R_1 + R_2} \cdot I_T = \dfrac{500\,[\Omega]}{800\,[\Omega]} \cdot 0.15\,[A] = 93.75\,[mA]$

$I_I = I_1 + I_2$가 성립한다.

7.3 여러 개의 병렬회로에 대한 전류분배

n개의 가지를 갖는 일반적인 병렬회로를 그림7.3에 나타내었다.

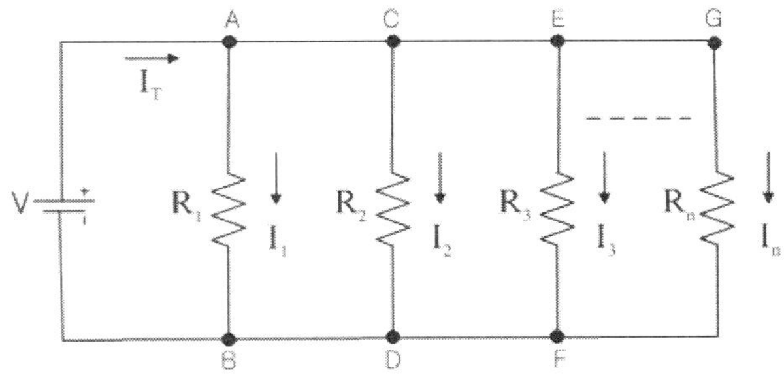

그림7.3 n개의 일반적인 병렬회로

총전류(I_T)를 알고 있는 경우 어느 가지에 흐르는 전류는 다음 식(7.12)에 의해 구할 수 있다.

$$I_x = \frac{R_T}{R_x} \cdot I_T \tag{7.12}$$

여기서 I_x는 I_1, I_2, … I_n을 나타내며, R_x는 R_1, R_2, … R_n을 나타낸다. 식(7.12)는 어떠한 수의 가지를 갖는 병렬회로에 대해서도 사용할 수 있다. 여기서 가지전류를 구하기 위해서는 반드시 R_T를 구해야만 한다.

Ⅱ 실험

실험 1

(가) 그림7.4의 회로를 브레드보드에 구성하시오.

(나) 저항 R_1 , R_2 , R_3양단의 전압을 측정하고 표7-1에 기록하시오.

(다) 저항 R_1 , R_2 , R_3양단의 전압값을 전압 분배법칙을 사용하여 계산된 결과를 표7-1에 기록하시오.

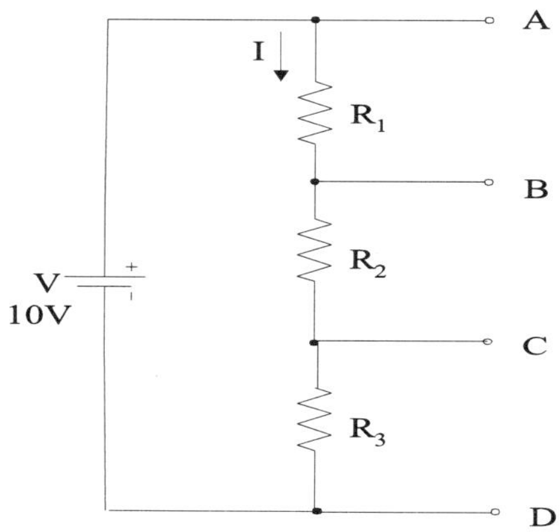

그림 7.4 전압 분배 회로
(R_1=1 [kΩ], R_2=2 [kΩ], R_3=3 [kΩ])

표7-1

	V_{A-B}	V_{B-C}	V_{C-D}	V_{A-C}	V_{B-D}
측정값					
계산값					

(라) C점과 D점 사이에 1MΩ의 저항을 연결할 경우 CD의 전압값을 계산하시오.
_______________ [V]

(마) C점과 D점 사이에 100kΩ의 저항을 연결할 경우 CD의 전압값을 계산하시오. _______________ [V]

(바) 표7-1의 CD 측정전압값과 (라), (마)의 결과값을 비교하시오.

(사) (라)-(바)실험이 가지는 의미(영향)를 서술하시오.

실험 2

(가) 그림7.5의 회로를 브레드보드에 구성하시오.

(나) R_L 양단의 전압이 표7-2전압이 되려면 저항값이 얼마인지 계산하여 표7-2에 기록하시오.

(다) R_L 양단의 전압이 표7-2전압이 되도록 가변저항기 R_L 을 조정하시오.

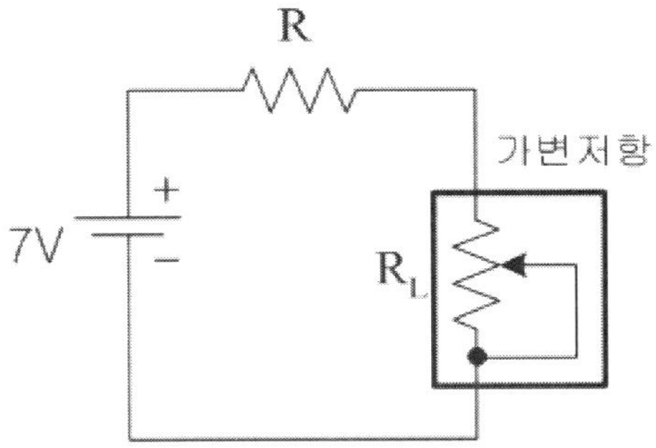

그림7.5 가변저항기를 이용한 전압분배
(R=1 [kΩ], R_L=10 [kΩ])

(라) R_L 의 저항값을 측정하여 표7-2에 기록하시오.

표7-2

R_L 양단전압	1V	1.5V	2V	4V	6V
측정값 R_L					
계산값 R_L					

실험 3

(가) 그림7.6 회로를 브레드보드에 구성하시오.

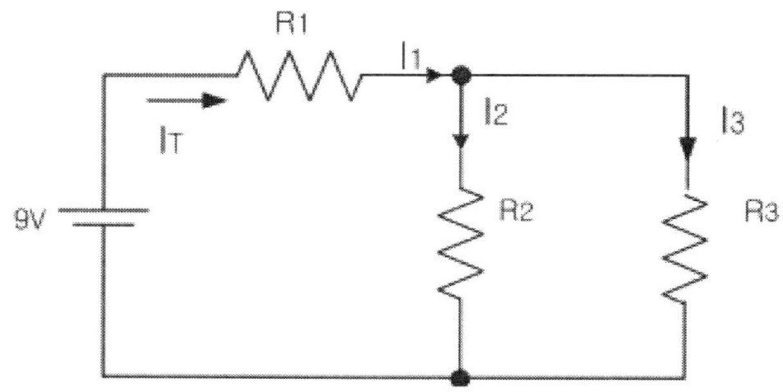

그림7.6 전류 분배 회로

(R_1=470Ω, R_2=2kΩ, R_3=5kΩ)

(나) 그림7.6 회로의 전체저항을 계산하여 표7-3에 기록하시오.

(다) 멀티미터로 측정한 전체 저항값을 표7-3에 기록하시오.

(라) I_T를 계산한 결과값과 전류 분배법칙을 이용하여 I_2, I_3를 계산한 후 결과값을 표7-3에 기록하시오.

(마) I_T, I_2, I_3을 멀티미터로 측정하여 결과값을 표7-3에 기록하시오.

표7-3

	R_T	I_T	I_2	I_3
측정값				
계산값				

실험 4

(가) 그림7.6 회로를 브레드보드에 구성하시오.

(나) 그림7.7의 회로에서 총저항 R_T를 계산하여 표7-6에 기록하시오.

(다) 멀티미터로 총저항을 측정하여 표7-6에 기록하시오.

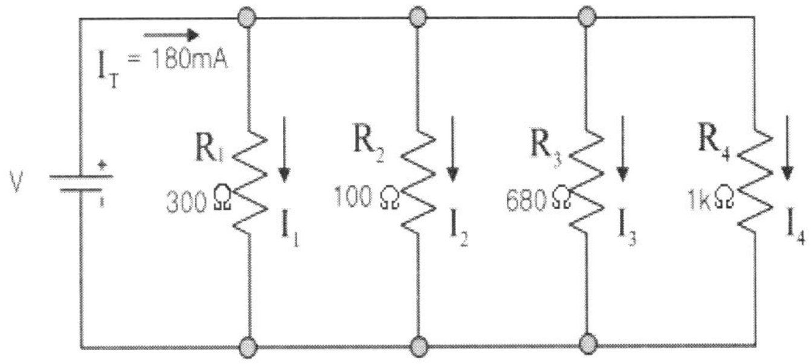

그림7.7 병렬회로

(라) 그림7.7의 공급전압 V를 계산하여 표7-6에 기록하시오.

(마) 전류분배 법칙을 사용하여 가지전류 I_1, I_2, I_3, I_4를 계산하여 표7-6에 기록하시오.

(바) (라)에서 계산된 전압값을 인가한 후, 각 가지전류에 흐르는 전류를 측정하여 표7-6에 기록하시오.

표7-6

	V	R_T	I_T	I_1	I_2	I_3	I_4
측정값							
계산값							

실험 5

(가) 그림 7.8(a)는 기본적인 휘스톤브리지 회로이고, 그림(b)는 그림(a)을 직병렬 관계로 더 명확히 볼 수 있도록 변환한 회로이다.

(나) 브레드보드에 그림7.8을 구성하시오.

(다) R3를 1.2kΩ으로 맞추고, (A)와 (B)점 사이에 멀티미터를 연결하여 전류를 측정하여 기록하시오. I_{A-B} = ____________ [mA]

(라) $V_{A-B} = V_3 - V_4$을 측정하여 확인한다.

V_3 = ________ [V], V_4 = ________ [V]

V_{A-B} = ________ [V]

(마) $R_3 = \dfrac{R_1 \times R_4}{R_2}$ 를 계산하시오 ________________ [Ω]

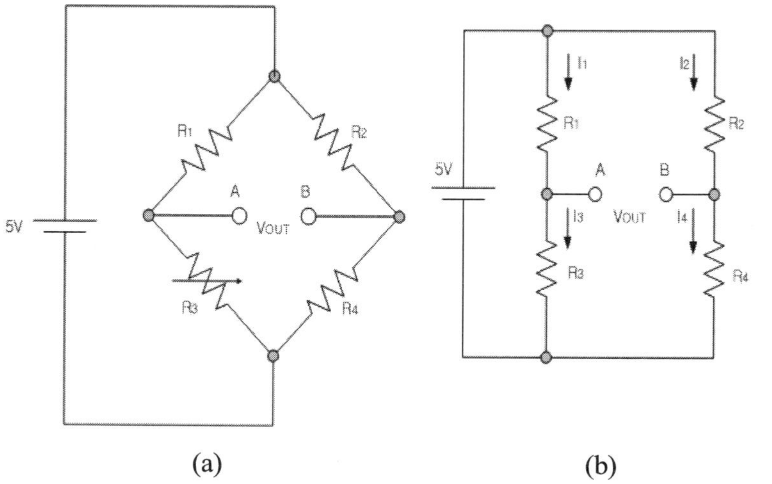

그림7.8 휘스톤브리지 회로
(R1=1kΩ, R2=150Ω, VR3=2kΩ, R4=100Ω)

(바) R_3를 (마)의 저항값으로 바꾼 후 (다)와 (라)를 실시한다.

I_{A-B} = ________________ [mA]

V_3 = ________ [V], V_4 = ________ [V]

V_{A-B} = ________ [V]

실 험 보 고 서

실험제목			실험일자	
학년	반	학번	실험조	성명

절취선

실험 1

	V_{A-B}	V_{B-C}	V_{C-D}	V_{A-C}	V_{B-D}
측정값					
계산값					

(라) ____________ [V]

(마) ____________ [V]

(바) ____________________________

(사) ____________________________

____

실험 2

R_L양단전압	1V	1.5V	2V	4V	6V
측정값 R_L					
계산값 R_L					

실험 3

	R_T	I_T	I_2	I_3
측정값				
계산값				

실험 4

	V	R_T	I_T	I_1	I_2	I_3	I_4
측정값							
계산값							

실험 5

(다) I_{A-B} = ________________ [mA]

(라) V_3 = __________ [V], V_4 = __________ [V]

V_{A-B} = ________ [V]

(마) $R_3 = R_1 \times \dfrac{R_2}{R_4}$ 를 계산. ______________ [Ω]

(바) I_{A-B} = ________________ [mA]

V_3 = __________ [V], V_4 = __________ [V]

V_{A-B} = ________ [V]

실험 8 테브난 정리

<table>
<tr><td>실습목적</td><td colspan="4">• 테브난 정리(Thevenin's theorem)를 이해한다.
• 테브난 정리를 실험으로 확인하고, 응용할 수 있는 능력을 키운다.</td></tr>
<tr><td rowspan="3">실습준비물</td><td>계측기</td><td colspan="2">• 디지털 멀티미터
• 가변직류전원</td><td>1대
1대</td></tr>
<tr><td rowspan="2">부 품</td><td>• 브레드보드</td><td></td><td>1개</td></tr>
<tr><td>• 저항</td><td>300Ω, 330Ω, 470Ω,
560Ω, 680Ω, 1kΩ</td><td>각2개</td></tr>
</table>

I 이론

8.1 테브난 정리

그림 8.1(a)에서 두 단자 a, b에 접속된 임의의 회로망은 한 개의 등가전원 E_{th}와 한 개의 등가저항 R_{th}가 직렬로 연결된 등가회로로 바꿀 수 있다. 이것을 테브난의 정리라고 한다. 테브난의 정리를 이용하면 복잡한 어떤 저항성 회로도 간단하게 만들 수 있다.

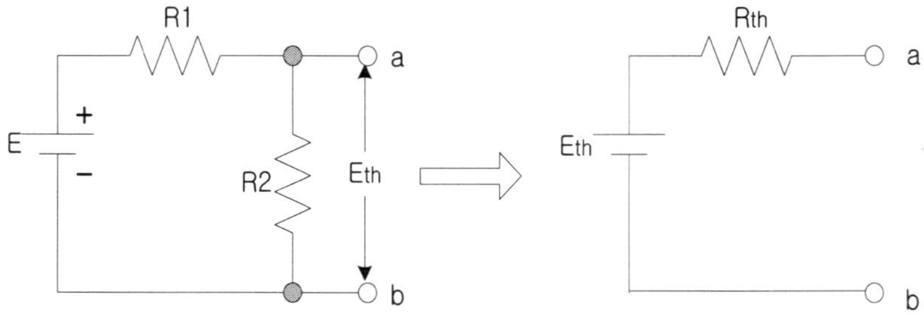

(a) 2단자 회로망 (b) 테브난 등가회로

그림8.1 테브난 등가회로

그림 8.1(b)의 테브난 등가회로에서 테브난 등가전압인 E_{th}는 그림 8.1 (a)의 회로망에서 a, b 단자를 개방했을 때(부하저항 R_{th}를 연결하지 않은) 개방회로의 두 단자(a, b)전압이다. 또한 테브난 등가저항인 R_{th}는 회로망 내의 전원을 제거하고 두 단자 a, b에서 회로망 쪽을 쳐다보았을 때 측정한 저항 값이다. 여기에서 전원을 제거한다는 것은 전원을 단락한다는 것이다.

그림8.1에서 등가전압 E_{th}는

$$E_{th} = \frac{R_2}{R_1 + R_2} E \tag{8.1}$$

등가저항 R_{th}는

$$R_{th} = \frac{R_1 R_2}{R_1 + R_2} \tag{8.2}$$

출력단자 만 밖으로 나와 있는 경우 테브난의 등가회로를 구하는 것은 어렵다. 그림8.2와 같은 절차를 이용하여 등가전원과 등가저항을 구할 수 있다.

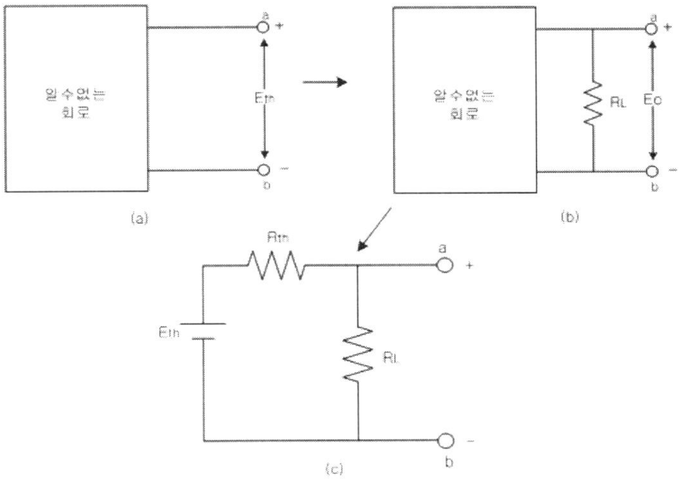

그림8.2 테브난의 등가회로 해석

(1) 내부의 회로를 알지 못하고 단지 단자 a, b만 밖으로 나와 있을 경우 그림 8-2(b)와 같이 부하저항 R_L을 연결하여 알려지지 않은 회로의 테브난 등가전원과 등가저항을 구할 수 있다.

(2) 그림8.2(a)와 같이 단자 a, b사이의 전압을 측정하면 이 전압이 테브난의 등가전압(E_{th})이 된다. 다음 단자 a, b사이에 부하저항 R_L을 연결한 후 단자 간 전압을 측정하여 얻은 전압을 E_o라 하면 테브난의 등가저항 (R_{th})을 구하는 과정은 다음과 같다.

$$E_o = E_{th} \times \frac{R_L}{R_{th} + R_L} \tag{8.3}$$

$$R_{th} = \left(\frac{E_{th}}{Eo} - 1 \right) R_L \tag{8.4}$$

(3) 식(8.4)로부터 R_{th}를 구하면 R_{th}와 부하R_L저항은 직렬회로가 되므로 R_L에 흐르는 전류는 식(8.5)와 같이 구할 수 있다.

$$I_L = \frac{E_{th}}{R_{th} + R_L} \tag{8.5}$$

예제 1 테브난 정리의 예로 그림 8.3 회로를 생각해보자.

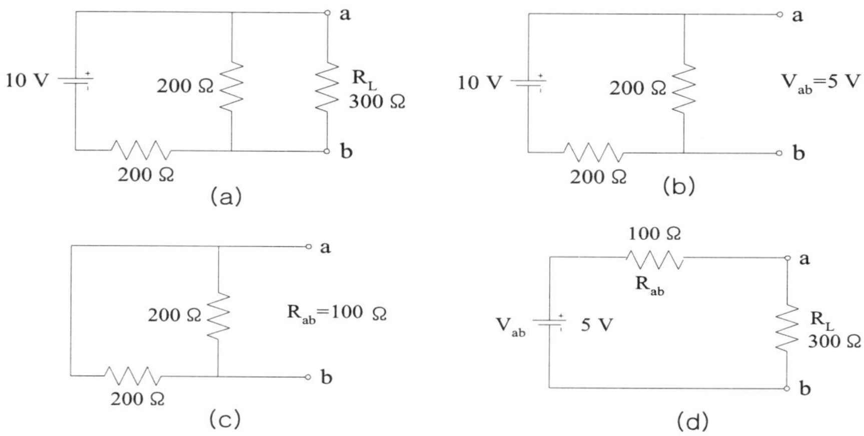

그림8.3 테브난 정리 예제 회로

① 그림8.3(a)에서 단자 a와 b사이에 부하저항 300Ω을 연결하여 부하저항에 흐르는 전류를 구한다면, 그림 (b)와 같이 부하저항을 우선 제거하고 단자 a, b사이의 테브난 전압(E_{th})을 구한다. 전압 분배기를 이용하면 테브난 전압을 구할 수 있다.

$$E_{th} = \frac{200\,[\Omega]}{200\,[\Omega] + 200\,[\Omega]} \cdot 10\,[V] = 5\,[V]$$

② 그림 (c)에서 전원을 단락시킨 후 단자 a, b에서 저항인 테브난 저항(R_{th})을 구한다.

$$R_{th} = 200\,[\Omega] \parallel 200\,[\Omega] = \frac{200 \times 200}{200 + 200} = 100\,[\Omega]$$

③ 그림 (d)에서 테브난 등가회로와 부하저항을 연결하여 부하저항에 흐르는 전류 I_L을 구한다.

$$I_L = \frac{E_{th}}{R_{th} + R_L} = \frac{5\,[V]}{100\,[\Omega] + 300\,[\Omega]} = 12.5\,[mA] \qquad (8.9)$$

이와 같이 테브난 정리를 이용하면 미지의 회로에 흐르는 전류를 간단하게 구할 수 있다.

Ⅱ 실험

실험 1

(가) 그림 8.4의 회로를 브레드보드에 구성하시오.

(이때 R_L은 연결하지 마시오.)

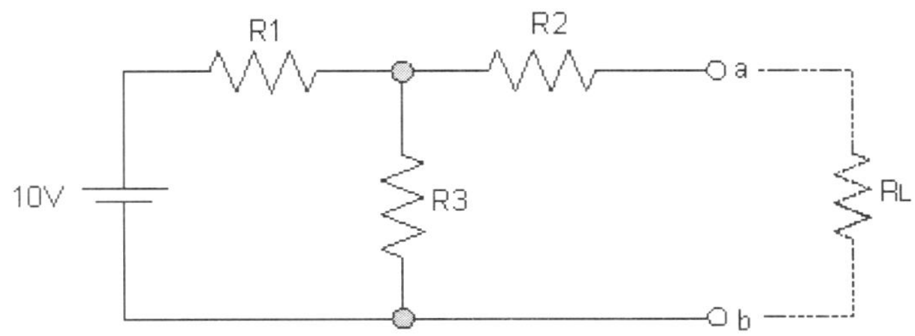

(R_1=300Ω, R_2=300Ω, R_3=1kΩ)

그림8.4 테브난 정리 실험 회로

(나) 회로의 전원을 단락시킨다.

(다) 두 단자 a, b사이의 테브난 저항 R_{th}를 계산하여 표8-1에 기록하시오.

(라) 두 단자 a, b사이의 테브난 저항 R_{th}를 측정하여 표8-1에 기록하시오.

(마) 단락시킨 전선을 제거한 후 전압 10V를 회로에 공급한 후 두 단자 a, b사이의 테브난 전압 E_{th}를 계산하고, 측정하여 표8-1에 기록하시오.

(바) 계산된 결과를 근거로 테브난의 등가회로를 그리고, 브레드보드에 등가회로를 구성하시오.

(사) 등가회로 단자 a, b 사이에 저항 470Ω을 연결했을 때 부하저항에 걸리는 전압을 계산하여 표 8-1에 기록한 후, 부하저항에 걸리는 전압를 측정하여 표8-1에 기록하시오.

(아) 부하저항에 흐르는 전류을 계산하여 표 8-1에 기록한 후, 부하저항에 흐르는 전류를 측정하여 표8-1에 기록하시오.

(자) 표8-1에 제시한 부하저항으로 바꾸어 가면서 (사)-(아)를 실험하여 표8-1에 기록하시오.

표8-1

	R_{th}	E_{th}	$R_L = 470\Omega$		$R_L = 680\Omega$		$R_L = 1k\Omega$	
			E_o	I_L	E_o	I_L	E_o	I_L
계산값								
측정값								

실험 2

(가) 그림 8.5 회로로 같은 휘스톤브리지 회로의 테브난 정리를 확인해 보자. **(이때 R_L은 연결하지 마시오.)**

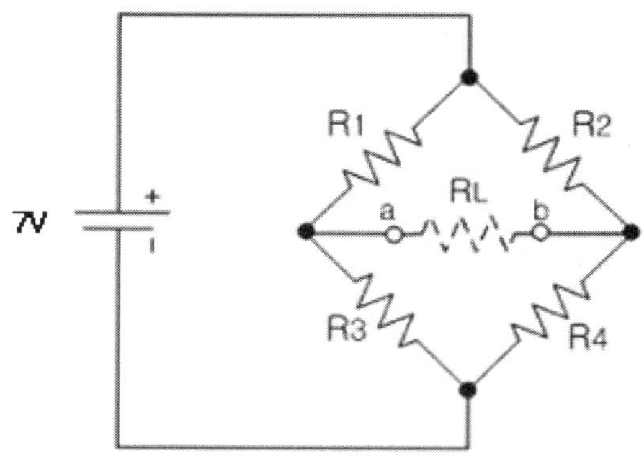

(R_1=330Ω, R_2=680Ω, R_3=680Ω, R_4=560Ω)

그림8.5 브리지 실험회로

(나) 아래의 회로는 그림8.5를 다시 그린 것이다. 이 회로를 브레드보드에 구성한다.

(다) 테브난의 등가전압(a와 b 사이의 전압)을 계산하여 표8-2에 기록하시오. $E_{th} = Va - V_b$ 이다.

(라) 두 단자 a, b사이의 전압(E_{th})을 측정하여 표8-2에 기록하시오.

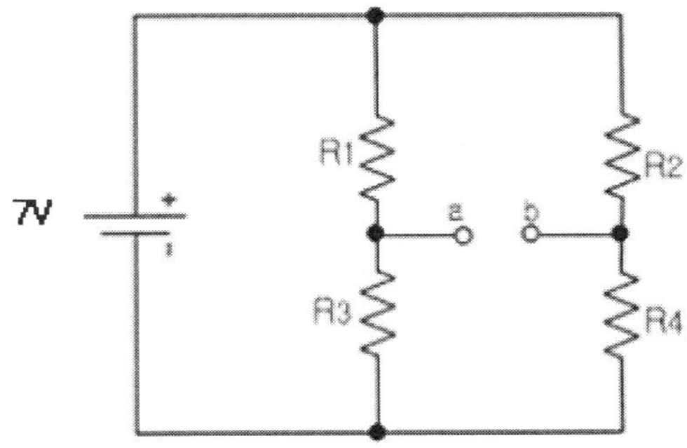

(마) 전원을 제거하고, 단락시킨다.

(바) 회로의 총저항을 구하여 표8-2에 기록한다. 이 저항이 테브난 저항(R_{th})이 된다.

(사) 두 단자 a, b사이의 테브난 저항 R_{th}를 측정하여 표8-2에 기록하시오.

(아) 계산된 결과를 근거로 테브난의 등가회로를 그리시오.

(자) 등가회로의 a와 b 사이에 표8-2의 부하저항을 추가하여 부하저항에 걸리는 전압과 전류를 계산하고, 멀티미터로 전압과 전류를 측정하여 표8-2에 기록하시오.

(차) 표8-2에 제시한 부하저항으로 바꾸어 가면서 (자)를 실험하여 표8-2에 기록하시오.

표8-2

	V_a	V_b	E_{th}	R_{th}	$R_L = 470\Omega$		$R_L = 680\Omega$		$R_L = 1k\Omega$	
					E_o	I_L	E_o	I_L	E_o	I_L
계산값										
측정값										

실 험 보 고 서

실험제목			실험일자	
학년	반	학번	실험조	성명

실험 1

	R_{th}	E_{th}	$R_L = 470\Omega$		$R_L = 680\Omega$		$R_L = 1k\Omega$	
			E_o	I_L	E_o	I_L	E_o	I_L
계산값								
측정값								

절취선

테브난 등가회로

실험 2

	V_a	V_b	E_{th}	R_{th}	$R_L = 470\Omega$		$R_L = 680\Omega$		$R_L = 1k\Omega$	
					E_o	I_L	E_o	I_L	E_o	I_L
계산값										
측정값										

테브난 등가회로

실험 9 노튼 정리

<table>
<tr><td>실습목적</td><td colspan="4">• 노튼 정리(Norton's theorem)를 이해한다.
• 노튼 정리를 실험으로 확인하고, 응용할 수 있는 능력을 키운다.</td></tr>
<tr><td rowspan="5">실습준비물</td><td rowspan="2">계측기</td><td colspan="2">• 디지털 멀티미터</td><td>1대</td></tr>
<tr><td colspan="2">• 가변직류전원</td><td>1대</td></tr>
<tr><td rowspan="3">부 품</td><td>• 브레드보드</td><td></td><td>1개</td></tr>
<tr><td>• 저항</td><td>470Ω, 1kΩ, 2kΩ</td><td>각1개</td></tr>
<tr><td>• 가변저항</td><td>10kΩ</td><td>1개</td></tr>
</table>

I 이론

9.1 노튼정리(Norton's theorem)

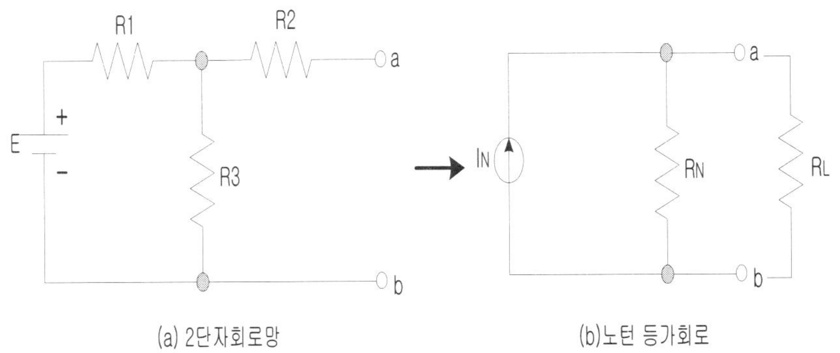

그림9.1 노튼 등가회로

노튼의 정리는 두 단자 ab에 접속된 임의의 선형적인 회로망은 그림 9.1과 같이 하나의 전류원 I_N과 하나의 저항 R_N이 병렬로 연결되는 등가회로로 바꿀 수 있다.

등가저항 R_N은 전원 E를 단락 시킨 후 a, b 단자 쪽에서 본 저항으로 식(9.1)과 같이 구해진다.

$$R_N = R_2 + \frac{R_1 R_3}{R_1 + R_3} \tag{9.1}$$

등가전류 I_N은 출력단자(a, b)를 단락 시켰을 때 단자 a, b사이를 흐르는 전류로 전류분배법칙을 적용하여 식(9.2)와 같이 구할 수 있다.

$$I_N = \frac{R_3}{R_2 + R_3} I \tag{9.2}$$

출력단자 a와 b 사이에 부하저항 R_L을 연결할 경우 R_L에 흐르는 전류 I_L은 식(9.3)과 같이 구해진다.

$$I_L = I_N \times \frac{R_N}{R_N + R_L} \tag{9.3}$$

그림9.2의 회로에 대해서 노턴 등가회로를 이용하여 해석하여 보자.

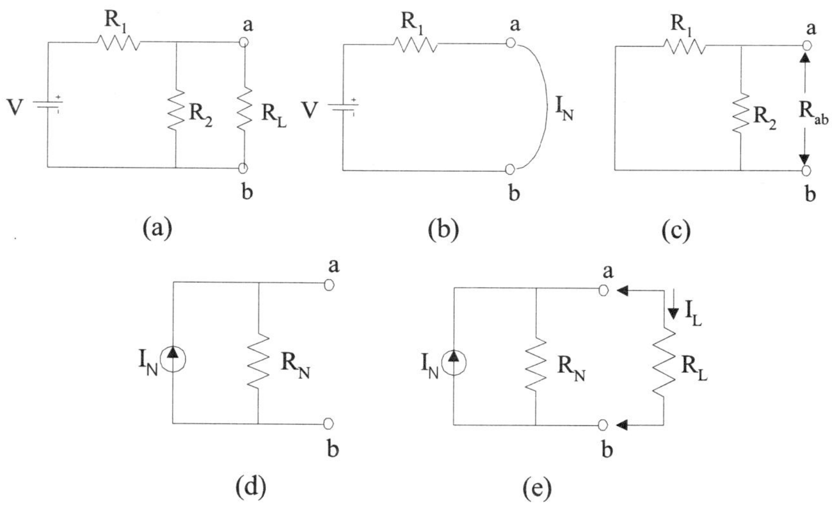

(R_1=10 [Ω], R_2=40 [Ω], R_L=9 [Ω], V=30 [V])

그림9.2 노튼 등가회로 해석

그림 9.2 (a)에서 부하저항 R_L에 흐르는 전류 I_L을 구하여 보자. I_L을 구하기 위해서 노튼 등가회로를 이용한다.

① 그림 (b)와 같이 ab단자의 단락전류 I_N를 구한다.

$$I_N = \frac{V}{R_1} = \frac{30}{10} = 3 \ [A] \tag{9.4}$$

② 그림 (c)와 같이 전압원을 단락하고, 단자 ab에서 회로망을 쳐다보았을 때의 합성 저항값 R_{ab}인 R_N을 구한다.

$$R_N = \frac{R_1 \times R_2}{R_1 + R_2} = \frac{10 \times 40}{10 + 40} = 8 \ [\Omega] \tag{9.5}$$

③ 그림 (d)와 같이 노튼 등가회로를 얻는다.

④ 그림 (e)와 같이 노튼 등가회로에 부하저항을 연결하여 이 때의 전류를 구한다.

$$I_L = I_N \times \frac{R_N}{R_N + R_L} = 3 \times \frac{8}{8+9} = 1.412 \ [A] \tag{9.6}$$

이상과 같은 방법으로 부하저항에 흐르는 전류 I_L을 구할 수 있다.

9.2 전압원과 전류원의 상호변환

테브난 정리는 임의의 회로망을 하나의 전압원과 하나의 저항이 직렬로 연결하여 회로를 해석하였다. 노튼정리는 하나의 전류원과 하나의 저항을 병렬로 연결하여 회로를 해석하였다. 그림 9.3에서와 같이 테브난 등가회로를 노튼 등가회로로 변환할 수 있고, 또한 노튼 등가회로를 테브난 등가회로로 변환할 수 있다.

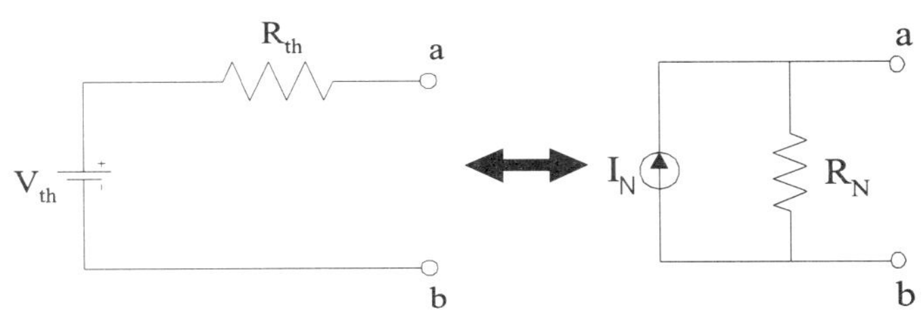

그림9.3 테브난, 노튼의 상호변환 관계

Ⅱ 실험

실험 1

(가) 그림9.4 회로를 브레드보드에 구성하시오

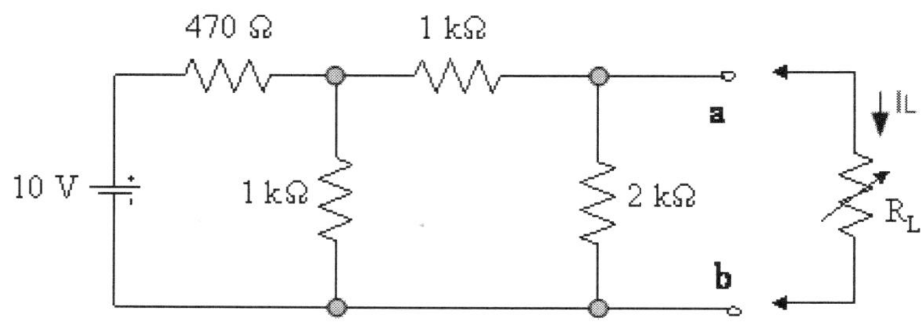

그림9.4 노튼 등가 실험 회로

(나) 멀티미터를 사용하여 두 단자 ab사이 흐르는 전류를 측정하여 표 9-1에 기록하시오.

(다) 두 단자 a, b를 단락시키고 두 단자 ab사이 흐르는 전류를 계산하여 표 9-1에 기록하시오.

(라) 전압원을 제거(단락)하고 두 단자 ab사이의 저항을 측정하여 표9-1 기록하시오.

(마) 전압원을 제거(단락)하고 두 단자 ab사이의 저항을 계산하여 표9-1에 기록하시오.

(바) 회로에서 부하저항 R_L을 변화시키면서 R_L에 흐르는 전류를 측정하여 표9-1에 기록하시오.

표9-1

	I_{ab}	R_{ab}	I_L				
			$R_L=500\Omega$	$R_L=1\text{k}\Omega$	$R_L=2\text{k}\Omega$	$R_L=3\text{k}\Omega$	$R_L=4\text{k}\Omega$
측정값							
계산값							

(사) 측정된 저항값(R_{ab})를 사용하여 노턴 등가회로를 구성하시오. 이때 전류원 I_N은 전원공급기로 측정된 전류(I_{ab})가 될 때까지 전압을 조정한다.

(아) 표9-1에 제시된 R_L 저항값에 흐르는 전류를 계산하여 표9-2에 기록하시오.

실 험 보 고 서

실험제목			실험일자	
학년	반	학번	실험조	성명

실험 1

	I_{ab}	R_{ab}	I_L				
			$R_L=500\Omega$	$R_L=1k\Omega$	$R_L=2k\Omega$	$R_L=3k\Omega$	$R_L=4k\Omega$
측정값							
계산값							

노튼 등가회로

	I_L				
	$R_L=500\Omega$	$R_L=1k\Omega$	$R_L=2k\Omega$	$R_L=3k\Omega$	$R_L=4k\Omega$
측정값					
계산값					

절취선

실험 10 중첩의 원리

실습목적	• 중첩의 원리를 이해하고 실험을 통하여 확인한다.		
실습준비물	계측기	• 디지털 멀티미터 • 가변직류전원	1대 1대
	부 품	• 브레드보드	1개
		• 저항 200Ω, 470Ω, 1kΩ	각1개

I 이론

10.1 중첩의 원리(Law of superposition)

그림 10.1과 같이 하나의 회로 내에 2개의 전원이 동시에 인가되는 회로망에 대해 중첩의 원리를 이용하여 회로를 해석할 수 있다.

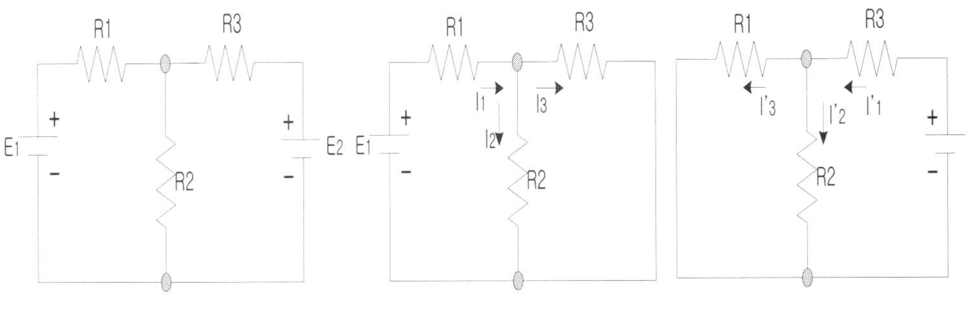

(a)2개의 전원을 갖는 회로　(b)E2 전원을 0Ω으로 대치한 등가회로　(c)E1 전원을 0Ω으로 대치한 등가회로

그림10.1 중첩의 원리에 의한 회로해석

우선 그림(b)와 같이 E_1을 선택하고 E_2는 0Ω으로 대치하고 전체저항 R_{t1}을 식(10.1)과 같이 구할 수 있다.

$$R_{t1} = R_1 + \frac{R_2 R_3}{R_2 + R_3} \tag{10.1}$$

오옴의 법칙과 전류 분배법칙을 사용하여 전류 I_1, I_2, I_3을 구하면 식(10.2)와 같다.

$$I_1 = \frac{E_1}{R_{t1}},\ \ I_2 = I_1 \times \frac{R_3}{R_2 + R_3},\ I_3 = I_1 \times \frac{R_2}{R_2 + R_3} \tag{10.2}$$

그림(c)와 같이 E_2를 선택하고 E_1은 0Ω으로 대치하고 전체저항 R_{t2}을 식(10.3)과 같이 구할 수 있다.

$$R_{t2} = R_3 + \frac{R_1 R_2}{R_1 + R_2} \tag{10.3}$$

오옴의 법칙과 전류 분배법칙을 사용하여 전류 I_1', I_2', I_3'를 구하면

식(10.4)와 같다.

$$I_1' = \frac{E_2}{R_{t2}},\ \ I_2' = I_1' \times \frac{R_1}{R_1 + R_2},\ I_3' = I_1' \times \frac{R_2}{R_1 + R_2} \tag{10.4}$$

식(10.2)와 식(10.4)의 결과값으로 I_{t1}, I_{t2}, I_{t3}를 구하면 식(10.5)과 같이 나타낼 수 있다.

$$I_{t1} = |\ I_1' - I_3\ |,\ \ I_{t2} = I_2 + I_2',\ \ \ I_{t3} = |\ I_3' - I_1\ | \tag{10.5}$$

식(10.5)의 결과에 따라 전류의 방향을 결정한다. 즉 $I_1' > I_3$이면 I_{t1}이 I_1' 방향으로 흐르도록 나타낸다.

예제 1 중첩의 원리를 적용한 예를 보자.

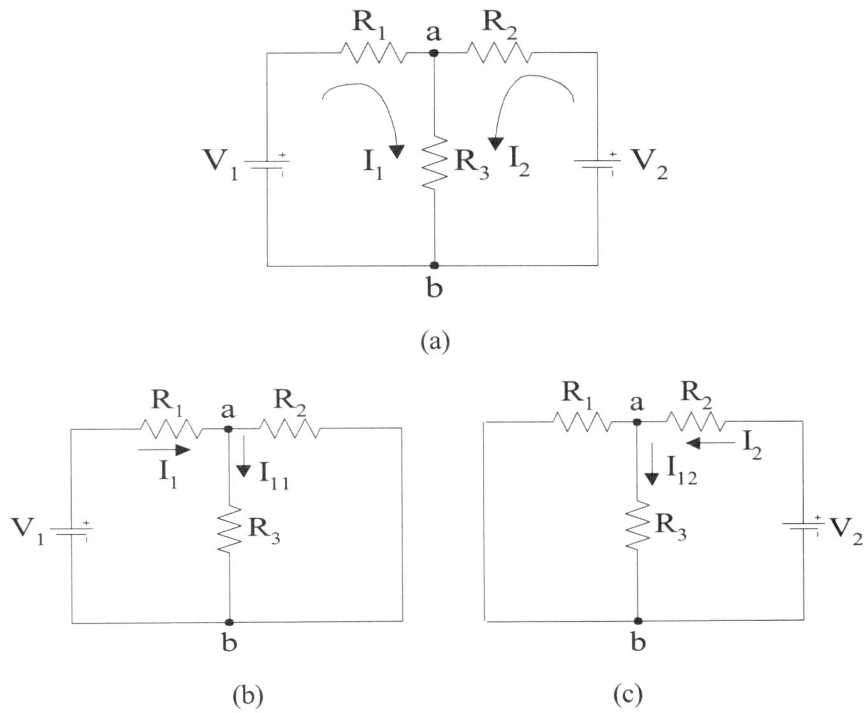

($R_1 = 24\,[\Omega]$, $R_2 = 6\,[\Omega]$, $R_3 = 12\,[\Omega]$, $V_1 = 28\,[V]$, $V_2 = 56\,[V]$)

그림 10.2 중첩의 원리 예제 회로망

1) 그림 10.2(b)와 같이 1개의 전원(V_1=28 [V])는 남기고, 나머지 전원(V2=56 [V])은 제거한다.

2) 그림 10.1(b)에서 단자 ab간의 전류(I_{11})을 구한다.

① 회로에서 전류 I_1을 구하기 위해서 합성저항 R_{t1}을 구한다.

$$R_{t1} = R_1 + R_2 // R_3 = 24 + \frac{6 \times 12}{6 + 12} = 28[\Omega]$$

② 오옴의 법칙을 적용하면 I_1을 쉽게 구할 수 있다.

$$I_1 = \frac{V_1}{R_{t1}} = \frac{28}{28} = 1\ [A]$$

③ 다음에 I_{11}은 전류분배 법칙을 적용하여 구할 수 있다.

$$I_{11} = \frac{R_2}{R_2 + R_3} \times I_1 = \frac{1}{3} \ [A]$$

3) 그림 10.1(c)와 같이 1개의 전원(V_2 = 56 [V])는 남기고, 나머지 전원(V_1 = 28 [V])는 제거한다.

4) 그림 10.1(c)에서 단자 ab간의 전류(I_{12})를 구한다.

① 회로에서 전류 I_2를 구하기 위해서 합성저항 R_{t2}를 구한다.

$$R_{t2} = R_2 + R_1 // R_3 = 6 + \frac{24 \times 12}{24 + 12} = 14 [\Omega]$$

② 오옴의 법칙을 적용하면 I_1을 쉽게 구할 수 있다.

$$I_1 = \frac{V_2}{R_{t2}} = \frac{56}{14} = 4 \ [A]$$

③ 다음에 I_{12}는 전류분배 법칙을 적용하여 구할 수 있다.

$$I_{12} = \frac{R_1}{R_1 + R_3} \times I_2 = \frac{8}{3} \ [A]$$

5) 최종으로 단자 ab간의 전류 I_{ab}를 구한다. 전류 I_{ab}는 저항 R_3에 흐르는 전류이다. 그림(b), 그림(c)에서 보면 R_3에 흐르는 전류인 I_{11}과 I_{12}가 모두 들어오는 방향이므로 두 전류의 합이 곧 I_{ab}가 된다. 따라서

$I_{ab} = I_{11} + I_{12} = 3 \ [A]$이다.

Ⅱ 실험

실험 1

(가) 그림 10.3 회로를 브레드보드에 구성하시오.

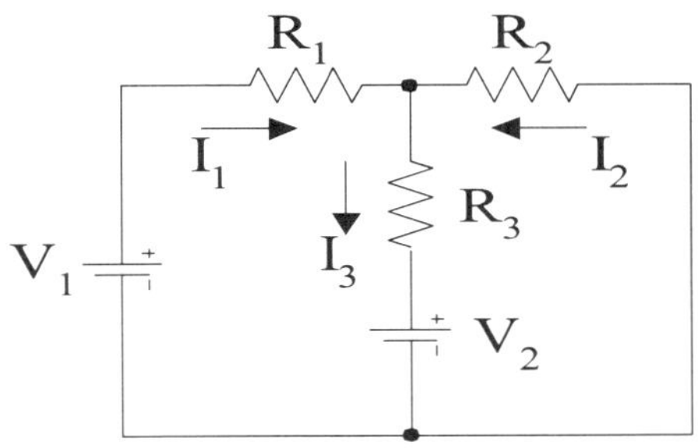

(R1=200Ω, R2=470Ω, R3=1kΩ, V_1=10[V], V_2=6 [V])

그림10.3 중첩의 원리 실험 회로

(나) 그림 10.3 회로에서 전원 V_2를 제거(단락시킴)한 회로를 그린 후 V_1을 개방한 상태에서 전체 저항을 계산하고, V_1 쪽에서 본 전체저항을 측정하여 표10-1에 기록하시오.

(다) 그림 10.3 회로에서 전원 V_2가 제거(단락시킴)된 상태에서 각 가지에 흐르는 전류값을 계산한 후 표10-1에 기록하시오, 또한 전류방향을 (나)의 회로에 표시하시오.

(라) V_1 전원을 인가한 후 각 저항에 흐르는 전류를 측정하여 표10-1에 기록하시오.

(마) 그림 10.3 회로에서 전원 V_1을 제거(단락시킴)한 회로를 그린 후 V_2을 개방한 후 상태에서 전체 저항을 계산하고, V_2쪽에서 본 전체 저항을 측정하여 표 10-2에 기록하시오.

(바) 그림 10.3 회로에서 전원 V_1이 제거(단락시킴)된 상태에서 각 가지에 흐르는 전류값을 계산한 후 표10-2에 기록하시오, 또한 전류방향을 (마)의 회로에 표시하시오.

(사) V_1 전원을 인가한 후 각 저항에 흐르는 전류를 측정하여 표10-2에 기록하시오.

(아) 그림 10.3 회로에서 전원 V_1 , V_2를 인가하고 R_3에 흐르는 전류값을 계산한 후, 멀티미터를 사용해 전류를 측정하여 표 10-3에 기록하시오. 또한 중첩의 원리가 성립되는지 확인하시오.

표10-1

	R_T	I_1	I_2	I_3
계산값				
측정값				

회로 1

표10-2

	R_T	I_1	I_2	I_3
계산값				
측정값				

회로 2

표10-3

	I_3
계산값	
측정값	

실 험 보 고 서

실험제목			실험일자	
학년	반	학번	실험조	성명

표10-1

	R_T	I_1	I_2	I_3
계산값				
측정값				

회로 1

표10-2

	R_T	I_1	I_2	I_3
계산값				
측정값				

회로 2

절취선

표10-3

	I_3
계산값	
측정값	

실험 11 함수발생기와 오실로스코프

<table>
<tr><td>실습목적</td><td colspan="3">• 펑션제너레이터의 조작법을 이해한다.
• 오실로스코프의 기능과 각 조절기의 조작방법을 이해하고, 동작기법을 숙지한다.</td></tr>
<tr><td rowspan="3">실습준비물</td><td>계측기</td><td colspan="2">• 오실로스코프
• 함수발생기
• 가변직류전원</td><td>1대
1대
1대</td></tr>
<tr><td rowspan="2">부 품</td><td>• 브레드보드</td><td></td><td>1개</td></tr>
<tr><td>• 저항</td><td>470Ω, 680Ω, 1kΩ, 2kΩ</td><td>각1개</td></tr>
</table>

I 이론

11.1 함수발생기(FUNCTION GENERATOR)

그림 11.1은 EZ사의 FG-7002G 함수발생기로서 0.02Hz~2 MHz의 출력주파수에 대하여 왜곡이 작은 정현파와 구형파, 삼각파의 출력을 얻을 수 있다. 출력은 5-Range의 Attenuator(감쇄기)와 진폭을 조정하여 임의의 출력을 얻을 수 있다. 그림 11.1에서 번호의 명칭 및 기능은 다음과 같으며 이는 FG-7002G 장비의 매뉴얼을 이용하였다.

11.1.1 명칭 및 기능

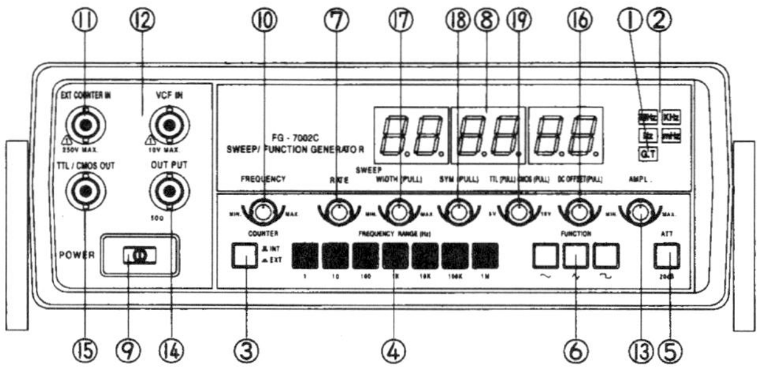

그림11.1 함수발생기 전면도

명 칭	기 능
① GATE 시간표시기	내부/외부 주파수 측정 시 게이트시간을 표시
② 단위표시 램프	화면에 표시된 측정값과 주파수 단위 표시
③ 측정신호 선택스위치	내부 발생주파수 또는 외부 입력주파수 측정을 선택
④ 주파수범위선택스위치	원하는 발생 주파수범위 선택
⑤ 감쇄기	출력되고 있는 신호의 크기를 20dB 감쇄시킴
⑥ 파형선택 스위치	출력파형을 선택하는 스위치로 정현파, 삼각파, 구 형파를 발생한다.
⑦ 소인속도조절손잡이	내부 소인기능 동작시 소인속도를 조절
⑧ 주파수 표시기	내부/외부 주파수 값을 표시
⑨ 전원 스위치	누르면 전원이 켜지고, 다시 한 번 누르면 꺼진다
⑩ 주파수 다이얼	이 다이얼을 돌려 발생주파수를 조정
⑪ 외부주파수입력단자	외부주파수를 측정하고자 할 때 신호를 이곳에 연결
⑫ VCF 입력단자	신호를 외부에서 입력하고자 할 때 이곳에 신호원을 연결
⑬ 출력레벨 조절기	조절기를 좌우로 돌리면 출력신호 크기가 증감
⑭ 출력 단자	발생되는 신호가 출력되는 곳
⑮ TTL/CMOS 출력단자	TTL/CMOS 신호를 사용할 때 이 단자에 연결
⑯ DC Offset 조절손잡이	출력신호의 DC OFFSET을 조절하기 위해서는 이 손잡이를 조절
⑰ 소인 폭 조절 손잡이	소인기능 사용 시 소인 폭 조절
⑱ Symmetry 조절손잡이	출력파형의 대칭 또는 경사를 조절하고자 할 때 사용
⑲ TTL/CMOS조절손잡이	CMOS 레벨을 조절하고자 할 때 이 손잡이를 당겨서 원하는 레벨로 조절

11.1.2 작동방법

(가) 함수 발생기(FUNCTION GENERATOR)

(1) 기능 스위치 및 조절기들을 아래와 같이 놓는다.

- 소인 폭 조절 : OFF
- Symmetry 조절 : OFF
- DC OFFSET : OFF
- 감쇄기 : 0dB

(2) 주파수 선택스위치를 사용하여 발생시키고자 하는 주파수의 범위를 선택하고, 주파수 다이얼을 돌려서 원하는 주파수로 조정한다.

(예) 5kHz 주파수를 발생시킬 경우

1) 주파수 선택스위치 중 "x 1k"를 누른다.

2) 주파수 다이얼을 중간위치에 위치시킨다. 정확한 주파수는 다이얼을 좌우로 돌리면서 맞춘다.

3) 그러면 5.000kHz 원하는 주파수가 발생한다.

(3) 파형선택 수위치를 이용하여 정현파, 삼각파, 혹은 구형파 가운데 원하는 파형을 선택한다.

(4) 50Ω 출력단자에 케이블을 연결한 후 출력신호를 공급한다.

(5) 출력레벨 조절기를 사용하여 원하는 출력파형의 크기로 맞춘다.

(6) DC OFFSET 조절기를 사용하여 출력신호에 "+" 또는 "−"의 원하는 직류 전압을 가한다.

(7) 고정된 레벨의 TTL 구형파를 "SYNC" 출력단자에서 사용할 수 있으며 이 신호는 출력레벨 조절기, 감쇄기, DC OFFSET조절기의 영향을 받지 않는다.

(나) 펄스 파형발생기(PULSE GENERATOR)

좌우 대칭이 이루어진 구형파, 정현파 및 삼각파의 +와 −의 변이는 같은 주기 또는 1:1 비율이다. 이것은 SYMMETRY 조절기가 "초기상태(PRE-SET)"에 놓여 있는 상태이다. SYMMETRY 조절기를 가변함으로써 최대 10:1로 좌우 대칭 비를 조절할 수 있으므로 구형파에서 직사각형파 및 펄스파, 삼각파에서 톱니파 및 비틀린 정현파를 출력으로 공급할 수 있다.

(1) 주파수 선택스위치를 사용하여 발생시키고자 하는 주파수 범위를 선택하고 주파수 다이얼을 돌려서 원하는 주파수로 조정한다.

(2) 파형 선택스위치를 이용하여 정현파, 삼각파, 구형파 가운데 원하는 파형을 선택한다.

(3) SYMMETRY 조절기를 가변시켜 원하는 비율로 조절한다.

11.2 오실로스코프(OSCILLOSCOPE)

11.2.1 명칭 및 기능

그림11.2는 오실로스코프의 전면을 나타낸 것이다.

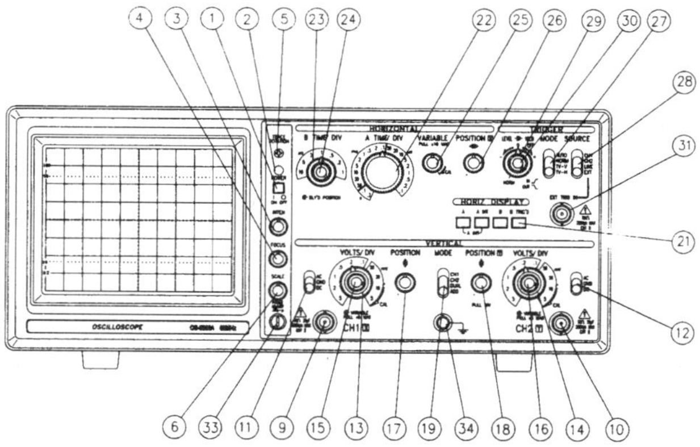

그림11.2 오실로스코프 전면 부

구분	번호	명 칭	기 능
화면조정과전원부	①	POWER 스위치	전원 스위치를 누르면 ON이 되고 (들어간 상태) 다시 한 번 누르면 OFF된다. (나온 상태)
	②	POWER 램프	장비전원 ON시 녹색 램프가 점등 된다.
	③	INTENSITY	CRT의 휘도를 조절한다. 시계 방향으로 돌리면 밝기가 증가한다.
	④	FOCUS	소인선이 가장 가늘고 선명하게 되도록 조정한다.
	⑤	TRACE ROTATION	CRT의 수평선과 일치 하도록 조정한다.
	⑥	SCALE ILLUM.	눈금의 밝기 조절을 하며, 어두운 곳에서 관측할 때나 화면의 사진촬영을 할 때 사용한다.
	⑦	전압 선택기	사용전원에 맞게 선택이 가능하다.
	⑧	전원 커넥터	AC전원코드 사용 시 연결과 제거가 용이하다.

수직증폭부	⑨	CH1, X IN 콘넥터	입력신호를 CH1수직증폭부로 연결하거나 X-Y동작시 X축 신호가 된다.
	⑩	CH2, Y IN 콘넥터	입력신호를 CH2 수직증폭부로 연결하거나 X-Y 동작시 Y축 신호가 된다.
	⑪ ⑫	AC, DC, GND	입력신호와 수직 증폭단의 연결 방법을 선택할 때에 사용한다. · AC : 입력 커넥터와 수직 증폭기 사이에 커패시터가 있어 신호의 DC 성분을 차단시킨다. · GND : 수직 증폭기 입력 단을 접지시킴으로서 GND가 기준점이 된다. · DC : 입력 커넥터와 수직 증폭부 사이를 직접 연결하여 수직증폭부로 입력신호를 직접 연결한다.
	⑬ ⑭	VOLTS/DIV	수직 편향감도를 선택하는 단계별 감쇄기로서 입력신호의 크기에 관계없이 파형관측이 가능하며, 파형관측이 용이하도록 적절한 위치에 놓고 사용한다.
	⑮ ⑯	VARIABLE	수직 편향감도를 연속적으로 변화시킬 때 사용하는 미세조정가로서 반시계 방향으로 완전히 돌리면 감쇄비는 지시치의 1/2.5이하가 된다.
	⑰ ⑱	POSITION	수직축 파형을 이동시킬 때 사용한다. 시계방향으로 돌리면 파형이 위로 이동하고 반시계 방향이면 아래로 이동 한다. · PULL CH2. INV: 손잡이를 당기면 CH2에 가해진 신호가 반전되어 나타난다.
	⑲	V.MODE	수직축의 표시 형태를 선택하는데 사용된다. · CH1: CH1에 입력된 신호만 CRT상에 나타난다. · CH2: CH2에 입력된 신호만 CRT상에 나타난다. · DUAL : CH1과 CH2에 입력된 두 신호를 동시에 CRT상에 나타난다. · CHOP : TIME/DIV 0.1s~5㎳ · ALT : TIME/DIV 2㎳~0.1㎲ · ADD : CH1, CH2의 휘선이 대수합으로 나타난다.
	⑳	CH1 OUT 콘넥터	CH1에 입력된 신호의 일부를 증폭하여 주파수 카운터나 기타 장비로 공급한다.

소인과동기부	㉑	HORIZONTAL DISPLAY	소인 형태를 선택한다. · A: A 소인만 나타납니다. 일반적인 설정 단이다. · A INT: A 소인만 나타나지만 휘도변조에 의해 B 소인에 대한 부분이 밝게 나타난다. · B: 휘도 변조된 부분이 확대되어 화면전체에 나타난다.
	㉒	A TIME/DIV	X-Y동작을 선택할 수 있다. · B TRIG'D: 지연 소인이 첫 번째 동기 펄스에 의해 동기된다. 교정된 주시간 간격, 지연소인 동작을 위한 지연시간을 선택할 수 있다.
	㉓	B TIME/DIV	교정된 지연 B시간축의 소인시간을 선택한다.
	㉔	DELAY TIME POSITION	A소인에 B 소인을 선택했을 때 정확한 시작점을 맞추는데 사용한다.
	㉕	A VARIABLE	교정된 위치로부터 A 소인 시간을 연속적으로 변화시키는데 사용한다.

			· PULL×10MAG: 스위치를 당기면 소인시간이 10배로 확대되며 이때 소인시간은 TIME/DIV 지시치의 1/10이 된다. 수평축 위치를 조정하여 확대시킬 부분을 수직축 중앙 눈금선과 맞추고 ×10MAG 스위치를 당기면 중앙을 중심으로 좌우 확대된 파형이 나타납니다. 이때 소인 시간은 TIME/DIV 지시치의 1/10이 된다.
	㉖	수평축 POSITION	수평 위치조정에 사용되며 파형의 시간 측정과는 독립적으로 사용된다. 손잡이를 시계방향으로 돌리면 우측으로 이동하고 반시계방향으로 돌리면 좌측으로 이동한다. · PULL CH2. INV: 손잡이를 당기면 CH2에 가해진 신호가 반전되어 나타난다.
	㉗	TRIGGER MODE	소인동기 형태를 선택한다. · AUTO: 소인은 자동적으로 발생합니다. 동기 신호가 있을 때에는 정상적으로 동기된 소인이 얻어지고 파형은 정지한다. 신호가 없거나 동기가 안된 경우에도 소인은 자동적으로 발생한다. 일반적인 사용에서는 이 위치가 편리하다. · NORM: 동기된 소인을 얻을 수 있으나 동기 신호가 없거나 동기가 안 되면 소인은 발생되지 않는다. 낮은 주파수(약 25㎐이하)에서 효과적인 동기를 시키고자 할 때 유효하다. · TV-V: 프레임 단위의 비디오 합성신호를 측정하는데 사용한다. · TV-H: 주사선 단위의 비디오 합성신호를 측정하는데 사용한다.
	㉘	동기 SOURCE	TRIGGER SOURCE의 편리한 부분을 선택할 수 있다. · CH1: CH1에 신호가 있을 때 TRIGGER SOURCE로 CH1을 선택 할 수 있다. · CH2: CH2에 신호가 있을 때 TRIGGER SOURCE로 CH2을 선택할 수 있다. · LINE: AC전원의 주파수에 동기되는 신호를 관측하는데 사용한다. 측정신호가 포함되는 전원에 의한 성분을 안정되는 관측 할 수 있다. · EXT: 외부 신호가 동기 신호원이 된다. 수직축 신호의 크기와 관계없이 동기 시킬 때 사용한다.
	㉙	HOLD OFF	주소인의 HOLD OFF 시간을 변경시킴으로서 복잡한 신호를 확실하게 동기시킨다. 소인시간을 늘려서 고주파 신호나, 불규칙한 신호, 또는 DIGITAL신호 등의 복잡한 신호를 TRIGGER시키는데 유효하다. 안정된 동기를 위해 서서히 조정하도록 한다. 통상 완전히 반시계 방향으로 돌려놓고 사용한다.
	㉚	TRIG LEVEL	동기신호의 시작점을 선택한다. 손잡이를 시계방향으로 회전시키면 동기되는 시작점이 + 최고치 쪽으로 움직이고 반대로 돌리면 시작점이 - 최고치 쪽으로 움직인다. 동기 SLOPE: 초기 소인의 동기 SLOPE 선택을 위해 사용한다. 누름상태에서는 +SLOPE이고 당긴 상태에서는 -SLOPE이다.
	㉛	EXT TRIG IN	외부 동기 신호를 TRIGGER 회로에 연결할 때 사용한다.

기타	㉜	EXT BLANKING INPUT 콘넥터	CRT 휘도 변조를 위해 신호를 입력하는 단자로서, +신호를 입력하면 휘도가 감소되고, -신호를 입력하면 증가된다.
	㉝	CAL 단자	PROBE 보정과 수직증폭기 교정을 위한 구형파(0.5V, 1㎑)를 출력한다.
	㉞	GROUND 커넥터	접지 연결단자이다.

11.2.2 초기 동작 시 조정

측정을 시작하기 전에 다음 순서를 따라 한다.

(1) 조정 손잡이는 다음과 같이 설정한다. (CH1을 중심으로 설명)

- POWER 스위치 (①) : OFF (나온 상태)
- INTEN (③) : 완전히 반시계 방향
- FOCUS (④) : 중앙
- AC-GND-DC (⑪) : AC
- VOLT/DIV (⑬) : 20㎷
- 수직 POSITION ⑰ : 누른 상태에서 중앙에 위치
- VARIABLE (⑮) : 누른 상태에서 완전히 시계 방향
- V. MODE (⑲) : CH1
- TIME/DIV (㉒) : 0.5㎳
- TIME VARIABLE (㉕) : 누름 상태에서 완전히 시계방향
- 수평 POSITION (㉖) : 중앙
- TRIGGER MODE (㉗) : AUTO
- TRIGGER SOURCE (㉘) : CH1
- TRIGGER LEVEL (㉚) : 중앙
- HOLD OFF (㉙) :NORM (최대 반시계 방향)

(2) 전원 코드를 전원 콘넥터(⑧)에 연결한다.

(3) POWER 스위치 (①)을 누르면 POWER 램프(②)가 켜지고 NTEN. (③)을 돌려 관찰하기 적당한 밝기가 되도록 조절한다.

(4) FOCUS(④)를 가장 가늘고 선명한 상태가 되게 조정한다.

(5) 휘선이 수평 눈금과 일치하는지 확인한다. 휘선이 수평 눈금과 일치 하지 않을 시에는 TRACE ROTATION(⑤)를 조정하여 일치 시킨다.

(6) PROBE를 CH1, X IN(⑨)에 연결하고 팁을 CAL 단자(㉝)에 연결한다. 이때

PROBE 감쇄비는 10× 위치에 놓고 VOLT/DIV(⑬)은 10㎷에 놓는다.

(7) 구형파의 윗부분이나 일부분이 경사지게 뾰족하게 되면 PROBE의 조정 단자를 작은 드라이버를 이용하여 조정한다.

11.2.3 1현상 측정

1현상 측정은 하나의 신호를 측 정하고자 할 때는 이 모드를 사용한다. 오실로스코프는 2개의 채널을 가지고 있으므로 CH1, CH2중 하나를 선택하면 된다.

(1) CH1 사용 시에는 다음과 같이 설정한다.

• POWER 스위치 (①)	: ON
• AC-GND-DC (⑪)	: AC
• 수직축 POSITION (⑰)	: 누른 상태에서 중앙
• VARIABLE (⑮)	: 누른 상태에서 시계방향으로 완전히 돌려 놓는다.
• V. MODE (⑲)	: CH1
• HORIZ DISPLAY	: A
• TIME VARIABLE (㉕)	: 누른 상태에서 시계방향으로 완전히 돌려 놓는다.
• TRIGGER MODE (㉗)	: AUTO
• TRIGGER SOURCE (㉘)	: CH1
• TRIGGER LEVEL (㉚)	: 중앙
• HOLD OFF (㉙)	: NORM (반시계 방향의 끝에 위치 시킴).

(2) 수직축 POSITION을 조정하여 휘선을 CRT의 중앙에 위치시킨다.

(3) INPUT 커넥터 (⑨)로 신호를 연결시키고 VOLT/DIV(⑬)를 돌려 CRT에 충분한 신호가 나타나게 된다.

(4) TIME/DIV(㉒)를 돌려서 신호가 원하는 주기가 되도록 한다. 일반적인 측정에서는 2-3주기가 나타나는 것이 적당하고 밀집된 파형 관측시는 50-100주기가 나타나게 하는 것이 적당하다. 그리고 TRIGGER LEVEL(㉚)을 돌려 안정된 파형이 나타나도록 조정한다.

(5) VOLT/DIV 스위치를 5㎷에 위치했는데도 측정할 신호가 작아서 동기가 되지

않거나 측정이 곤란할 경우 VARIABLE (PULL ×5 MAG)(⑮)을 당긴다. 이때 VOLT/DIV스위치가 5㎷인 경우 1㎷/DIV으로 되고 주파수 대역폭은 20㎒로 감소되며 휘선에 잡음이 증가하게 된다.

(6) 측정하려고 하는 신호가 고주파로 TIME/DIV 스위치를 0.1㎲위치에 놓고도 너무 많은 주기가 나타 날 때 TIME VARIABLE (PULL ×10MAG)(㉕)를 당긴다. 그러면 소인 속도가 10배 증가되기 때문에 이때 0.1㎲는 10㎱/DIV이 되며 0.2㎲인 경우는 20㎱/DIV이 된다.
(1㎲/DIV에서 ×10 확대 시 ±10%, 그 이하는 ×10 확대 시 ±5%)

(7) DC혹은 매우 낮은 주파수를 측정할 경우 AC 결합은 신호의 감쇄나 찌그러짐이 발생함으로 AC-GND-DC 스위치(⑪)를 DC에 놓고 사용한다. TRIGGER MODE(㉗)의 NORM은 재 소인되는 위치로서 신호주파수가 25㎐이하인 저주파 관측 시 TRIGGER LEVEL(㉚)을 조정하여 측정할 수 있다.

11.2.4 진폭 측정

오실로스코프의 전압측정은 일반적으로 최대값 측정(p-p)과 순시치 최대값(p-p)측정의 2가지가 있다. 순시치 전압측정은 GND 기준으로부터 파형상의 각 점의 전압을 측정하는 것입니다. 위의 측정을 모두 정확히 하기 위해서 VARIABLE은 시계 최대방향으로 반드시 돌려놓는다. 아래의 그림은 일반적으로 사용되는 파형과 파형의 주기를 나타낸 것이다.

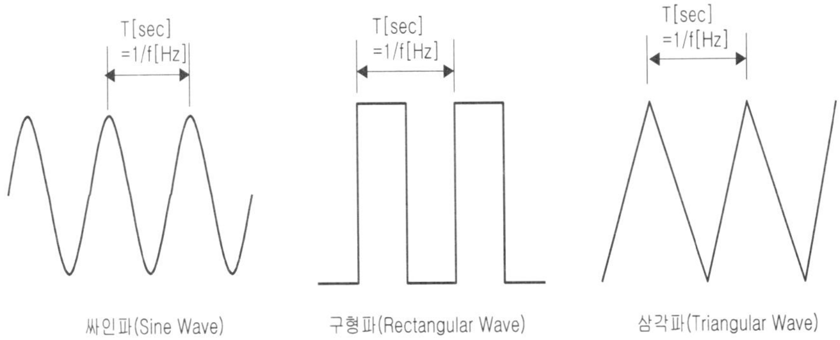

그림11.3 파형의 종류와 파형 주기

(1) 최대값 (p-p) 전압 측정

1. 오실로스코프 수직모드의 스위치는 기본측정과 같이 설정한다.
2. TIME/DIV(㉒)는 2-3주기 정도의 파형이 되도록 조정하고, VOLTS/DIV 스위치는 CRT 화면 내에 파형이 들어오도록 적당히 조정한다.
3. 수직 POSITION [17]와 [18]을 적당히 조정하여 파형의 끝부분을 CRT 화면의 수평눈금과 일치 시킨다.
4. 수평 POSITION(㉙)를 적당히 조정하여 CRT관면의 중앙 수직선상에 파형의 끝부분이 오도록 조정한다.
5. 파형의 위쪽 끝부분과 아래쪽 끝부분의 눈금을 세어서 그 값에다 VOLTS/DIV스위치의 값을 곱하면 최대값(p-p)이 된다.
6. 만약 수직 확대 표시가 ×5모드이면 측정값에다 5를 나누어 준다. PROBE가 10:1 이면 10배를 곱해준다.
7. 100㎐ 이하의 정현파나 1㎑ 이하의 구형파를 측정할 때는 AC/GND/DC스위치를 DC에 놓는다.

(2) 시간 간격 측정

동기소인 오실로스코프의 두 번째 중요한 측정이 바로 시간간격 측정이다. CRT 면에 균등하게 표시되어 있는 눈금은 시간 축 스위치에 맞추어 모두 교정이 되어 있기 때문에 시간 간격 측정이 가능하다.

1. 1현상 측정에서와 같이 스위치를 설정한다.
2. TIME/DIV(㉒)를 파형이 될 수 있는 한 크게 화면에 나오도록 설정한다. TIME VARIABLE[24]는 잠김 소리가 날 때까지 시계방향 최대로 돌린다. 만약 이렇게 하지 않으면 측정값이 부정확하게 되므로 주의하기 바란다.
3. 수직 POSITION (⑰)을 조정하여 수평눈금 중앙에 측정하고자 하는 파형을 일치 시킨다.
4. 수평 POSITION(㉖)을 돌려 파형의 왼쪽을 수직눈금에 일치시킨다.
5. 측정하고자 하는 지점까지의 눈금을 센다.
6. 5항에서 측정한 눈금에다 TIME/DIV스위치가 설정한 값을 곱하면 구하고자 하는 시간이 된다. 만약 TIME VARIABLE(㉕)가 당겨져 있으면 (×10 확대 모드) 측정값에다 10을 나누어 준다.

(3) 주파수 측정

> 주파수는 주기와 상호 관련이 있습니다. 우선 간단히 2-3-2.의 시간간격 측정에서 나오는 주기 t를 알았다고 한다면 주파수는 1/t로 계산하여 간단히 구할 수 있다.
>
> 1/T의 공식을 적용하여 주기가 초 일 때는 주파수는 ㎐가 되고, 주기가 밀리 초(㎳)이면 주파수는 ㎑, 주기가 마이크로초(㎲)이면 주파수는 ㎒가 된다. 주파수의 정확도는 시간축의 정확한 교정과 세밀한 주기측정에 의해 결정된다.

(4) 오실로스코프 사용 예

다음은 사인파를 이용하여 전압과 주파수를 측정해 보자. 싸인파가 아래와 같이 입력되고 있다면 사용자가 VOLT/DIV를 1V 위치에 놓고, TIME/DIV를 1ms에 놓았다면 수직 축의 작은 눈금 하나는 0.2V를 나타낸다. 전압은 GND를 중심으로 (+)로 2칸하고 작은 눈금 3칸이고 (-)로 2칸하고 작은 눈금 3칸에 위치하고 있으므로 (+)쪽은 2칸×1V+ 3×0.2V = 2.6V, (-)도 마찬가지로 -2.6V가 된다. 따라서 이 신호의 전압크기는 ±2.6V이다. 주기는 1칸이 1ms이므로 싸인파의 한 주기에 해당하는 눈금이 3칸이 되므로 3칸×1ms=3ms이다 이 값을 주파수로 나타내면 1/3ms는 약 333Hz가 된다.

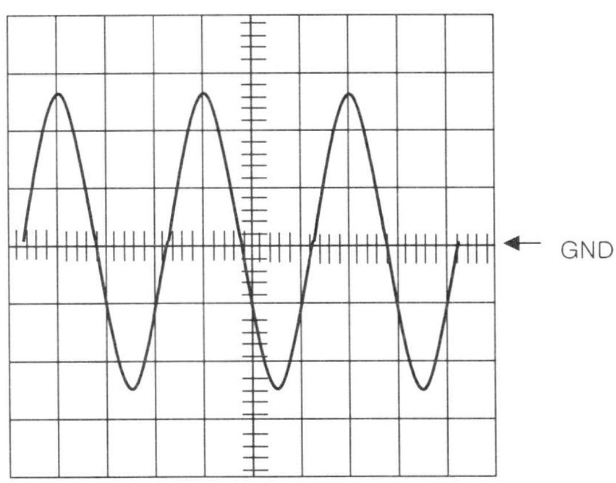

그림11.4　사인파 주기측정

주의) GND를 사용자가 설정한 다음에는 신호 측정시 신호의 오프셋을 조정한다고 (⑰)로 신호를 상하로 조정하면 GND의 위치가 틀려지므로 한번 조정한 후 측정이 시작되면 (⑰)로 오프셋 조정하지 말아야 한다.

Ⅱ 실험

실험 1

(가) 그림11.5의 회로를 구성하시오.

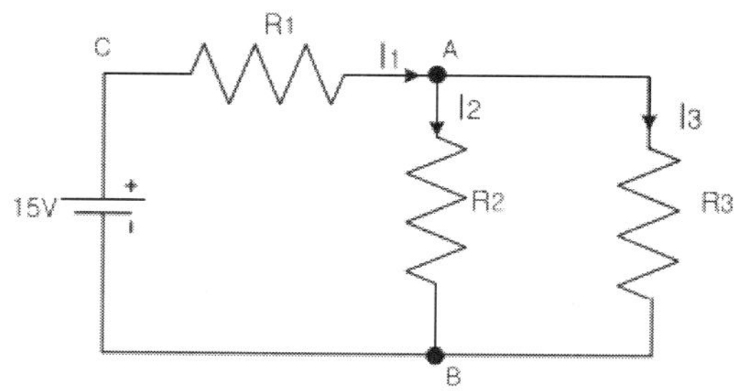

$(R_1 = 2k\Omega, R_2 = 680\Omega, R_3 = 470\Omega))$

그림11.5

(나) 오실로스코프 프로브의 (-)를 B점에 놓고, 프로브의 (+)를 C점에 놓았을 때 오실로스코프에 나타난 전압 값을 읽고 표11-1에 기록하시오.

(다) 오실로스코프 프로브의 (-)를 B점에 놓고, 프로브의 (+)를 A점에 놓았을 때 오실로스코프에 나타난 전압 값을 읽고 표11-1에 기록하시오.

(라) 오실로스코프 프로브의 (-)를 A점에 놓고, 프로브의 (+)를 C점에 놓았을 때 오실로스코프에 나타난 전압 값을 읽고 표11-1에 기록하시오.

표11-1

위치	V_{C-B}	V_{A-B}	V_{C-A}
측정값(V)			

실험 2

(가) 함수발생기를 이용하여 다음 신호를 만든 후 오실로스코프로 측정하여 그 결과를 그리시오.

(a) 정현파 5 $V_{p\text{-}p}$, 1kHz .

(b) 삼각파 $\pm 10V$, 500Hz.

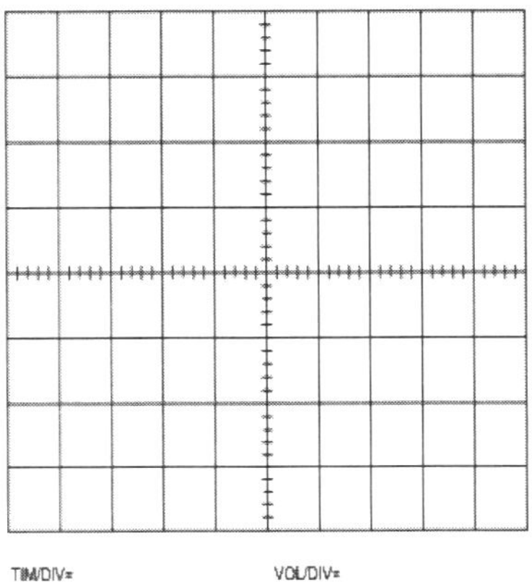

(a)

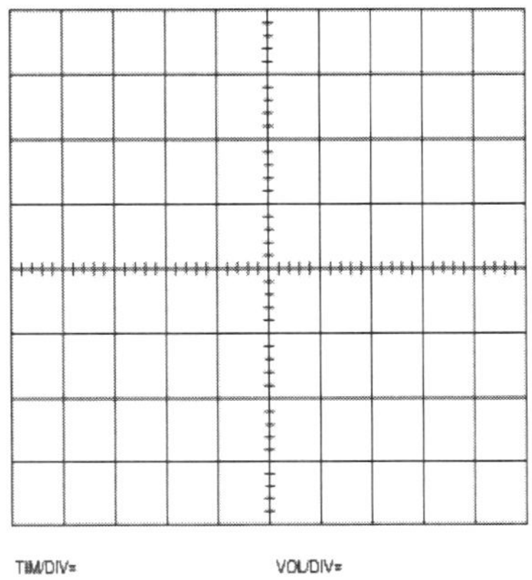

(b)

(c) 구형파 $\pm 10V$ 2.5kHz.

(d) 진폭이 +5V, 주파수가 10kHz인 구형파.

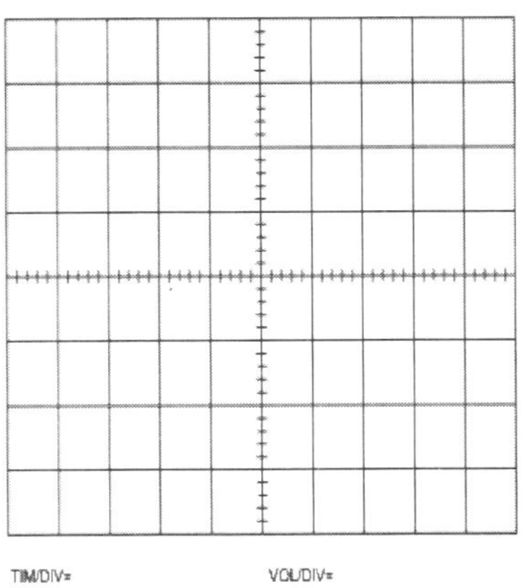

(c)

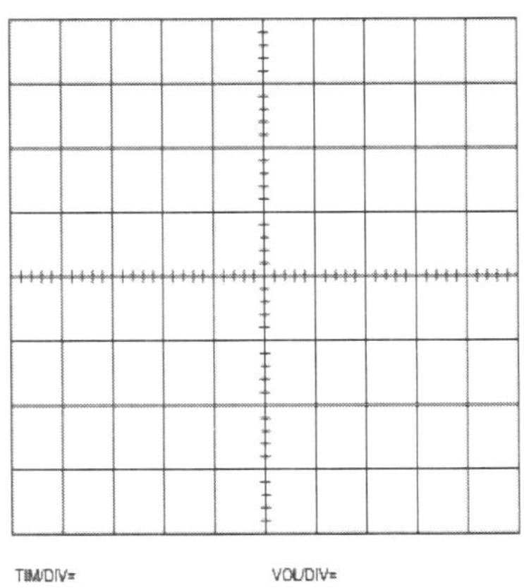

(d)

(e) 진폭이 +2V, 주파수가 400Hz, 7:3의 크기를 갖는 펄스파형.

(f) 임의의 스위프 파형.

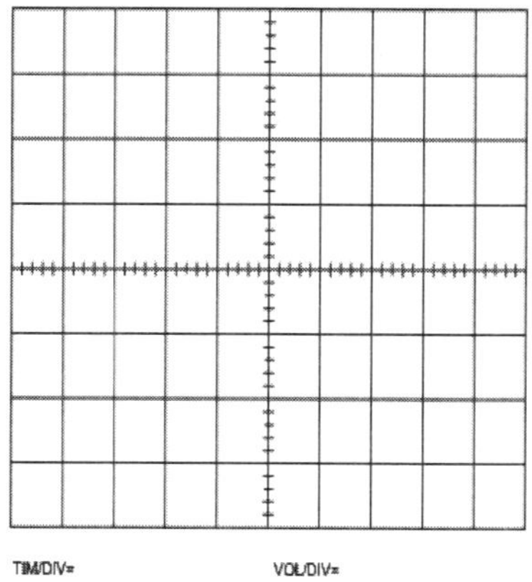

(e)

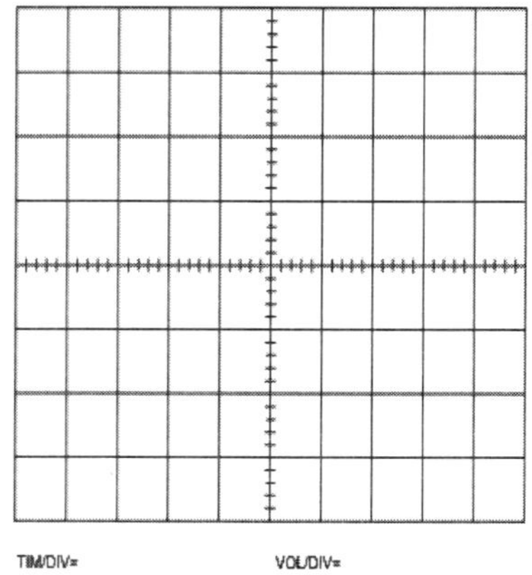

(f)

실험 3

(가) 다음의 각 주기에 대한 주파수는 얼마인가?

1s = ________[Hz] 0.2s = ________[Hz] 50ms = ________[Hz]

1ms = ________[Hz] 500μs = ________[Hz] 10μs = ________[Hz]

(나) 다음 주파수에 대한 주기를 구하라.

1Hz = ________[s] 60Hz = ________[s] 500Hz = ________[s]

1kHz = ________[s] 200kHz = ________[s] 5MHz = ________[s]

실험 4 다음의 신호를 그라프에 그리시오. **(VOL/DIV=2V, TIM/DIV=5ms)**

(가) 진폭이 +3V, 100Hz 구형파 (나) $4V_{p\text{-}p}$, 200 Hz 정현파

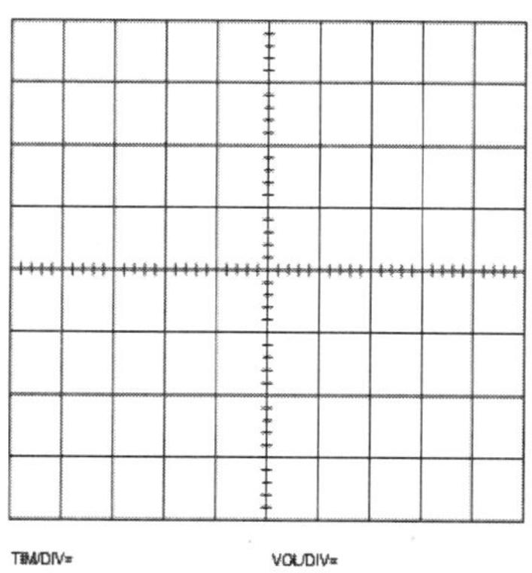

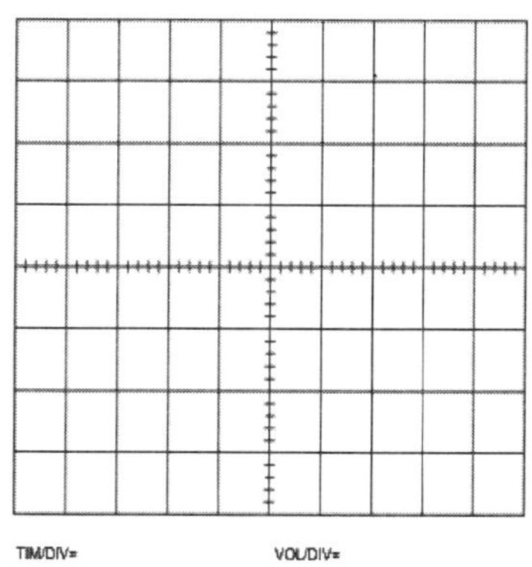

실 험 보 고 서

실험제목			실험일자	
학년	반	학번	실험조	성명

실험 1

위치	V_{C-B}	V_{A-B}	V_{C-A}
측정값(V)			

절취선

실험 2

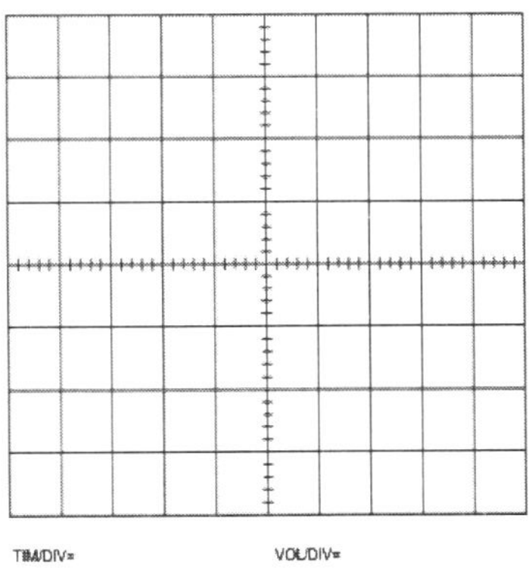

(a)

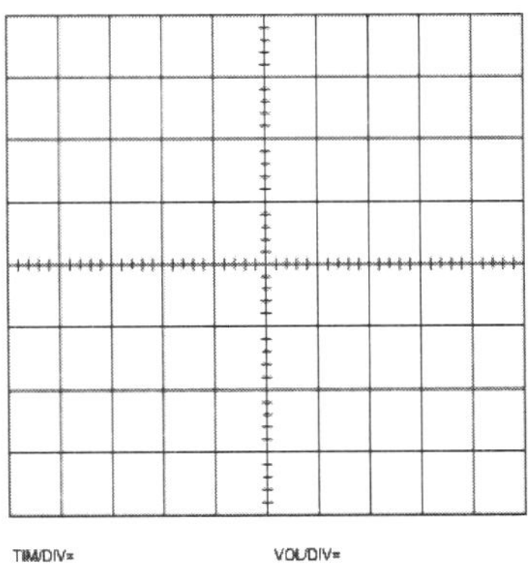

(b)

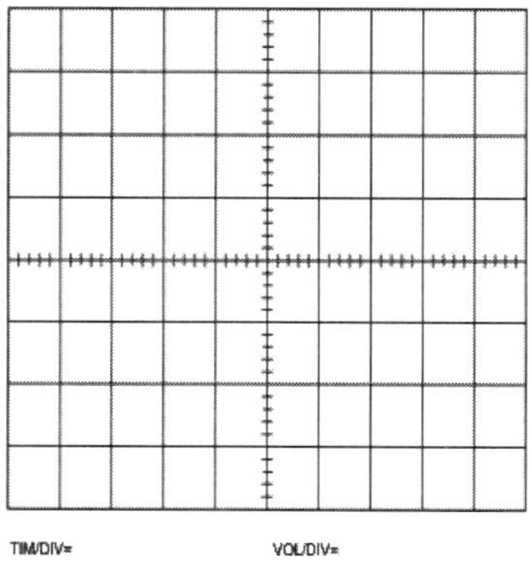

(c)

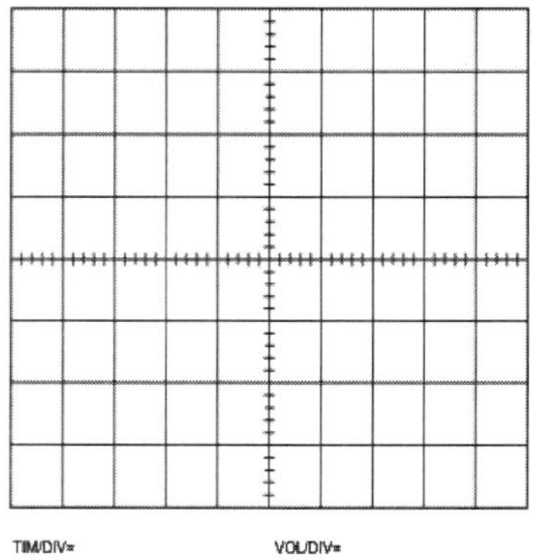

(d)

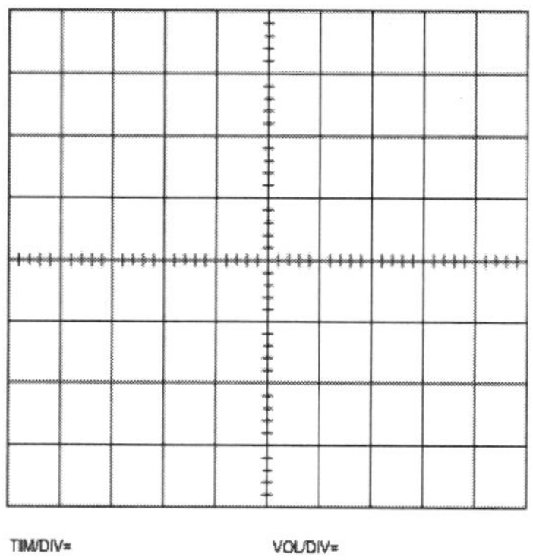

(e)

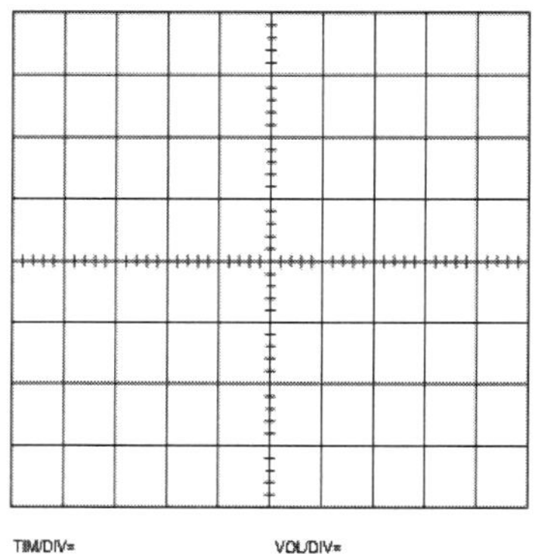

(f)

실험 3

(가)1s = ________[Hz] 0.2s = ________[Hz] 50ms = ________[Hz]

1ms = ________[Hz] 500μs = ________[Hz] 10μs = ________[Hz]

(나)1Hz = ________[s] 60Hz = ________[s] 500Hz = ________[s]

1kHz = ________[s] 200kHz = ________[s] 5MHz = ________[s]

실험4

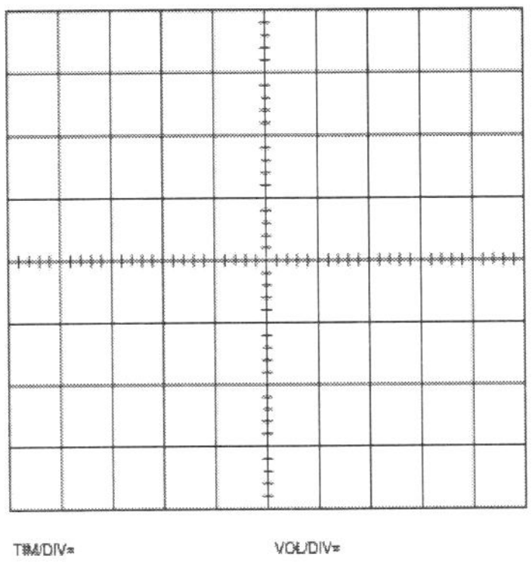

(a)

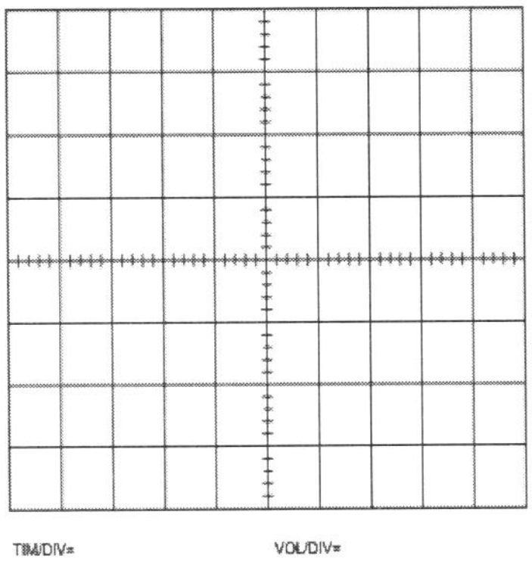

(b)

절취선

실험 12 캐패시터와 충전 · 방전

<table>
<tr><td>실습목적</td><td colspan="4">콘덴서의 전압-전류특성 및 콘덴서의 식별법을 이해하고 실험을 통하여 확인한다. 또한 R-C결합에 의한 회로의 충 · 방전 특성을 이해한다.</td></tr>
<tr><td rowspan="4">실습준비물</td><td>계측기</td><td colspan="2">• 오실로스코프
• 함수발생기
• 가변직류전원</td><td>1대
1대
1대</td></tr>
<tr><td rowspan="3">부 품</td><td>• 브레드보드</td><td></td><td>1개</td></tr>
<tr><td>• 저항</td><td>10kΩ, 100kΩ</td><td>각1개</td></tr>
<tr><td>• 콘덴서</td><td>10μF, 22μF, 100μF</td><td>각1개</td></tr>
</table>

I 이론

12.1 콘덴서

콘덴서는 간단한 전기 부품의 하나로 절연된 두 장의 금속판을 접근해서 마주보게 한 구조로 되어 있다. 두 장의 금속판 사이는 공기일 수도 있지만 유리, 종이, 밀납, 도자기 등의 절연체가 끼워져 있는 것도 있다. 콘덴서란 전기를 축적하는 기능과 직류전류를 차단하고 교류전류를 통과시키는 기능이 있다. 콘덴서의 기본구조는 유전체와 전극이다. 콘덴서가 전기를 저장하는 기본원리는 유전체의 분극현상 때문이다.

그림12.1은 콘덴서의 구조와 기능을 나타낸 것이다. 그림에서 콘덴서에 직류전압을 걸면, + 전극에 양전하, − 전극에 음전하가 축적되며, 전하가 축적되고 있는

도중에는 전류가 흐른다. 양쪽 전극에 양전하와 음전하가 축적이 되면 전극 양단에 전위차가 발생하고 시간이 흐르면서 공급전압과 전극 양단의 전위차가 등전위가 된다.

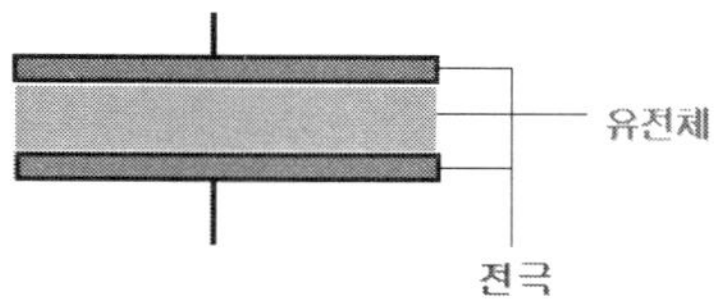

그림12.1 콘덴서 구조와 기능

이때 전류는 흐르지 않게 된다. 그러므로 직류전압이 콘덴서에 가해진 경우, 순간적으로 전류가 흐르지만 나중에는 흐르지 않기 때문에 직류를 통과시키지 않으려는(직류 커트) 용도에도 사용된다. 그러나 교류의 경우에는 공급전압의 극성이 교대로 바꾸어 접속하는 것과 같으므로 그 때마다 전류가 흐르게 되어, 교류전류는 흐르는 것이다. 한편 등전위가 된 상태에서 공급전원을 제거하여도 콘덴서에 축적된 전하는 서로의 인력 때문에 그대로 머물러 있게 된다. 이것이 콘덴서의 원리이다.

콘덴서에 전하를 저장하는 것을 **충전**이라 한다. 그림12.2은 콘덴서의 충전과정을 나타낸 것이다.

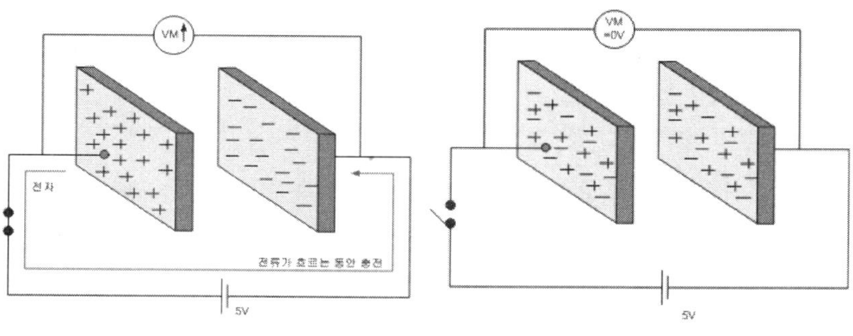

그림12.2 콘덴서의 충전

저장한 전하를 도선 등을 통해 상실하는 것을 **방전**이라고 한다. 그림12.3은 콘덴서의 방전과정을 나타낸 것이다.

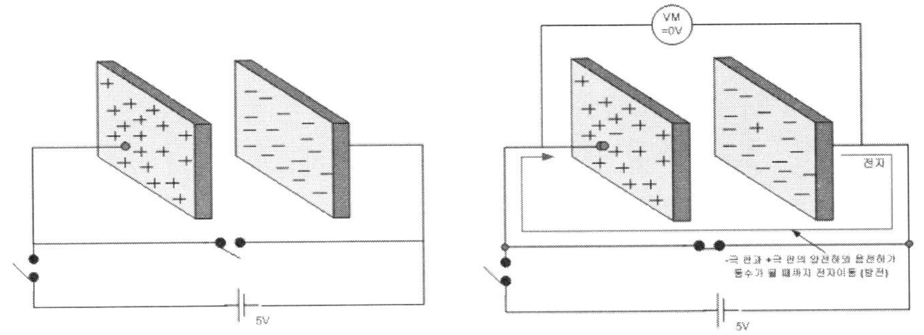

그림12.3 콘덴서의 방전

콘덴서에 저장되는 전하 Q(쿨롱)는 극판의 전위차(V)에 비례한다. 즉, Q=CV가 된다. 비례상수 C는 콘덴서의 전기용량이라고 한다. 전기용량의 단위는 패럿(기호는 F)이 사용되며, **1볼트의 전위차를 주었을 때 1쿨롱의 전기량을 저장하는 콘덴서의 용량이 1패럿**이라는 것을 뜻한다. 즉, 전기용량(또는 정전용량)은 전하를 저장하는 능력을 나타내는 것이다. 일반적으로 콘덴서에 축적되는 전하용량은 매우 작기 때문에, μF(마이크로 패러드 : 10^{-6}F)의 단위가 자주 사용된다. 콘덴서에는 전해콘덴서, 세라믹 콘덴서. 적층세라믹 콘덴서, 마일러 콘덴서, 탄탈 콘덴서등이 있다. 콘덴서의 기호는 그림 12.4와 같다.

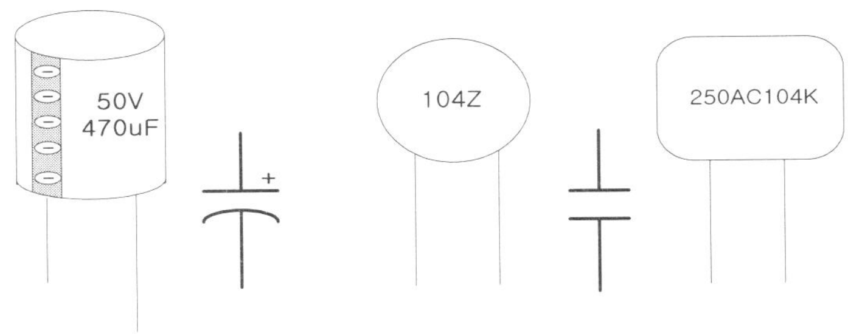

(a) 전해콘덴서 (b) 세라믹콘덴서 (c) 마일러콘덴서

그림12.4 콘덴서의 종류와 기호

전해 콘덴서는 유전체로 얇은 산화막을 사용하고, 전극으로는 알루미늄을 사용하고 있다. 유전체를 매우 얇게 할 수 있으므로 콘덴서의 체적에 비해 큰 용량을 얻을 수 있다. 전해 콘덴서에는 다른 콘덴서와 다르게 극성이 있다. 그림12.2(a)와 같이 자체에 (-)측 리드를 표시하는 마크가 붙어 있는 것을 볼 수 있다. 일반적으

로 다리가 긴 것이 (+) 이다. 또한 +, − 극성이 바뀌지 않도록 주의해야 한다. 그림12.2(a)의 전해콘덴서는 내압이 50V의 470μF 용량의 콘덴서이다. 내압이 50V라는 것은 콘덴서에 50V이상을 인가하게 되면 콘덴서가 파괴된다.

세라믹 콘덴서는 자기를 유전체한 것으로 특성도 좋고 소형으로 되어 있다. 주로 고주파용으로 사용된다. 세라믹 콘덴서에 표시 되는 용량의 기본단위는 pF 이다. 그림12.2(b)와 같이 104Z 라고 표시한 것은 104pF이 아니고 저항처럼 1번째(10단위), 2번째(1단위)는 용량이고 3번째는 승수($X10^4$)로 $10 \times 10^4 \times 10^{-12} pF = 0.1 \times 10^{-6} F = 0.1 \mu F$이다. 또 끝자리의 Z는 세라믹 콘덴서의 허용오차 이다.

마일러콘덴서는 얇은 폴리에스테르(polyester)필름을 양측에서 금속으로 삽입하여, 원통형으로 감은 것이다. 저가격으로 사용하기 쉽지만, 높은 정밀도는 기대할 수 없다. 마일러콘덴서의 용량은 그림12.2(c)에서 250AC는 AC250V까지 사용할 수 있고 104k는 세라믹콘덴서와 동일하게 용량을 표시한다. 만약 2G104k라고 써있다면 2G는 내압 400V를 말하고 104k는 세라믹콘덴서와 동일하게 용량을 표시한다. k는 캐패시턴스의 허용오차를 나타낸다. 표12-1은 캐패시터의 허용오차를 나타낸 것이다.

표12-1 캐패시터의 허용오차

코드	허용오차	코드	허용오차
C	±0.25[pF]	F	±1[pF]
D	±0.5[pF]	J	±5[pF]
F	±1.0[pF]	k	±10[pF]
G	±2.0[pF]	M	±20[pF]

12.2 콘덴서의 연결

그림12.3은 콘덴서의 직렬연결과 병렬연결을 나타낸 것이다.

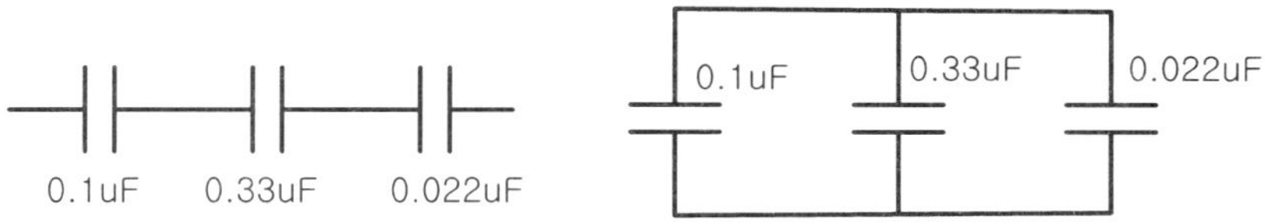

(a) 콘덴서 직렬연결 (b) 콘덴서 병렬연결

그림12.3 콘덴서 연결

콘덴서의 직렬연결의 전체용량은 저항의 병렬연결과 같다. 즉 식(12.1)과 같이 전체용량을 구할 수 있다.

$$C_T = \frac{1}{\frac{1}{C_1} + \frac{1}{C_2} + \frac{1}{C_3}} \tag{12.1}$$

그림12.3(b)와 같이 콘덴서의 병렬연결에서 전체용량은 저항의 직렬연결과 같다. 식(12.2)와 같이 구할 수 있다.

$$C_T = C_1 + C_2 + C_3 \tag{12.2}$$

12.3 충전과 방전

커패시터는 전자의 전하를 저장하고 유지하는 충전의 기능과 축적된 전하를 회로를 통하여 방출시키는 방전의 기능을 한다.

(가) 충전

캐패시터가 충전(Charge)이 계속되면 도체판 사이의 전압은 인가전압(V_s)와 크기가 같고 극성이 반대인 전압이 될 때까지 빠르게 형성된다. 캐패시터가 완전히 충전되면 전류는 더 이상 흐르지 않는다.

(2) 방전

충전된 캐패시터 양단에 전선을 연결하면 캐패시터는 방전(Discharge)된다. 방전은 충전 후 도체판에 있던 과잉전자들이 전선을 따라 (+)극판으로 이동하게 되고 두 도체판의 자유전자 수가 다시 같아지면 전하는 중성이 되고 캐패시터 전압은 0V가 되어 캐패시터는 완전히 방전된다.

(3) RC시정수

실제의 회로에 있어서 캐패시터에는 어느 정도의 저항성분이 존재한다. 저항은 충전과 방전에 있어서 시간이라는 요소를 갖게 한다. 즉 캐패시터가 저항을 통해 충전 및 방전을 할 때 완전히 충전되거나 방전되기 위해서는 어느 정도의 시간이 필요하다. 이것은 캐패시터가 충전을 할 때 충전 전압이 순간적으로 변화할 수 없음을 의미한다. 캐패시터가 충전되거나 방전되는 비율은 그 회로의 시정수에 의해 결정된다. 직렬 RC회로의 시정수 (τ: time constant)는 저항 R과 캐패시터 C의 곱에 의해 결정된다. 즉, 시정수(τ, tau)는

$$\tau = R \cdot C \qquad (12.3)$$

이다. 저항이 증가하면 캐패시터의 충전시간이 증가하고, 따라서 충전전류($I = Q/t$)는 감소한다. 캐패시터가 증가하면 저장 공간이 증가하여 동일한 전류에 대해 캐패시터를 충전하는데 더 많은 시간이 필요하다.

(4) 충전 및 방전 곡선

충전 곡선은 지수 함수적으로 증가하고, 방전은 지수 함수적으로 감소한다. 시정수의 5배 시간이 지나면 대략 최종값의 99%에 접근한다. 캐패시터가 완전히 충전하거나 방전하려면 5τ의 시간이 필요하며 이것을 과도시간(transient time)라고 한다.

충전전압 V_C는 kVL, 라플라스변환, 라플라스역변환을 이용하면 다음과 같이 구할 수 있다. 즉,

$$V_C(t) = V(1 - e^{-\frac{t}{RC}}) \qquad (12.4)$$

이다. 식(12.4)를 **'0으로부터 충전'**식이라 한다.

방전전압 V_D는 다음과 같이 구할 수 있다. 즉,

$$V_D(t) = Ve^{-\frac{t}{RC}} \qquad (12.5)$$

이다. 식(12.5)를 **'0으로 방전'**식이라 한다.

Ⅱ 실험방법

실험 1

(가) 제시된 캐패시터의 종류와 크기를 표12-1에 기록한다.

표 12-1

	종류	용량크기	내압	허용오차
1				
2				
3				
4				
5				
6				
7				
8				

(나) 세라믹 콘덴서의 크기를 계산하시오.

1) 104 = ________________

2) 223 = ________________

3) 682 = ________________

4) 22 = ________________

(다) 다음과 같은 캐패시터의 용량을 세라믹 캐패시터로 표기하시오.

1) 0.0047㎌ = ________________

2) 2.2㎌ = ________________

3) 680nF = ________________

4) 30 pF = ________________

실험 2

(가) 다음 12.9의 회로를 구성하시오.

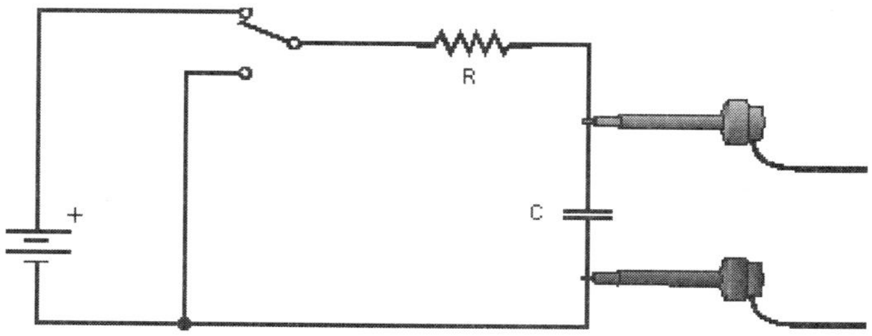

(V= 20[V], R=100[kΩ], C=10[μF])

그림12.9 충 · 방전 실험 회로

(라) 캐패시터의 전압을 완전히 방전시키고, SW을 그림과 같이 연결한 후 완전 충전이 될 때까지 V_C를 오실로스코프로 측정하여 표12.2 ①에 기록한다. 실험은 같은 회로에 대해 2회 실시한다. '0으로부터 충전'식을 이용하여 충전전압을 계산하여 표12-2 ①에 기록한다.

(마) SW을 그림의 아래로 연결한 후 완전 방전이 될 때까지 V_D를 오실로스코프로 측정하여 표12.2 ②에 기록한다. 실험은 같은 회로에 대해 2회 실시한다. '0으로 방전'식을 이용하여 방전전압을 계산하여 표12-2 ②에 기록한다.

표 12-2

t(s)	V_C[V] ①		계산된 V_C	t(s)	V_D[V] ②		계산된 V_D
	1회	2회			1회	2회	
1τ				1τ			
2τ				2τ			
3τ				3τ			
4τ				4τ			
5τ				5τ			

(다) 표12-2 ①, ②의 데이터를 이용하여 충·방전 곡선을 그림12.10에 그리시오.

그림12.10 충 · 방전 그래프

(라) V= 20[V], R= 10[kΩ], C=100[μF]에 대하여 (나)와 (다)를 실시한 후 표12-3에 기록하시오.

(마) 표12-3 ①, ②의 데이터를 이용하여 충·방전 곡선을 그림12.11에 그리시오.

표 12-3

t(s)	V_C[V] ①		계산된 V_C	t(s)	V_D[V] ②		계산된 V_D
	1회	2회			1회	2회	
1 τ				1 τ			
2 τ				2 τ			
3 τ				3 τ			
4 τ				4 τ			
5 τ				5 τ			

실험 3

(가) 실험2 회로에서 2개의 캐패시터를 직렬로 연결하여 충전과 방전의 실험을 반복하여 표12-4에 기록하고, 충·방전 곡선을 그림12.12에 그리시오. (C_1=10[μF], C_2=22[μF])

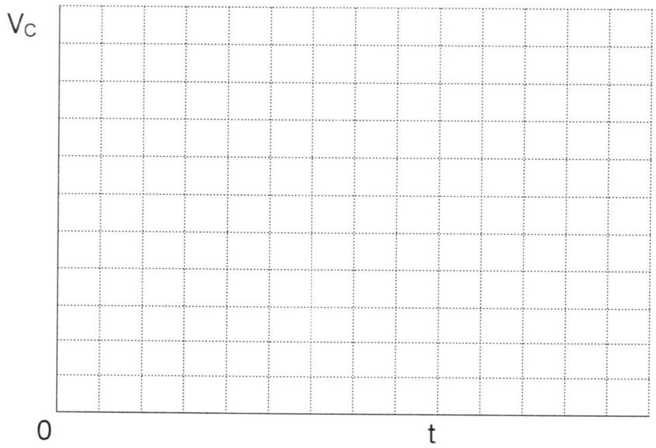

그림12.11 충·방전 그래프

표 12-4

t(s)	V_C[V] ①		계산된 V_C	t(s)	V_D[V] ②		계산된 V_D
	1회	2회			1회	2회	
1 τ				1 τ			
2 τ				2 τ			
3 τ				3 τ			
4 τ				4 τ			
5 τ				5 τ			

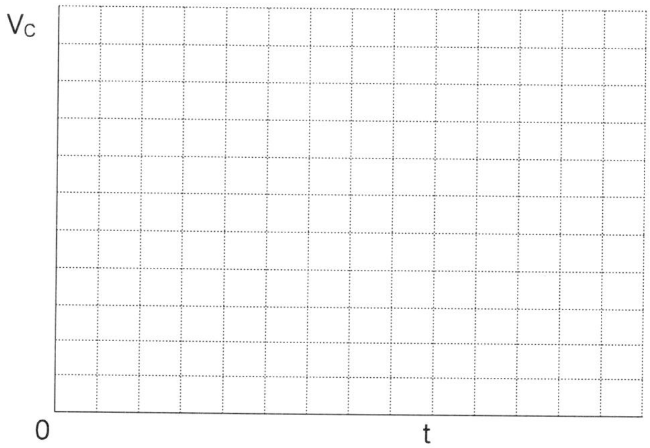

그림12.12 충·방전 그래프

실험 4

(가) 실험2 회로에서 2개의 캐패시터를 병렬로 연결하여 충전과 방전의 실험을 반복하여 표12-5에 기록하고, 충·방전 곡선을 그림12.13에 그리시오. (C_1=10[μF], C_2=22[μF])

표 12-5

t(s)	V_C[V] ①		계산된 V_C	t(s)	V_D[V] ②		계산된 V_D
	1회	2회			1회	2회	
1τ				1τ			
2τ				2τ			
3τ				3τ			
4τ				4τ			
5τ				5τ			

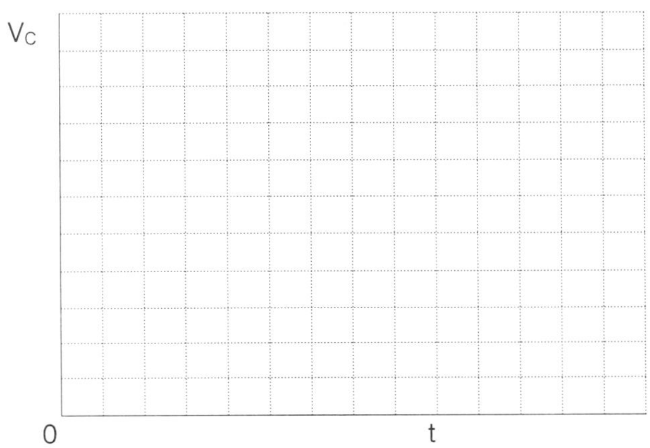

그림12.13 충 · 방전 그래프

실 험 보 고 서

실험제목			실험일자	
학년	반	학번	실험조	성명

실험 2

t(s)	V_C[V] ①		계산된 V_C	t(s)	V_D[V] ②		계산된 V_D
	1회	2회			1회	2회	
1 τ				1 τ			
2 τ				2 τ			
3 τ				3 τ			
4 τ				4 τ			
5 τ				5 τ			

절취선

실험 3

t(s)	V_C[V] ①		계산된 V_C	t(s)	V_D[V] ②		계산된 V_D
	1회	2회			1회	2회	
1 τ				1 τ			
2 τ				2 τ			
3 τ				3 τ			
4 τ				4 τ			
5 τ				5 τ			

실험 4

t(s)	V_C[V] ①		계산된 V_C	t(s)	V_D[V] ②		계산된 V_D
	1회	2회			1회	2회	
1 τ				1 τ			
2 τ				2 τ			
3 τ				3 τ			
4 τ				4 τ			
5 τ				5 τ			

절취선

실험 13 인덕터

<table>
<tr><td>실습목적</td><td colspan="4">저항과 인덕턴스, 저항과 커패시턴스를 직렬 또는 병렬로 연결할 경우 각 회로의 전기적 특성을 실험을 통하여 학습한다.</td></tr>
<tr><td rowspan="7">실습준비물</td><td rowspan="3">계측기</td><td colspan="2">• 오실로스코프</td><td>1대</td></tr>
<tr><td colspan="2">• 함수발생기</td><td>1대</td></tr>
<tr><td colspan="2">• 가변직류전원</td><td>1대</td></tr>
<tr><td rowspan="4">부 품</td><td>• 브레드보드</td><td></td><td>1개</td></tr>
<tr><td>• 저항</td><td>680Ω(1W), 300Ω</td><td>각1개</td></tr>
<tr><td>• 인덕터</td><td>100mH</td><td>1개</td></tr>
<tr><td>• 커패시터</td><td>1000uF</td><td>1개</td></tr>
</table>

I 이론

13.1 인덕턴스 (Inductance)

인덕터에 전류가 흐르면 자기장이 형성되고 전류가 변하면 자기장도 변한다. 즉 변화하는 전류는 인덕터 주위의 전자기장을 변화시킨다. 인덕터를 다른 말로 코일(coil)이라고도 한다. 마찬가지로 전자기장이 변화하면 전류의 변화를 방해하는 방향으로 코일 양단에 유도전압(induced voltage)가 발생한다.

인덕턴스는 전류가 변화할 때 인덕턴스 자체에서 유도전압을 발생시키는 코일의 능력을 표시하는 것으로, 유도전압은 전류의 변화를 억제하는 방향으로 발생한다.

파라데이의 법칙(Faraday's law)에 의해, 자속쇄교수(λ)의 시간적 변화율이 기전력이므로

$$v = \frac{d\lambda}{dt}\,[\mathrm{V}] \tag{13.1}$$

이 기전력을 유기기전력 또는 유기전압(induced emf or voltage)이라 한다. 전류에 의하여 자속쇄교수가 직선적으로 변화하는 범위에서는

$$\lambda = Li\,[\mathrm{Weber-Turn}] \tag{13.2}$$

이다. L은 직선부분의 기울기이고, 전류의 변화에 반발하는 코일의 작용으로서, 회로의 자기인덕턴스(self-inductance) 또는 인덕턴스(inductance)라고 부르며, 단위는 Henry[H]를 사용한다. "1[H]는 1[A]의 전류에 의하여 생기는 자속쇄교수가 1[Wb-T]일 때의 인덕턴스"를 말한다. 1μH = 10^{-6}H, 1mH=10^{-3}H가 사용된다. 따라서 인덕터에 유도되는 전압은 식(13.3)과 같이 나타낸다.

$$v = L\frac{di}{dt}\,[\mathrm{V}] \tag{13.3}$$

여기서 L은 코일에서 단자전압이 전류의 시간적 변화율에 비례함을 의미하고, 이 비례정수가 인덕턴스이다. 식(13.3)에 의하면 "1[H]는 코일의 전류가 매초 1[A]의 비율로 변화할 때 1[V]의 기전력이 유기되는 경우이다."
그러므로 전류는

$$i = \frac{1}{L}\int vdt\,[\mathrm{A}] \qquad (13.4)$$

이 소자에 공급된 전기에너지는 자기에너지로 바꾸어 축적된다.

인덕터는 전류에 의해 형성된 자기장 내에 에너지를 저장한다. 저장된 에너지는 다음 식으로 표현된다.

$$W = \frac{1}{2}LI^2 \qquad (13.5)$$

13.2 인덕턴스에서의 유도 전압

그림13.1에서 코일에 흐르는 전류의 변화에 대한 유도전압의 관계에 대하여 알아보기로 하자.

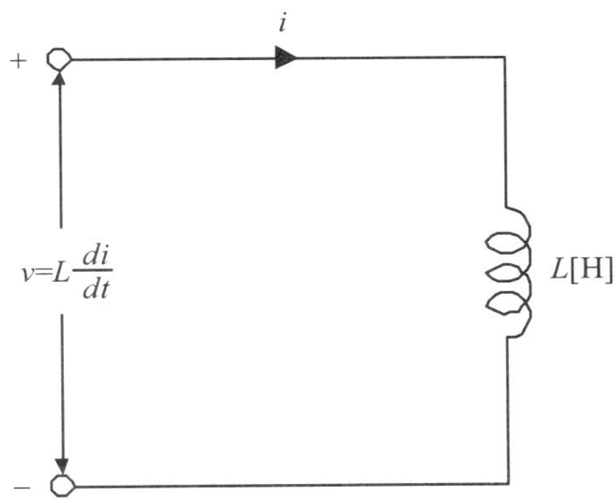

그림13.1 인덕턴스의 유도전압, 전류의 기준방향

① 코일에 흐르는 전류가 어느 순간 변화가 일정할 때 코일 양단의 전압은 di/dt=0이 되어 유도기전력은 다음과 같아진다.

$$v = L\frac{di}{dt} = L(0) = 0\,[\mathrm{V}] \qquad (13.6)$$

② 코일에 흐르는 전류가 어느 순간 증가할 때$\left(\frac{di}{dt} > 0\right)$ 코일 양단의 전압은 렌츠의 법칙에 의해 전류가 증가하면 코일과의 자속쇄교수도 증가하므로, 자속의 증가를 방해하기 위해서 흐르는 전류의 방향으로 가해진다.

③ 코일에 흐르는 전류가 어느 순간 감소할 때 $\left(\frac{di}{dt} < 0\right)$ 코일 양단의 전압은 렌츠의 법칙에 의해 전류가 감소하며 코일과의 자속쇄교수도 감소하므로 코일에 흐르는 전류의 감소를 방해하는 방향으로 가해진다.

13.2 인덕터의 종류

인덕터는 흔히 코일로 불린다. 또한 트랜스포머(트랜스 혹은 변압기라고도 함)는 코일과 마찬가지로 모두 동선을 감은 것으로 같은 종류에 속한다. 특성과 사용 방법은 크게 다르지만,. 모두 「인덕턴스」 라는 단위로 크기를 나타내고, 원리도 「전자 유도」 라는 점은 같다.

(가) 고주파 초크 코일 (RFC)

고주파에 대하여 저항 작용을 하고 고주파를 감쇠시키는데도 사용한다. 용도는 단순한 고주파 필터용 코일이다. 그림13.2(a)는 고주파 초크코일을 나타낸 것이다.

(나) 고주파 동조용 코일

코일과 콘덴서를 병렬접속하고 어느 특정 주파수에 동조하여 신호를 추출하기 위해 사용한다. TV나 라디오의 동조 회로 등 고주파 회로의 전달시 효율을 좋게 할 목적으로 쓰여 지는 코일이다. 그림13.2(b)는 고주파 동조용 코일을 나타낸 것이다.

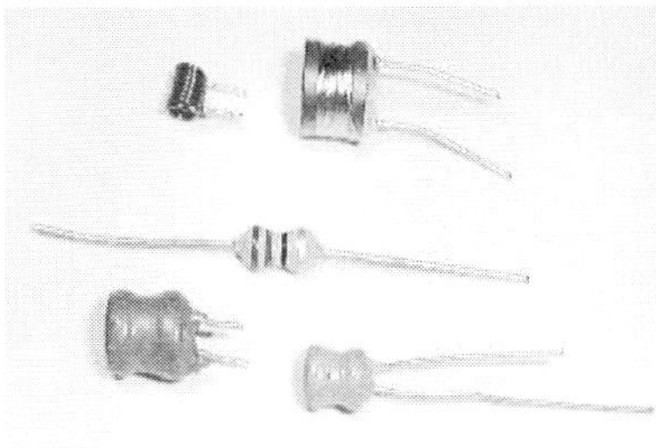

(a)고주파 초크 코일

(b)고주파 동조용 코일

그림13.2 고주파 초크 코일과 고주파 동조용 코일

(다) 전원용 초크 코일

저주파에 대해서 특히 큰 저항을 갖도록 하여 전원 노이즈 방지용의 필터나 평활 회로의 필터에 사용한다. 전원 주파수대역에서 충분한 인덕턴스를 갖고 있는 코일로 코어에 동선을 감아서 만들어진다. 입력 전원용 필터나 스위칭 전원의 출력 필터로 사용되고 있다. 그림13.3(a)의 좌측 2 개는 전원필터용이고, 오른쪽 밑에 2 개는 고주파 동조용으로 고주파에도 최근 사용되고 있다.

(라) 전원 트랜스

주파수가 낮고 전류 용량이 큰 대형 코일로 출력 전압과 전류 용량에 따라 많은 종류가 있다. AC 전원을 DC 전원으로 만들 때 필수적인 부품이나, 최근에 시판되는 전원장치의 대부분은 스위칭 전원으로 되어있어, 무겁고 대형의 전원 트랜스를 사용하는 방식은 점차 감소하는 추세이다. 그러나 간단하고 싸게 제작 할 수 있는 전원장치로 전원 트랜스를 이용하고 있어서 아직도 널리 사용된다.

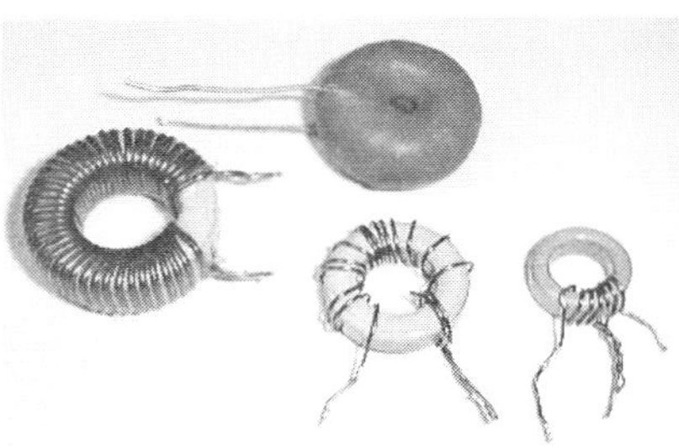

(a)전원용 초크코일

(b)전원트랜스

그림13.3 전원용 초크코일과 전원트랜스

표13-1은 각종 코일의 회로도 기호를 나타낸 것이다.

표13-1 각종 코일의 회로도 기호

회로도 기호	약 호	명 칭	기 능
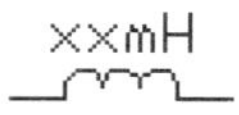	R F C	초크 코일	고주파 저지용 코일, 필터용 코일
	L	동조 코일 I F T	고주파 동조용 일명 F C Z 코일
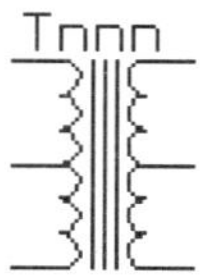	TR	전원 트랜스	전원 전압 변환용

13.3 인덕터의 값 읽기

필터, 초크 코일의 경우 인덕턴스(L)값이 제품 표면에 컬러코드로 표기되어있다. 읽는 방법은 컬러코드 저항기와 비슷한데 단위가 마이크로 헨리(μH)인 것만 다르다.

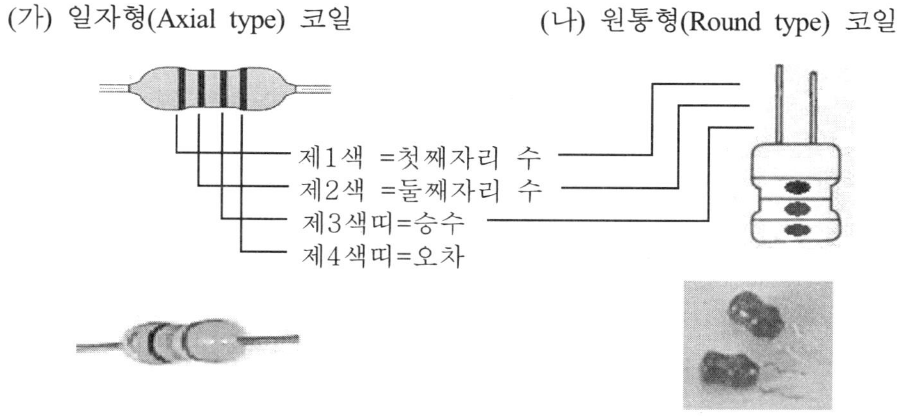

그림13.4 인덕터의 값 표기

13.4 인덕터의 직·병렬 연결

인덕터(Inductor) 상호간의 전자유도 작용을 무시할 경우의 인덕턴스의 직렬과 병렬 접속에 대해 알아보자. 저항과 마찬가지로 인덕턴스도 직렬과 병렬로 접속할 수 있다.

(가) 직렬 접속

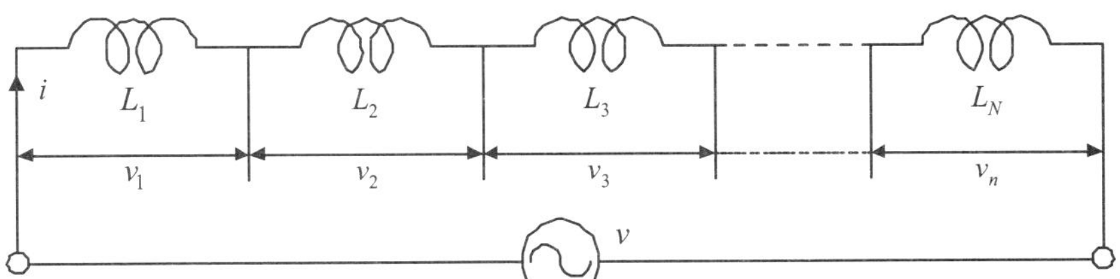

그림13.5 인덕턴스의 직렬 접속

그림13.5에서 보는 바와 같이 N개의 인덕턴스를 직렬 접속하면 인덕턴스를 증가시킨다. 이 때 총 인덕턴스는 저항의 직렬접속에서의 총저항과 같은 방법으로 구한다.

인덕터의 직렬접속 :

$$L_T = L_1 + L_2 + L_3 + \cdots + L_N \quad (13.7)$$

(나) 병렬 접속

N개의 인덕턴스가 그림 4.31과 같이 병렬 접속되면, 전체 인덕턴스는 감소된다. 총 인덕턴스는 병렬저항기의 총 저항과 같은 방법으로 구하여진다.

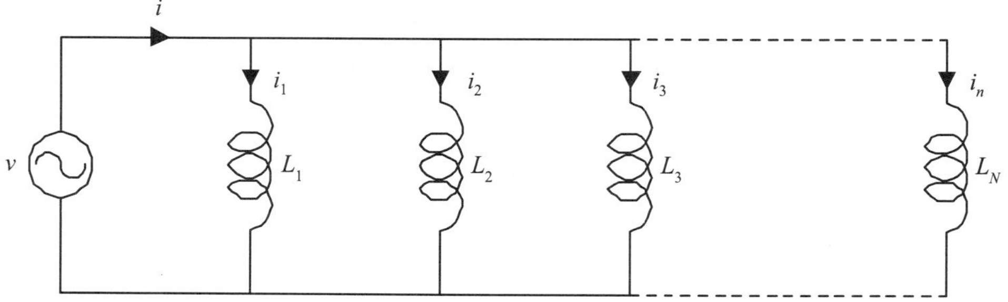

그림13.6 인덕턴스의 병렬 접속

인덕터의 병렬접속 :

$$\frac{1}{L_T} = \frac{1}{L_1} + \frac{1}{L_2} + \frac{1}{L_3} + \cdots + \frac{1}{L_N} \tag{13.7}$$

$$L_T = \frac{L_1 L_2}{L_1 + L_2} \tag{13.8}$$

13.5 RL 시정수

인덕터의 기본 동작은 전류의 변화 방해하도록 전압을 발생시키는 것이므로 인덕터에서의 전류는 순간적으로 변할 수 없고, 시간을 갖고 변화한다. 인덕터에서 전류가 변화하는 비율은 RL 시정수에 의해 결정된다. 직력 RL회로에서 시정수는 식(13.9)와 같다.

$$\tau = \frac{L}{R} \tag{13.9}$$

직렬 RL회로에서 전압이 인가된 후 1τ가 지나면 전류는 최대값의 63%까지 증가한다. 이러한 전류의 증가현상은 캐패시터의 전압증가 현상과 유사하다. 인덕터에서 전류는 지수 함수적으로 증가하며 5τ가 지나면 전류는 최대값의 99%까지 증가한 후 변화를 멈춘다. 이 때 인덕터는 일정한 전류에 대해 단락회로로 작용한다. 따라서 전류의 최종값은 식(13.10)과 같다.

$$I_F = \frac{V_S}{R} \tag{13.10}$$

인덕터에서 '0에서부터 전류'가 지수함수로 증가하는 식은 식(13.11)에 나타낸다.

$$i = I_F(1 - e^{-Rt/L}) \tag{13.11}$$

또한 인덕터에서 전류는 지수 함수적으로 감소한다. 인덕터에서 '0으로 전류'가 지수함수로 감소하는 식은 식(13.12)에 나타낸다.

$$i = I_F e^{-Rt/L} \tag{13.12}$$

그림은 인덕터에서 전류의 증가와 감소를 나타낸다.

Ⅱ 실험

실험 1. 저항 · 캐패시터 · 코일 특성 실험

(가) 그림13.7과 같은 회로를 구성하시오.

(나) LED와 저항을 연결한다.

(다) 스위치를 ON한 후 램프의 상태를 관찰한 후 스위치를 OFF한다.

(라) 램프와 콘덴서가 연결되도록 회로를 구성한다.

(마) 스위치를 ON한 후 램프의 상태를 관찰한 후 스위치를 OFF한다.

(바) 램프와 코일이 연결되도록 회로를 구성한다.

(사) 스위치를 ON한 후 램프의 상태를 관찰한 후 스위치를 OFF한다.

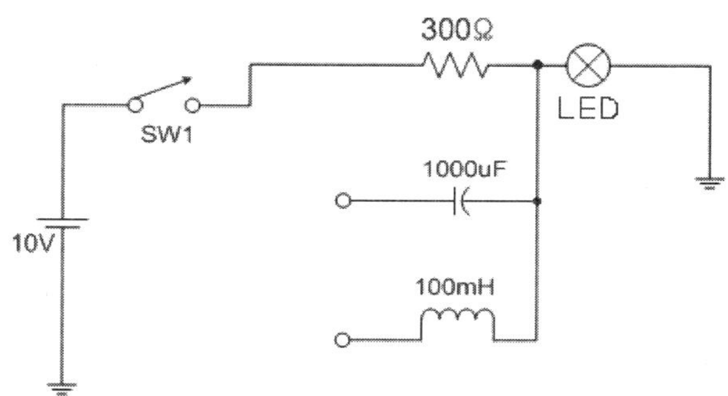

그림13.7

(다) ______________________________

(마) ______________________________

(사) ______________________________

실험 2. 코일 특성 실험

(가) 그림13.8과 같은 회로를 구성하시오.

(나) 회로에서 인덕터(코일)를 제거하고 c-d를 연결한다.

(다) a-b를 개방한 후 오실로스코프를 설치한 후 스위치를 ON한다.

(라) 전류값의 변화를 측정하여 기록한다.

I = ____mA → ____mA → ____mA → ____mA → ____mA

(마) 스위치를 OFF시킨 후 전류값의 변화를 측정하여 기록한다.

I = ____mA → ____mA → ____mA → ____mA → ____mA

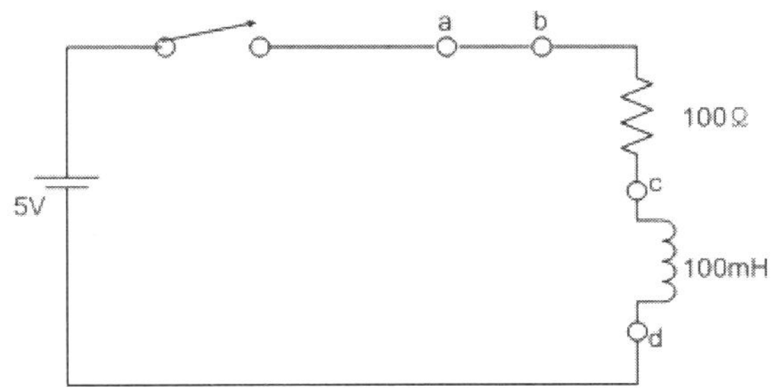

그림13.8

(바) c-d 사이에 인덕터를 삽입한다.

(사) 회로의 시정수를 계산하시오. τ = ____________

(아) a-b를 개방한 후 디지털미터를 설치한 후 스위치를 ON한다.

(자) 전류값의 변화를 측정하여 기록한다.

I = ____mA → ____mA → ____mA → ____mA → ____mA

(차) 스위치를 OFF시킨 후 전류값의 변화를 측정하여 기록한다.

I = ____mA → ____mA → ____mA → ____mA → ____mA

(카) (라)와(마), (자)와 (차)의 결과를 그림13.9에 그리시오.

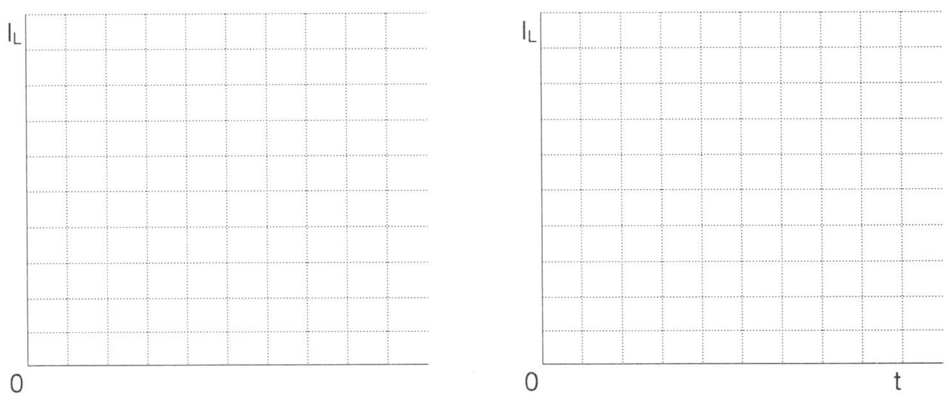

(a) 저항 (b) 저항 + 코일

그림13.9

실 험 보 고 서

실험제목			실험일자	
학년	반	학번	실험조	성명

절취선

실험 1. 저항 · 캐패시터 · 코일 특성 실험

(다) ______________________________

(마) ______________________________

(사) ______________________________

실험 2. 코일 특성 실험

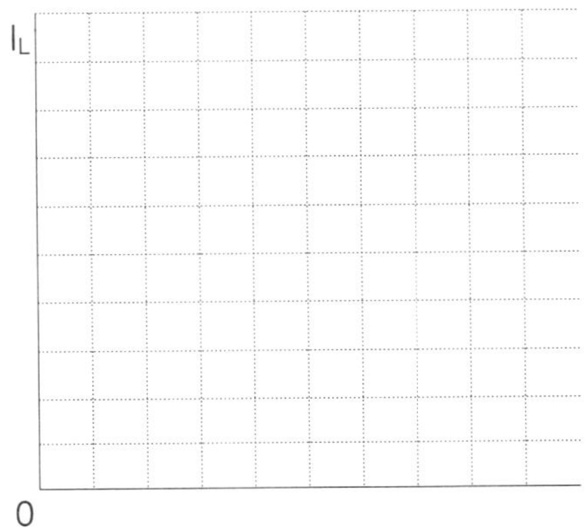

(a) 저항

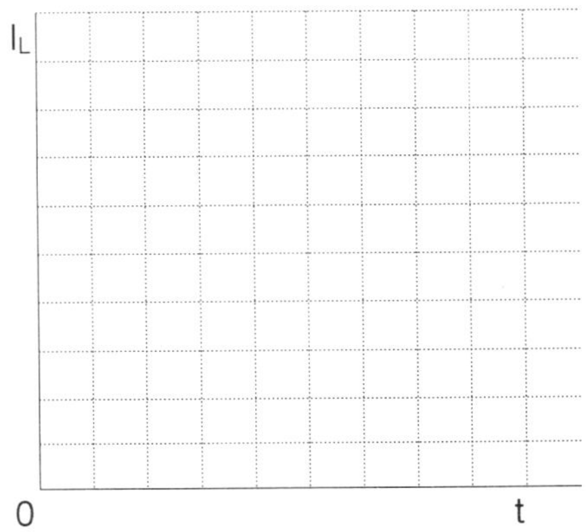

(b) 저항 + 코일

실험 14 R-L,R-C,R-L-C 직·병렬회로

<table>
<tr><td>실습목적</td><td colspan="4">저항과 인덕턴스, 저항과 커패시턴스를 직렬 또는 병렬로 연결할 경우 각 회로의 전기적 특성을 실험을 통하여 학습한다.</td></tr>
<tr><td rowspan="5">실습준비물</td><td>계측기</td><td colspan="2">• 오실로스코프
• 함수발생기
• 가변직류전원</td><td>1대
1대
1대</td></tr>
<tr><td rowspan="4">부 품</td><td>• 브레드보드</td><td></td><td>1개</td></tr>
<tr><td>• 저항</td><td>1kΩ</td><td>각1개</td></tr>
<tr><td>• 인덕터</td><td>10mH, 80mH, 100mH</td><td>1개</td></tr>
<tr><td>• 커패시터</td><td>0.1uF, 0.47uF, 1uF</td><td>1개</td></tr>
</table>

I 이론

14.1 교류회로

직류(direct current)는 시간의 변화에 따라 크기와 방향이 일정한 전압· 전류를 말하며, 교류(alternating current)는 시간의 변화에 따라 크기와 방향이 주기적으로 변하는 전압·전류이다.

14.1.1 사인파의 교류

(가) 사인파 교류의 발생

① 코일에 발생하는 전압 :

$$v=2Blu\ \sin\ \theta=V_m\ \sin\theta[V]$$

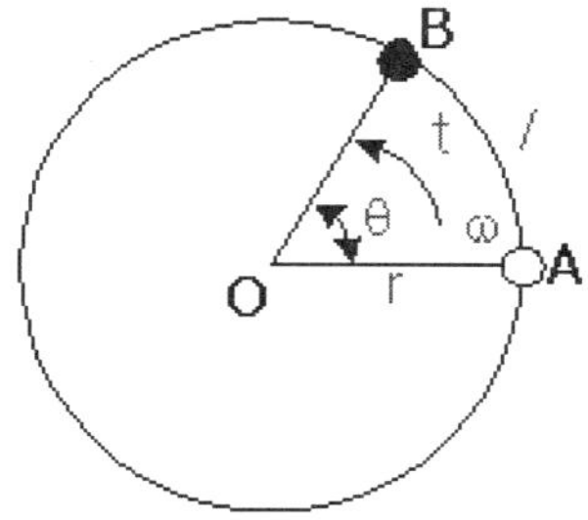

라디안 각과 각속도

② 호도법 : 각도를 라디안[rad]으로 나타냄.

$\theta=l/r$ [rad]

③ 각도 : 180°=π [rad]

④ 회전각 : $\theta=\omega t$ [rad]

(각속도 : 회전체가 1초 동안에 회전한 각도, 기호는 ω, 단위는[rad/s])

(나) 주기와 주파수

① 주기 : 1사이클의 변화에 요하는 시간, 기호는 T, 단위는 [s],

$$T=2\pi/\omega=1/f[s]$$

② 주파수 : 1초 동안에 반복되는 사이클의 수. 기호는 f, 단위는 헤르츠[Hz], $f=1/T[Hz]$, $\omega=2\pi/T=2\pi f[Hz]$

(다) 교류의 표시

① 순시값(v) : 순간순간 변하는 교류의 임의의 시간에 있어서 값.

$$v=V_m\sin\omega t[V]$$

(v:전압의 순시값[V], V_m:전압의 최대값, ω:각속도[rad/s], t:주기[s])

② 최대값(V_m) : 순시값 중에서 가장 큰 값.

③ 피크-피크값(V_{P-P}) : 파형의 양의 최대값과 음의 최대값 사이의 값

$$V_{P-P}=2V_m$$

④ 실효값($V_{실효값}$): 교류의 크기를 교류와 동일한 일을 하는 직류의 크기로 바꿔 나타낸 값. 일반적으로 RMS로 나타낸다.

$$V_{실효값}=\frac{V_m}{\sqrt{2}}=0.707\,V_m$$

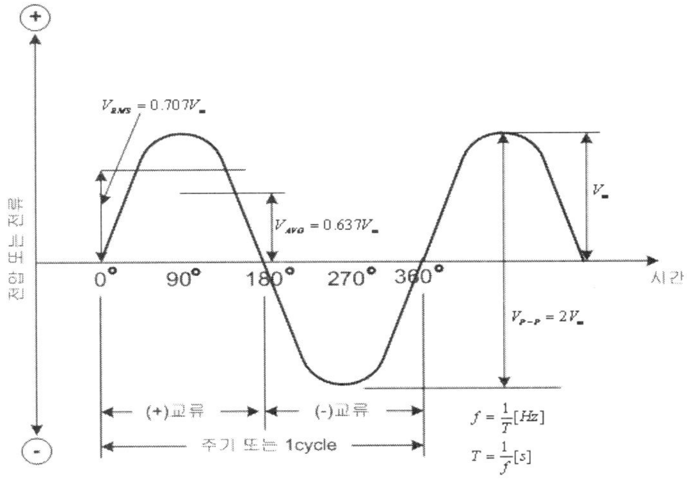

그림14.1 교류신호

⑤ 평균값(V_{AVG}) : 교류 순시값의 1주기 동안의 평균을 취하여 교류의 크기를 나타낸 값.

$$V_{AVG} = \frac{2}{\pi} V_m = 0.637\, V_m$$

⑥ 실효값과 평균값의 관계 :

$$\frac{V_{실효값}}{V_{AVG}} = \frac{\pi}{2\sqrt{2}} \simeq 1.11$$

(라) 위상과 위상차

사인파 v_1과 같이 시간의 기점 $0(\omega t = 0)$을 지나서 (+)로 되기 시작한다면 사인파의 표현식은

$$v_1 = V_m \sin \omega t \; [V]$$

이 된다. 그러나 사인파 v_2와 같이 시간의 기점 θ를 지나서 (+)로 되기 시작한다면 사인파의 표현식은 일반적으로 다음과 같다.

$$v_2 = V_m \sin(\omega t + \theta)$$

식에서 θ를 위상(phase) 또는 위상각(phase angle)이라 한다.

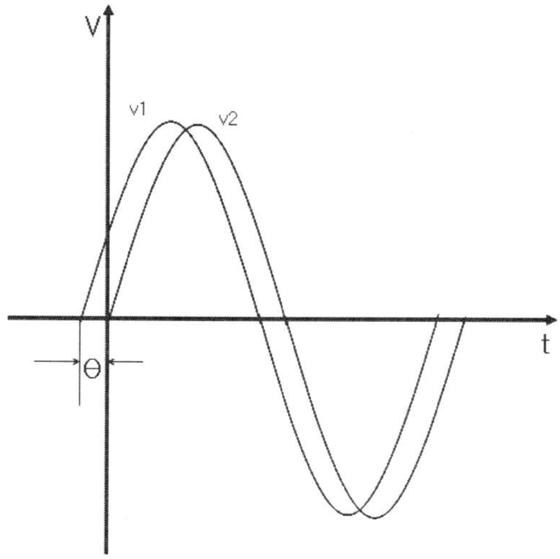

그림14.2 위상과 위상차

그림과 같이 2개의 교류가 동일한 주파수를 갖지만 v_2는 v_1에 비해 θ만큼 위상이 앞서고(lead), v_1은 v_2에 비해 위상이 뒤진다(lag). 이와 같이 2개의 교류 사이에 시간적인 차이가 있는 경우 둘 사이에 위상차가 있다고 한다. 한편 두 사인파가 같은 순간에 영점 및 최대점에 도달하면 두 파는 동상이다.

14.2 유도성 리액턴스와 용량성 리액턴스

14.2.1 정의

① 인덕턴스 (Inductance)

인덕턴스는 전류가 변화할 때 인덕턴스 자체에서 유도전압을 발생시키는 도체의 능력을 표시하는 것으로, 기호로는 주로 L, 단위로는 H [Henry]를 사용한다. 유도성 리액턴스 XL의 단위는 오옴 [Ω]이며, 전류의 흐름을 방해하는 것으로 주파수 및 인덕턴스에 비례한다. 즉,

$$X_L = jwL \tag{14.1}$$

이다.

② 커패시턴스

커패시턴스는 유전체나 절연체 양단에서 전압이 변화할 때 유전체의 전하 축적 능력을 말하는 것으로, 기호로는 C, 단위로는 F (Farad)를 사용한다. 용량성 리액턴스 X_C의 단위는 오옴 [Ω]이며, 전류의 흐름을 방해하는 것으로 주파수 및 커패시턴스에 반비례한다. 즉,

$$X_C = \frac{1}{jwC} \tag{14.2}$$

이다.

③ 임피던스는 저항 R, 리액턴스 X_L, X_C로 구성된 회로에서 저항과 리액턴스의 합성 저항값이며, 주로 Z로 표현하며 단위는 오옴 [Ω]이다.

④ 어드미턴스는 임피던스의 역수이고, 주로 Y로 표시한다.

14.3 R-L 직렬회로

R-L 직렬회로의 위상 및 임피던스를 구하여 보자.

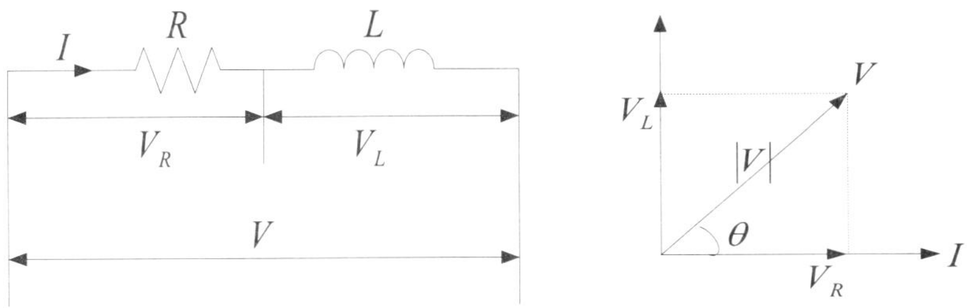

(a) 회로도 (b) 벡터도

그림14.3 R-L 직렬회로

① V_R과 V_L의 합성전압

$$V = \sqrt{V_R^2 + V_L^2} \tag{14.3}$$

V는 V_R과 V_L의 합성 전압값을 말하며, 위상은 V_R과 45^0의 차이를 나타낸다.

Basic Experiments in Electric & Electronic Circuits

② R-L 직렬회로의 임피던스 (Impedance)

그림 14.5 (a)회로의 임피던스는 그림 (b)와 같은 벡터로 표시된다. 이 그림 에서 임피던스 Z는

$$Z = R + j\omega L\ , \quad |Z| = \sqrt{R^2 + (\omega L)^2} \tag{14.4}$$

이 된다.

③ R-L 직렬회로의 위상

그림 14.5 (a)회로의 전원 V와 전류 i(t)사이의 위상각 θ는

$$tan\theta = \frac{X_L}{R} = \frac{\omega L}{R}\ , \quad \theta = \tan^{-1}\frac{\omega L}{R} = tan^{-1}\frac{V_L}{V_R} \tag{14.5}$$

이 된다.

④ R-L 직렬회로의 역률

$$\cos\theta = \frac{V_R}{|V|} = \frac{R \cdot I}{Z \cdot I} = \frac{R}{\sqrt{(R)^2 + (\omega L)^2}} \tag{14.6}$$

14.4 R-C 직렬회로

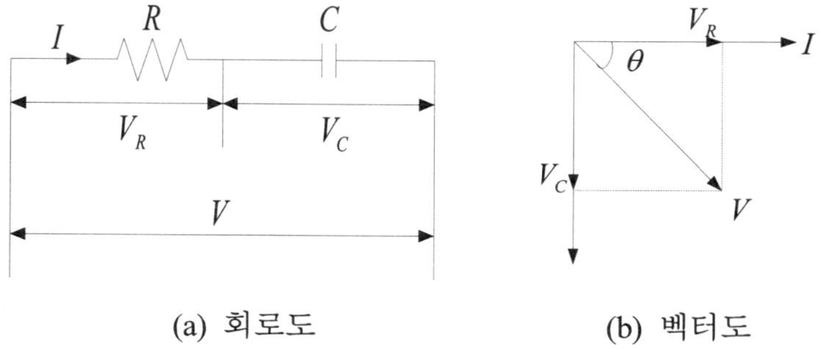

그림14.4 R-C직렬회로 및 벡터도

① 그림 14.6 회로에 키르히호프 전압법칙 (kVL)을 적용하면

$$V = I \cdot R + I \cdot X_C = I \cdot R + I \cdot \frac{1}{j\omega C} = I \cdot R - j\frac{1}{\omega C} \qquad (14.7)$$
$$= \sqrt{V_R^2 + V_C^2}$$

② 전류 I를 구하면

$$I = \frac{V}{Z} = \frac{V}{R + \frac{1}{j\omega C}} \qquad (14.8)$$

③ 임피던스 Z는

$$Z = \sqrt{R^2 + (\frac{1}{\omega C})^2} \qquad (14.9)$$

④ 위상 θ는

$$tan\theta = \frac{V_C}{V_R} = \frac{\frac{I}{j\omega C}}{I \cdot R} = \frac{1}{\omega CR}, \ \theta = \tan^{-1}(\frac{1}{\omega CR}) \qquad (14.10)$$

이다.

14.5 R-L 병렬회로

그림 14.7은 R-L 병렬회로이다. 이 회로에서 V, I_T, I_R 및 I_L은 페이저도를 나타내고 있다.

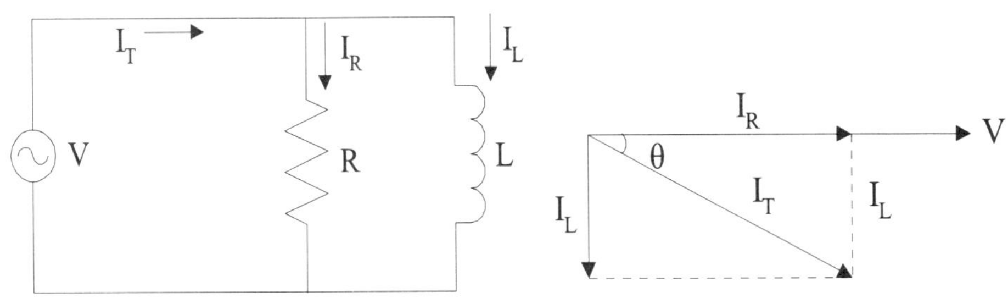

(a) 회로도　　　(b) 페이저도

그림14.5 R-L 병렬회로

① R과 L에서는 같은 전압 V [V]가 인가되고 있으며, 이들 소자에서의 전류는 각

각 I_R, I_L이다.

$$I_R = \frac{V}{R} \quad , \quad I_L = \frac{V}{X_L} = \frac{V}{j\omega L} = -j\frac{V}{\omega L} \tag{14.11}$$

그리고 전압 V는 R, L에 공통이므로 기준페이저로 V를 사용한다.

② 그림 14.7 (a)에서의 전체전류 I_T는 그림 14.7 (b)의 페이저도에서 구할 수 있다. 즉, I_T는

$$I_T = \sqrt{I_R^2 + I_L^2} \tag{14.12}$$

③ 위상 θ는

$$\theta = \tan^{-1}\left(\frac{I_L}{I_R}\right) \tag{14.13}$$

④회로의 임피던스 Z는

$$Z = \frac{V}{I_T} \tag{14.14}$$

이다.

14.6 R-C 병렬회로

그림 14.8는 R-C 병렬회로이다. 이 회로에서 V, I_T, I_R 및 I_L은 페이저도를 나타내고 있다.

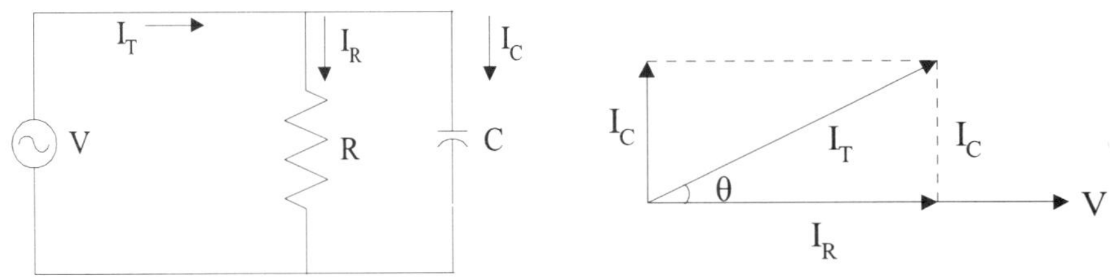

(a) 회로도 (b) 페이저도

그림14.6 R-C 병렬회로

① R과 C에서는 같은 전압 V [V]가 인가되고 있으며, 이들 소자에서의 전류는 각각 I_R, I_C이다.

$$I_R = \frac{V}{R} \quad , \quad I_C = \frac{V}{X_C} = \frac{V}{\frac{1}{j\omega C}} = j\omega CV \tag{14.14}$$

② 전류 I_R은 V와 위상이 같고, I_C는 전압 V보다 위상이 90° 앞선다. 그림 14.8 (a)에서의 전체전류 I_T는 그림 14.8 (b)의 페이저도에서 구할 수 있다. 즉, I_T는

$$I_T = \sqrt{I_R^2 + I_C^2} \tag{14.16}$$

③ 위상 θ는

$$\theta = \tan^{-1}\left(\frac{I_C}{I_R}\right) \tag{14.17}$$

④ 회로의 임피던스 Z는

$$Z = \frac{V}{I_T} \tag{14.18}$$

이다.

14.7 R-L-C 직렬회로

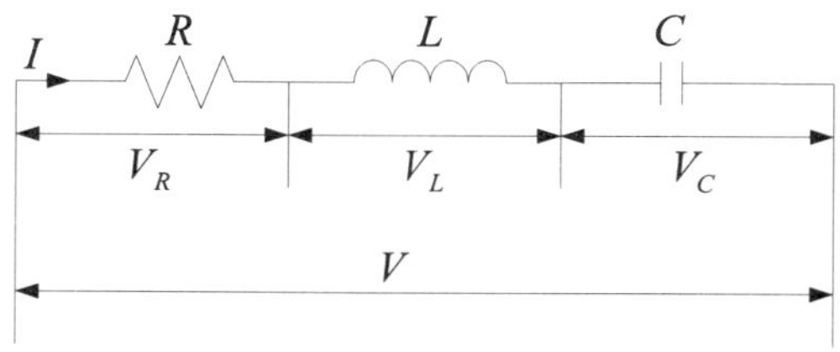

그림14.7 R-C 병렬회로

① 그림 14.6 회로에 키르히호프 전압법칙 (KVL)을 적용하면

$$\dot{V} = \dot{V}_R + \dot{V}_L + \dot{V}_C\,,\ V_R = R \cdot I\,,\ V_L = j\omega L \cdot I\,,$$

$$V_C = -j\frac{1}{\omega C} \cdot I \quad |V| = \sqrt{V_R^2 + (V_L - V_C)^2} \tag{14.19}$$

$$V = Z \cdot I = \{R + j(\omega L - \frac{1}{\omega C})\} \cdot I$$

② 회로의 임피던스 Z는

$$Z = R + j(\omega L - \frac{1}{\omega C})\,,\ |Z| = \sqrt{R^2 + (\omega L - \frac{1}{\omega C})^2}\,, \tag{14.20}$$

③ 위상 θ는

$$\theta = \tan^{-1}\frac{(\omega L - \frac{1}{\omega C})}{R} \tag{14.21}$$

- $\omega L - \frac{1}{\omega C} > 0$: 유도성 리액턴스 전압은 앞서고 전류는 뒤진다.

- $\omega L - \frac{1}{\omega C} < 0$: 용량성 리액턴스 전압은 뒤지고 전류는 앞선다.

- $\omega L - \dfrac{1}{\omega C} = 0$: 공진 상태(저항 R 만 남는 상태) 동위상

14.8 리사쥬 도형

저주파 신호발생기를 이용하여 두 개의 신호주파수를 적당한 비율(예를 들어 1:1, 2:1, 3:2 등)로 조정하여 이 두 신호를 각각 오실로스코프의 입력단자인 CH1(X), CH2(Y)에 넣고, Time/Div 단자를 가장 오른쪽으로 돌려 X-Y위치로 전환하면 복잡한 파형이 나타나는데 이를 리사쥬 도형이라 한다. 이와 같은 리사쥬 도형을 이용하면 신호의 주파수, 진폭, 위상을 비교 측정할 수 있다.

14.8.1 리사쥬 도형 만드는 방법

오실로스코프를 이용하여 리사쥬 도형을 만드는 방법은 다음과 같은 순서로 한다.

① 저주파 신호발생기에서 2개의 신호를 만든다.

② 기준신호를 오실로스코프의 CH1(X), 비교신호를 CH2(Y)의 입력단자에 접속한다.

③ CH1(X)과 CH2(Y)의 Input Coupling 스위치를 DC(or AC)로 한다.

④ Time/Div 스위치를 가장 오른쪽을 돌려 X-Y 모드로 하여 리사쥬파형을 관찰한다.

⑤ 리사쥬파형이 오실로스코프의 형광면에 크게 나타나도록 CH1(X), CH2(Y)의 Volts/Div 손잡이를 적당하게 돌린다.

⑥ 수직 및 수평 위치 조절 손잡이를 돌려서 리사쥬 도형을 형광면의 중앙으로 이동시킨다.

⑦ 리사쥬 도형으로 신호의 주파수, 진폭, 위상을 비교 측정한다.

14.8.2 진폭의 비교

수평방향의 진폭과 수직방향의 진폭비가 아래의 식과 같이 기준신호와 비교신호의 진폭비가 된다. 즉,

$$\text{진폭비} = \frac{\text{비교신호의최대진폭}}{\text{기준신호의최대진폭}} = \frac{\text{수직방향전압}}{\text{수평방향전압}}$$

이 때 Volts/Div의 variable 스위치는 Lock 시킨다.

14.8.3 주파수의 비교

기준신호 주파수와 비교신호의 주파수 비에 따른 리사쥬 도형을 나타내고 있다. 그림 (a)는 $f_V/f_H=1$, (b)는 $f_V/f_H=2$, (c)는 $f_V/f_H=3$ 이다. 그림 (d)와 (e)에서는 수평선과 수직선에 접하는 점의 수 N_H, N_V를 이용하면 이들의 비에서 주파수를 구할 수 있다. 즉,

$$\text{주파수비} = \frac{\text{비교신호 주파수}}{\text{기준신호 주파수}} = \frac{\text{수평선과 접하는 점의 수}}{\text{수직선과 접하는 점의 수}}$$

14.8.4 위상비교

CH1과 CH2에 신호를 각각 공급하여 Time/Div를 X-Y 모드로 위치하면 그림 11.5와 같은 리샤주 도형이 오실로스코프의 화면에 나타난다. 이 도형으로 다음과 같은 방법으로 위상을 구할 수 있다.

$$\sin\Theta = \frac{B}{A}$$

$$\theta = \sin^{-1}\frac{B}{A}$$

여기서 A는 리샤쥬 도형이 Y축으로 최대 크기를 나타내고, B는 Y축과의 만나는 점을 나타낸다.

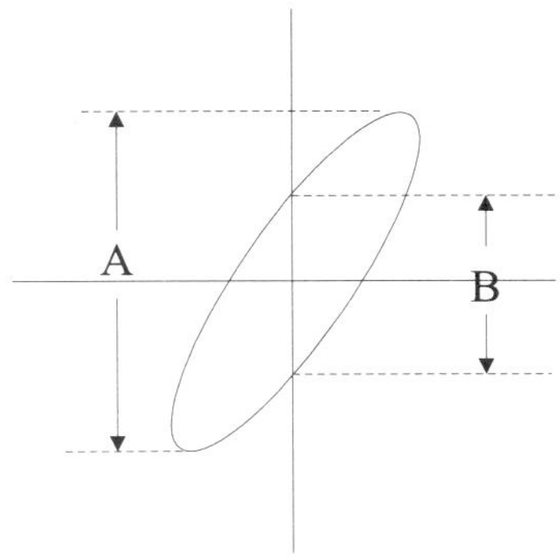

그림14.8 리샤쥬 도형에 의한 위상 구하기

Ⅱ 실험

실험 1

(가) 그림14.9의 회로를 구성하시오.

(나) 저주파 발진기의 주파수 f=1kHz 정현파로 조정하시오.

(다) 회로를 구성한 상태에서 출력전압이 $10V_{p\text{-}p}$되도록 저주파 발진기를 조정한다.

(라) 멀티미터를 사용해 V[V], I[A] 저항 및 인덕터 양단 전압 $V_R[V]$, $V_L[V]$을 측정하여 표14-1에 기록하시오.

(마) 리사쥬 측정을 통하여 V_R, V_L 사이의 위상차 θ를 측정하여 표14-1에 기록하시오.

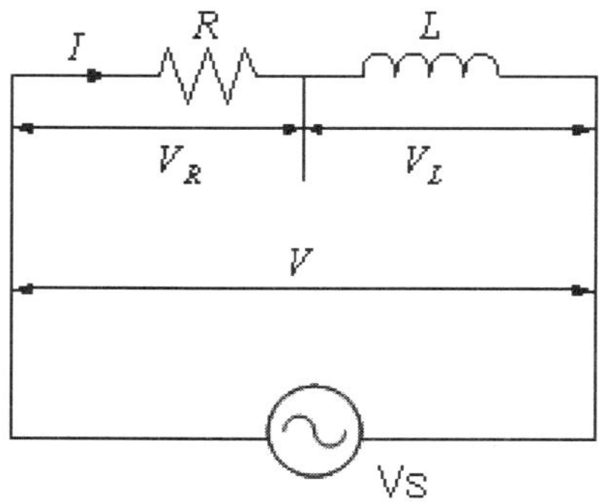

(R=1kΩ, L=10mH)

그림14.9 R-L 직렬 실험 회로

표14-1

측정값					계산값				
V	I	V_R	V_L	θ	Z	R	X_L	$\lvert Z \rvert$	θ

(바) 합성 임피던스 $Z = V/I\,[\Omega]$을 계산하여 표14-1에 기록한다.

(사) 저항 $R = V_R\,/\,I\,[\Omega]$을 계산하여 표14-1에 기록한다.

(아) 유도 리액턴스 $X_L = V_L\,/\,I[\Omega]$을 계산하여 표14-1에 기록한다.

(자) 임피던스의 크기 $|Z| = \sqrt{R^2 + X_L^2}$, 위상각 $\theta = \tan^{-1}\dfrac{X_L}{R}$을 계산하여 표14-1에 기록한다.

(아) 인덕터를 80mH, 100mH로 바꾸어서 과정 (라)~(자)를 반복하여 실험하여 표14-2, 표14-3에 기록하시오.

표14-2

측정값					계산값				
V	I	V_R	V_L	θ	Z	R	X_L	$\lvert Z \rvert$	θ

표14-3

측정값					계산값				
V	I	V_R	V_L	θ	Z	R	X_L	$\lvert Z \rvert$	θ

실험 2

(가) 그림14.10의 회로를 구성하시오.

(나) 저주파 발진기의 주파수 f=1kHz 정현파로 조정하시오.

(다) 회로를 구성한 상태에서 출력전압이 $10V_{p\text{-}p}$되도록 저주파 발진기를 조정한다.

(라) 멀티미터를 사용해 V[V], I[A] 저항 및 캐패시터 양단 전압 $V_R[V], V_C[V]$을 측정하여 표14-4에 기록하시오.

(마) 리사쥬 측정을 통하여 V_R, V_C 사이의 위상차 θ를 측정하여 표14-4에 기록하시오.

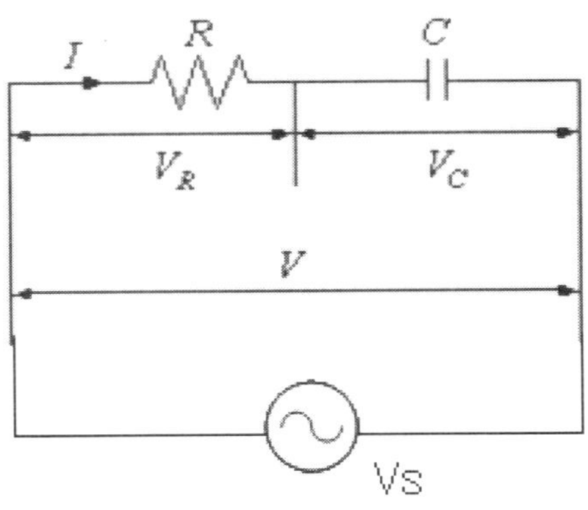

(R=1kΩ, C=0.1uF)

그림14.10 R-C 직렬 실험 회로

표14-4

측정값					계산값				
V	I	V_R	V_L	θ	Z	R	X_L	$\lvert Z \rvert$	θ

(바) 합성 임피던스 $Z = V/I\,[\Omega]$을 계산하여 표14-4에 기록한다.

(사) 저항 $R = V_R\,/\,I\,[\Omega]$을 계산하여 표14-4에 기록한다.

(아) 용량 리액턴스 $X_C = V_C\,/\,I[\Omega]$을 계산하여 표14-1에 기록한다.

(자) 임피던스의 크기 $\lvert Z \rvert = \sqrt{R^2 + X_C^2}$, 위상각 $\theta = \tan^{-1}\dfrac{X_C}{R}$을 계산하여 표14-4에 기록한다.

(아) 캐패시터를 0.47uF, 1uF으로 바꾸어서 과정 (라)~(자)를 반복하여 실험하여 표14-5, 표14-6에 기록하시오.

표14-5

측정값					계산값				
V	I	V_R	V_L	θ	Z	R	X_L	$\lvert Z \rvert$	θ

표14-6

측정값					계산값				
V	I	V_R	V_L	θ	Z	R	X_L	$\lvert Z \rvert$	θ

실험 3

(가) 그림14.11의 회로를 구성하시오.

(나) 저주파 발진기의 주파수 f=1kHz 정현파로 조정하시오.

(다) 회로를 구성한 상태에서 출력전압이 $10V_{p\text{-}p}$되도록 저주파 발진기를 조정한다.

(라) 멀티미터를 사용해 V[V], I[A] 저항 및 인덕터와 캐패시터 양단 전압 $V_R[V]$, $V_L[V]$, $V_C[V]$ 를 측정하여 표14-7에 기록하시오.

(마) 리사쥬 측정을 통하여 V_R, $(V_L - V_C)$ 사이의 위상차 θ를 측정하여 표14-7에 기록하시오.

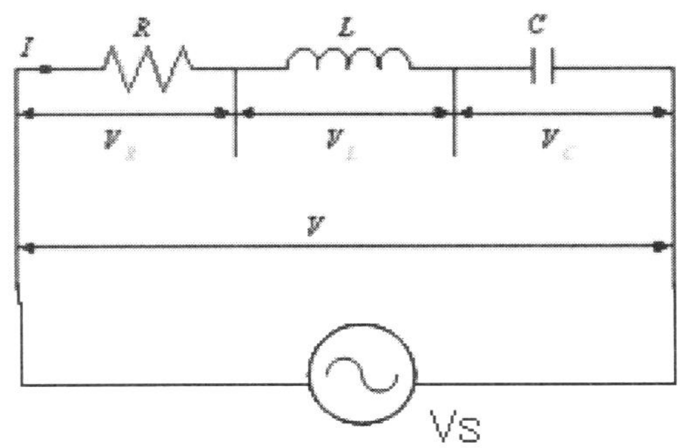

(R=1kΩ, C=0.1uF, L=10mH)

그림14.11 R-C 직렬 실험 회로

(바) 합성 임피던스 $Z = V/I\,[\Omega]$을 계산하여 표14-7에 기록한다.

(사) 저항 $R = V_R\,/\,I\,[\Omega]$을 계산하여 표14-7에 기록한다.

(아) 유도 리액턴스 $X_L = V_L\,/\,I[\Omega]$을 계산하여 표14-7에 기록한다.

(자) 용량 리액턴스 $X_C = V_C\,/\,I[\Omega]$을 계산하여 표14-7에 기록한다.

표14-7

측정값						계산값					
V	I	V_R	V_L	V_C	θ	Z	R	X_L	X_C	$\|Z\|$	θ

(차) 임피던스의 크기 $|Z| = \sqrt{R^2 + (X_L - X_C)^2}$, 위상각 $\theta = \tan^{-1}\dfrac{X_L - X_C}{R}$ 을 계산하여 표14-8에 기록한다.

실 험 보 고 서

실험제목			실험일자	
학년	반	학번	실험조	성명

실험 1

표14-1

측정값					계산값				
V	I	V_R	V_L	θ	Z	R	X_L	$\|Z\|$	θ

표14-2

측정값					계산값				
V	I	V_R	V_L	θ	Z	R	X_L	$\|Z\|$	θ

표14-3

측정값					계산값				
V	I	V_R	V_L	θ	Z	R	X_L	$\|Z\|$	θ

절취선

실험 2

표14-4

측정값					계산값				
V	I	V_R	V_L	θ	Z	R	X_L	$\|Z\|$	θ

표14-5

측정값					계산값				
V	I	V_R	V_L	θ	Z	R	X_L	$\|Z\|$	θ

표14-6

측정값					계산값				
V	I	V_R	V_L	θ	Z	R	X_L	$\|Z\|$	θ

실험 3

표14-7

측정값						계산값					
V	I	V_R	V_L	V_C	θ	Z	R	X_L	X_C	$\|Z\|$	θ

실험 15 R-L-C 직렬공진회로

<table>
<tr><td>실습목적</td><td colspan="3">저항, 캐패시턴스, 코일을 직렬로 연결하여 구성되는 공진회로의 전기적 특성을 이해한다.</td></tr>
<tr><td rowspan="5">실습준비물</td><td>계측기</td><td colspan="2">• 오실로스코프 • 멀티미터
• 함수발생기
• 가변직류전원</td><td>1대
1대
1대</td></tr>
<tr><td rowspan="4">부 품</td><td>• 브레드보드</td><td></td><td>1개</td></tr>
<tr><td>• 저항</td><td>1kΩ</td><td>1개</td></tr>
<tr><td>• 캐패시턴스</td><td>0.1uF</td><td>각1개</td></tr>
<tr><td>• 인덕턴스</td><td>10mH</td><td>1개</td></tr>
</table>

I 이론

15.1 R-L-C 직렬공진회로 주파수 특성

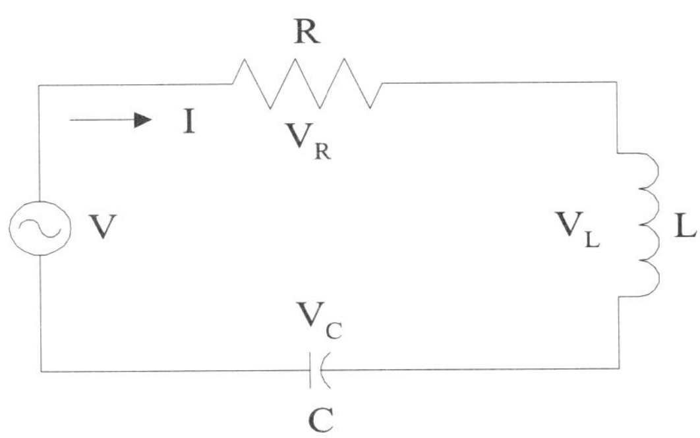

그림15.1 R-L-C 직렬공진회로

그림 15.1에서 전압 V는

$$V = \sqrt{V_R^2 + (V_L - V_C)^2} \tag{15.1}$$

이다.

공진(resonance)은 그림 15.1에서 전압 V와 전류 I의 위상이 동위상이 되는 것을 말하고, 이는 $V = V_R$이 된다. 공진이 되면 회로에서는 최대 전류가 흐르게 된다. 그림 15.1에서 임피던스 Z는

$$Z = R + j\omega L + \frac{1}{j\omega C} = R + j(\omega L - \frac{1}{\omega C}) = R + jX \tag{15.2}$$

이다. 여기서, $X = wL - \frac{1}{wC}$ 이다.

공진주파수는 임피던스 Z에서 실수 부분인 순수한 저항 R 성분만 존재하고, 허수인 리액턴스 X 성분은 "0"이 되어 임피던스가 최소가 되고, 전류값이 최대가 되어지는 주파수를 말한다. 즉 위식에서 허수성분인

$j(wL - \frac{1}{wC}) = 0$ 이 된다. 따라서 공진주파수 f_r는

$$wL = \frac{1}{wC} \text{에서} \quad w_o = \frac{1}{\sqrt{LC}} \text{이고}$$

$$f_r = \frac{1}{2\pi\sqrt{LC}} \tag{15.3}$$

이다. 따라서 이 주파수에서는 순수한 저항 성분만 존재하게 된다.

한편, 위상 θ는

$$\theta = \tan^{-1}(\frac{X}{R}) \tag{15.4}$$

이다.

공진주파수에서는 임피던스가 최소인 순수한 저항 R이 되어 전류 Ir은 그림 15.2와 같이 전류가 최대가 된다.

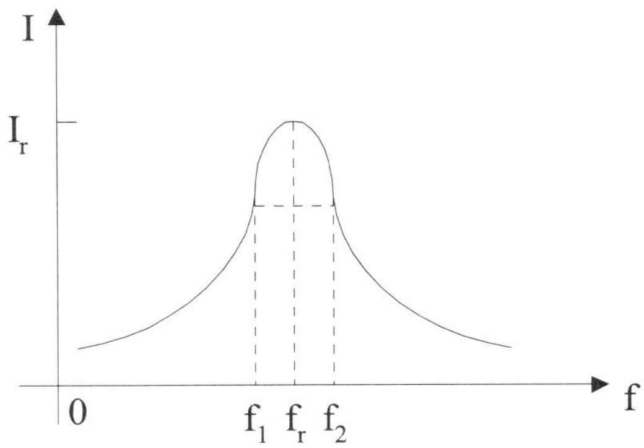

그림 15.2 주파수에 따른 전류 특성

15.2 회로의 선택도 (첨예도) Q

직렬공진 회로에서는 공진 주파수와 가까운 주파수의 교류전류는 잘 통과시키고, 공진주파수와 멀리 떨어진 주파수의 교류전류는 잘 통과시키지 않는다. 이런 특성을 공진회로의 주파수 선택 특성이라고 한다. 이와 같은 선택도 Q (Quality factor)는 다음 식과 같이 저항 R과 리액턴스 X로 결정된다.

$$Q = \frac{X}{R} = \frac{w_o L}{R} = \frac{\frac{1}{\sqrt{LC}} \cdot L}{R} = \frac{1}{R} \cdot \sqrt{\frac{L}{C}} \qquad (15.5)$$

$$Q = \frac{X}{R} = \frac{\frac{1}{w_o C}}{R} = \frac{1}{w_o CR} \qquad (15.6)$$

또한, 이 식에서 저항 R이 작을수록 Q값이 커지게 되고, 이 Q값이 크면 클수록 더욱 예리한 곡선이 된다. 따라서 이 Q를 주파수 첨예도라고도 한다. 그림 15.2에서 f_2는 상측 반전력주파수, f_1은 하측 반전력주파수라고 한다. 이 주파수의 차를 대역폭 BW (Bandwidth)이라 한다. 즉,

$$BW = f_2 - f_1 \qquad (15.7)$$

그리고 대역폭과 Q와의 관계는

$$BW = \frac{f_r}{Q} \tag{15.8}$$

이다.

Ⅱ 실험

실험 1

(가) 그림15.3의 회로를 구성하시오.

(나) 저주파 발진기의 주파수 f=1kHz 정현파로 조정하시오.

(다) 회로를 구성한 상태에서 출력전압이 $10V_{p\text{-}p}$되도록 저주파 발진기를 조정한다.

(라) 멀티미터를 사용해 저항 및 인덕터와 캐패시터 양단 전압 $V_R[V]$, $V_L[V]$, $V_C[V]$ 를 측정하여 표15-1에 기록하시오.

(마) 각 주파수에서 회로에 흐르는 전류 $I = V_R / R[A]$을 구하여 표15-1에 기록하시오.

(바) 표15-1에서 전류값이 최대가 되는 주파수가 공진 주파수 f_0가 된다. 이 공진 주파수와 이때의 V_C와 V_L을 표15-2에 기록하시오.

(사) $X_L = V_L/I[\Omega]$, $X_C = V_C/I[\Omega]$을 계산하여 표15-2에 기록하시오.

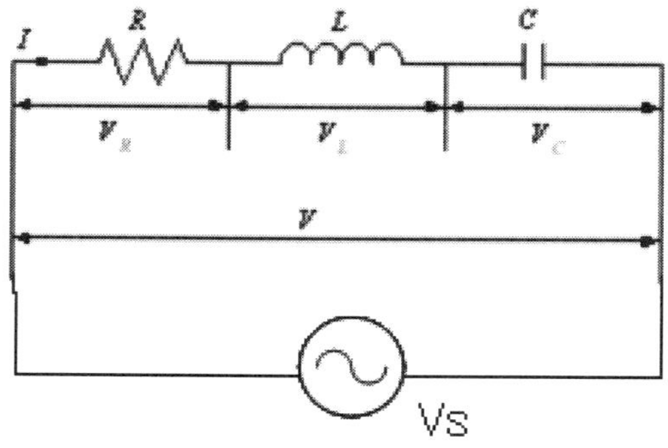

(R=1kΩ, C=0.1uF, L=10mH)

그림15.3 R-C 직렬 실험 회로

(아) X_L 또는 X_C을 이용하여 선택도 $Q= X_L / R= X_C / R$을 구하여 표15-2에 기록하시오.

(자) 이론적으로 공진 주파수 $f_0 = \frac{1}{2\pi\sqrt{LC}}$ [Hz]를 구하여 표15-2에 기록하시오.

표15-1

주파수[kHz]	$V_R[V]$	$V_C[V]$	$V_L[V]$	$I= V_R/R[A]$	비고
0.5					
1					
1.5					
2					
2.5					
3					
4					
5					
6					
7					
8					
9					
10					

표15-2

측정값에 의한 계산값				이론에 의한 계산값			
$f_0[kHz]$	$V_C[V]$	$V_L[V]$	$X_L[\Omega]$	$X_C[\Omega]$	Q	$f_0[kHz]$	Q

실 험 보 고 서

실험제목			실험일자	
학년	반	학번	실험조	성명

실험 1

표15-1

주파수[kHz]	$V_R[V]$	$V_C[V]$	$V_L[V]$	$I = V_R/R[A]$	비고
0.5					
1					
1.5					
2					
2.5					
3					
4					
5					
6					
7					
8					
9					
10					

절취선

표15-2

측정값에 의한 계산값						이론에 의한 계산값	
$f_0[kHz]$	$V_C[V]$	$V_L[V]$	$X_L[\Omega]$	$X_C[\Omega]$	Q	$f_0[kHz]$	Q

실험 16 접합다이오드의 특성

<table>
<tr><td>실습목적</td><td colspan="4">• 반도체 다이오드(diode)의 순방향 및 역방향의 전압-전류특성을 이해하고 실험을 통하여 확인한다.
• 멀티미터를 이용한 다이오드의 특성을 시험한다.</td></tr>
<tr><td rowspan="4">실습준비물</td><td>계측기</td><td colspan="2">• 오실로스코프
• 함수발생기
• 가변직류전원</td><td>1대
1대
1대</td></tr>
<tr><td rowspan="3">부 품</td><td>• 브레드보드</td><td></td><td>1개</td></tr>
<tr><td>• 저항</td><td>500Ω, 가변저항 10kΩ</td><td>1개</td></tr>
<tr><td>• 다이오드</td><td>1N4148, 1N4001, LED</td><td>각1개</td></tr>
</table>

I 이론

16.1 반도체 이론

반도체란 본래는 거의 전기가 통하지 않지만 빛이나 열, 또는 불순물을 가해주면 전기가 통하고 또한 조절도 할 수 있는 물질을 말한다. 한 개의 실리콘원자는 최외각에 4개의 전자를 가지는 4가 원소이며, 서로 이웃하는 전자끼리 굳게 결합함으로써 결정을 이루게 된다. 이러한 결합을 **공유결합**이라고 한다. 이런 순수한 실리콘에서는 원자핵에 결합되어 있는 전자가 움직일 수 없기 때문에 실리콘 외부에서 전압을 걸어도 전류는 흐르지 않으며 이를 **진성(Intrinsic)반도체**라고 한다.

이처럼 부도체나 다를 바 없는 진성반도체에 특정불순물을 집어넣고 외부에서 전압을 걸면 전류가 흐르기 시작한다. 불순물로 자신의 전기전도도를 조절할 수

Basic Experiments in Electric & Electronic Circuits

있는 반도체를 불순물(Extrinsic)반도체라고 한다. 불순물반도체에는 p형과 n형 두 가지가 있다. 순수한 실리콘, 즉 진성반도체에 3가 원소(B(붕소), Ga(갈륨), In(인듐))를 소량 넣어주면 전자가 비어있는 상태. 즉 정공(Hole)이 생긴다. 이 상태에서 실리콘에 전압을 걸어주면 전류가 흐르게 되는 것이다. 이를 **P형반도체**라고 한다. 여기서 **3가 불순물 원소는 (+)의 정전하인 정공을 공급하는 역할을 함을 알 수 있다. 이 불순물 원자를 억셉터(acceptor) 라고 한다.**

반면에 진성반도체에 5가 원소(P(인), As(비소), Sb(안티몬))를 소량 넣어주면 전자가 남는 상태, 즉 잉여전자가 생긴다. 이 상태에서 실리콘에 전압을 걸어주면 제자리를 못찾은 이 잉여전자가 자유전자가 되며 전류가 흐르게 되는 것이다. 이를 N**형반도체**라고 한다. **공유결합되고 남은 과잉전자를 주는 P와 같은 5가원소인 불순물을 도우너(donor)라고 한다.**

16.2 PN접합 다이오드

실리콘 결정에 절반을 n형으로 나머지 절반을 p형으로 도우핑(Doping)시켰을 때 pn접합이 형성되며, 이것을 pn접합 다이오드라고 부른다.

16.2.1 접합하기 전

p형 반도체와 n형 반도체를 접합시키기 전의 각 반도체의 상태를 개념적으로 아래 그림12.1에 표현하였다.

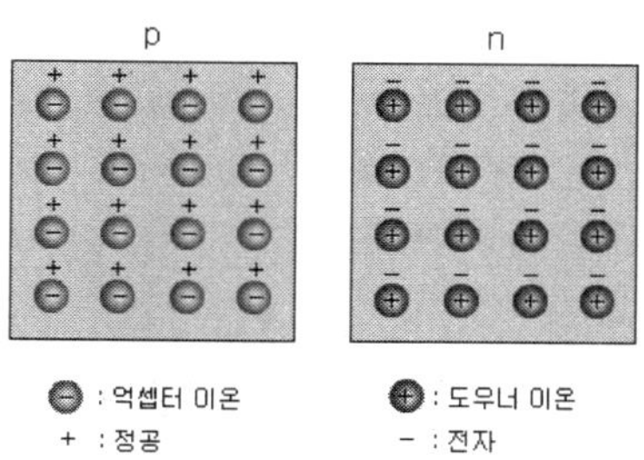

그림16.1 반도체 접합 전

16.2.2 접합이 이루어진 후

그림16.2는 n형 반도체와 p형 반도체를 접합한 후 PN접합이 이루어지는 과정을 나타낸 것이다. n형 쪽의 전자는 전자의 농도가 낮은 모든 방향으로 확산 하려고 하며, 이 확산은 접합면을 넘어서전자의 농도가 적은 p형 쪽으로 전자가 확산되어 들어간다. p형 쪽으로 확산해 들어간 전자는 소수 캐리어가 되며 많은 정공으로부터 둘러싸이기 때문에 전자는 쉽게 정공과 결합하게 된다. 따라서 소수 캐리어의 수명은 짧게 된다. 그러므로 정공은 소멸되며 그에 관련된 원자는 음전하를 띠게 된다. 한 개의 전자가 접합면은 넘을 때마다 한 쌍의 이온은 만든다. 이 이온은 공유결합 때문에 결정구조 안에 고정되어 있고, 전도대 전자나 정공처럼 움직일 수 없다. 이온이 점점 생성됨에 따라 접합면 부근에는 자유전자와 정공이 없어지게 되는데 이 영역을 **공핍층** 이라고 한다. 처음에는 공핍층이 어느 정도까지 확대되는데 어느 순간이 되면 공핍층 내에 있는 이온으로 인해 생겨난 전계(Electric Field)로 인하여 더 이상 전자가 pn접합면을 넘을 수 없게 되어 더 이상 공핍층이 확대되지 않게 된다. 이를 평형상태라 한다.

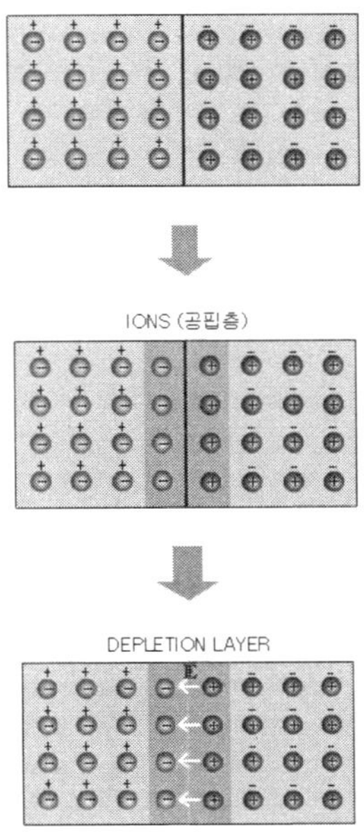

그림16.2 접합 후 과정

16.2.3 전위 장벽

공핍층 내에서 형성된 전계에 의해 더 이상 접합면을 넘어가는 전자가 존재하지 않게 된다는 것은 공핍층 양단에 전위차가 존재한다는 의미이다. 이 전위차를 전위장벽(Potential Barrier)라 하며, 만일 외부에서 이 장벽전위를 극복할 수 있도록 바이어스 전압을 인가하게 되면 전자는 접합면을 이동할 수 있게 된다. 장벽 전위는 Si인 경우 대략 0.7V 정도 이고 Ge의 경우에는 0.3V 정도이다. 그림16.3은 전위장벽을 나타낸 것이다.

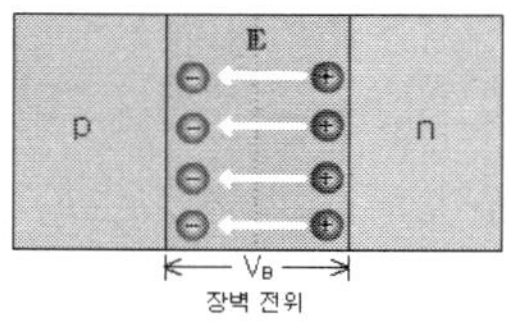

그림16.3 전위 장벽

그림 16.4는 PN접합의 기본인 다이오드를 나타낸 것이다. 그림(b)는 다이오드 기호이며 A는 anode(양극)으로 전류가 흘러 들어가는 쪽의 전극이고, C는 cathode(음극)는 전류가 흘러나오는 쪽이라고 한다. 이와 같이 PN 접합다이오드는 한쪽방향으로만 전류를 통과시키는 단일방향 특성을 가지고 있다. 따라서 다이오드는 동작상태에 따라 ON/OFF 되는 이상적인 스위치로 생각할 수 있다.

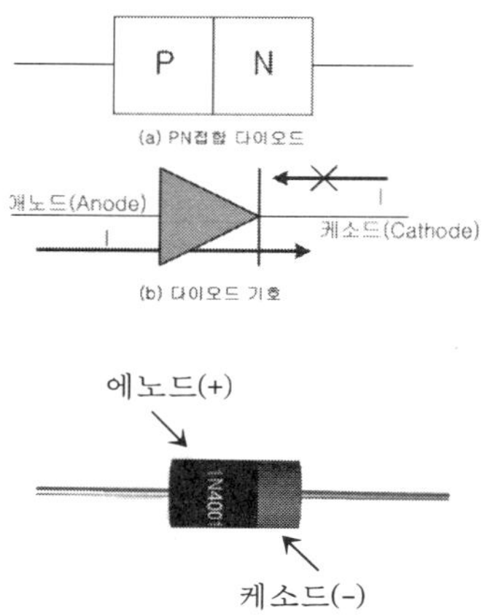

그림16.4 PN 접합다이오드

다이오드는 외부로 전압을 가하여 동작을 시키는데, 이 전압을 바이어스(bias)전압이라고 한다. 바이어스전압은 전압이 가해지는 방향에 따라 (+)방향으로 가해지면 순방향 바이어스, (-)방향이면 역방향 바이어스라고 한다.

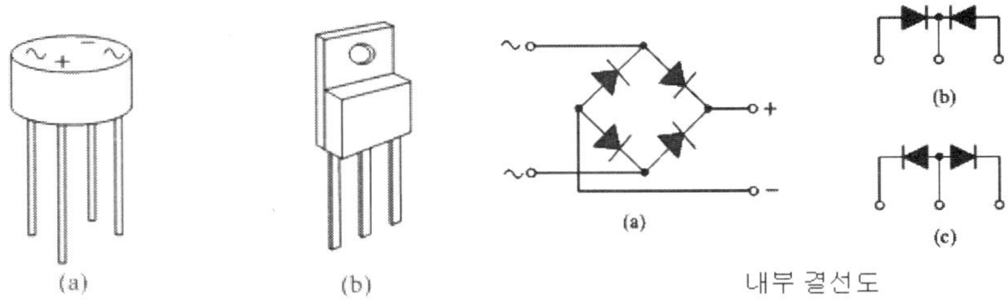

(a) 브리지 다이오드 (b) 다이오드 두 개를 한 패키지에 넣은 것

그림16.5 한 개 이상의 다이오드를 한 개의 패키지에 넣은 것

16.3 바이어스

그림 16.6는 순방향 및 역방향 바이어스에 대하여 나타내었다. 그림 16.6 (a)의 순방향 바이어스 회로도는 다이오드의 애노드(A)를 전원의 (+)로 캐소드(C)를 전원의 (-)로 연결한다. 이때 다수캐리어의 이동에 의하여 큰 전류가 흐르게 되고 저항은 매우 작다. 아래 그림은 순방향 바이어스일 때 다이오드를 스위치 ON으로 나타내고 있다.

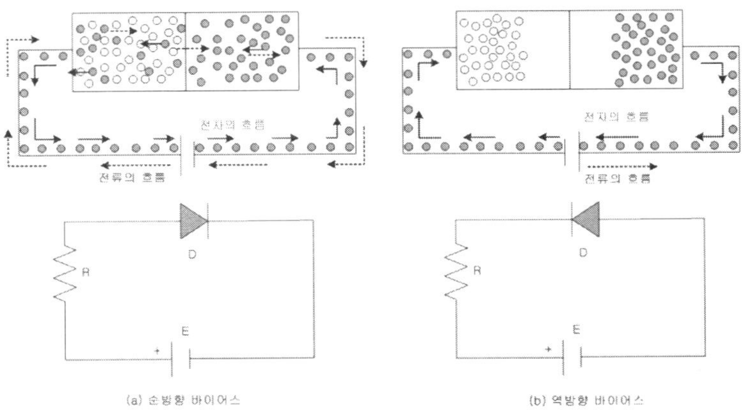

그림16.6 다이오드의 순방향 접속과 역방향 접속

그림 16.6 (b)의 역방향 바이어스 회로도는 다이오드의 애노드 (A)를 전원의 (-)로 캐소드(C)를 전원의 (+)로 연결한다. 이때에는 소수캐리어의 이동에 의하여 거의 0인 작은 전류가 흐르게 되고 저항은 매우 크다. 아래 그림은 역방향 바이어스일 때 다이오드를 스위치 OFF으로 나타내고 있다.

이상적인 경우 순방향 바이어스일 때는 저항값은 0, 역방향 바이어스일 때는 저항값은 ∞이다. 순방향 바이어스이면 전류 I는 지수함수로 증가하게되고, 역방향 바이어스이면 $I = -I_S$가 되어 아주 작은 전류 (거의 0)가 흐른다. 따라서 이상적인 PN 접합 다이오드의 전압-전류의 특성은 그림 16.7과 같다.

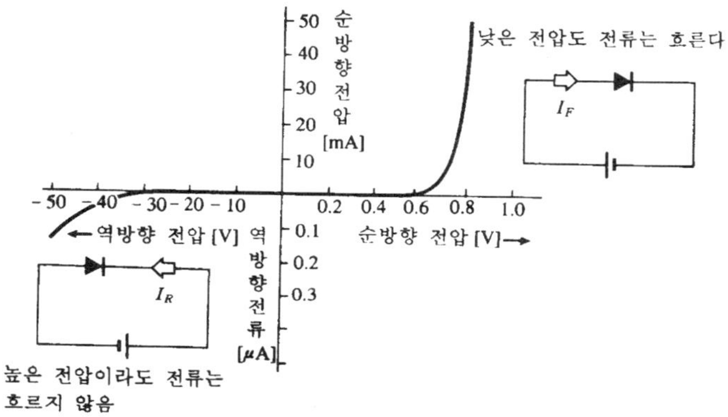

그림16.7 PN 접합다이오드의 V-I 특성

순방향 전압이 장벽전위 (Si : 0.7V, Ge : 0.3 V)와 비슷하면 전류는 증가하기 시작하고, 장벽전위에 도달하면 전류는 급격히 증가한다. 역방향 전압을 증가하면 항복전압이 될 때까지는 전류는 거의 0이 되고, 항복전압이 되면 큰 역방향 전류가 흐르게 되어 다이오드가 파괴될 수도 있다.

16.4 저항계를 이용한 다이오드 시험법

정상으로 동작하는 다이오드를 저항계로 시험하면 낮은 순방향 저항과 높은 역방향 저항을 나타난다. 순방향 저항 측정은 저항계의 (+)단자를 다이오드의 애노드에, (-)단자를 다이오드의 캐소드에 연결하면 된다. 이렇게 연결하면 전류가 흐르고, 순방향 저항은 낮은 저항값이 측정된다. 또한 역방향 저항 측정은 저항계의 리이드선을 순방향 측정과 반대로 연결한다. 이렇게 연결하면 역방향 바이어스가 인가되어 전류는 거의 흐르지 않고 높은 저항값이 측정된다. 만약에 다이오드의 극성에 관계없이 매우 낮은 또는 매우 높은 저항값으로 측정되면 다이오드가 손상되었음을 나타낸다.

16.5 발광다이오드(LED)

반도체의 pn접합에 전류를 흘려 빛이 방출되도록 한 다이오드를 말하며, LED라고도 한다. 발광 다이오드의 색은 발광다이오드를 만드는 물질에 따라 달라지게 되며 실리콘 대신 Ca(칼륨), As(비소), P(인)의 화합물을 사용한다. 발광 다이오드의 특징은 전구에 비해 수명이 길고 열이 없고 4색(빨강, 초록, 주황, 노랑)을 발하며 일반 다이오드보다 순방향 전압이 높다 (1.2-1.3V, 10-20mA)

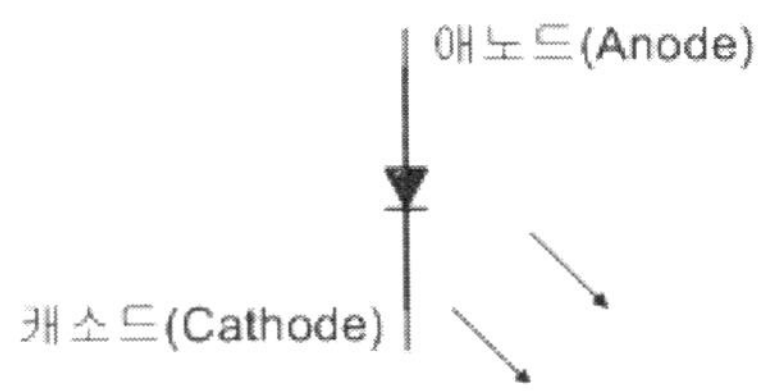

발광다이오드에 과전류를 방지하기 위한 저항은 다음 식으로 구한다.

저항 $= \frac{\text{전원전압} - \text{발광다이오드의순방향전압}(1.2 - 1.3\,V)}{\text{발광다이오드에흘리고싶은전류}(10 - 20mA)}$ 이다 예를 들어 전원이 12V이면 $\frac{12 - 1.2}{0.01} = 1000 \simeq 1k\Omega$이다

16.6 제너다이오드(Zener Diode)

16.6.1 제너다이오드의 동작

제너다이오드는 PN접합의 역방향 전압 특성을 이용하는 Diode이다. 제너다이오드는 역방향으로 전압이 가해졌을 경우 항복전압 Vz에 도달하기까지 역방향 전류는 무시할 수 있다. 그러나 Vz에서는 급경사적으로 나타나므로 전류는 거의 수직적으로 나타난다. 대부분의 항복영역구간에 걸쳐 입력전압이 증가하여도 출력전압은 Vz와 같게 된다. 따라서 제너다이오드는 일정한 전압을 얻기 위해 사용한다. 다시 말해서, 정전압 발생기로 주로 사용한다. 일반적으로 제너 전압은 약 2.4 [V] ~ 200 [V]까지 존재한다. 제너다이오드의 소비전력 Pz는 Pz = Vz * Iz로 표현되는데 이 값이 최대치 이하인 경우는 제너다이오드가 파손되지 않고 원상 복귀된다. 제너다이오드의 정격용량은 1/4 ~ 50[W]정도이다.

그림 16.8 (a)는 제너 다이오드를 표시하는 기호이다. 제너 다이오드의 전압-전류 특성은 일반적인 접합 다이오드와는 달리 역방향 바이어스에서 전압-전류 특성을 갖는다. 그림 16.8 (b)는 제너 다이오드의 전압-전류 특성곡선을 나타낸다.

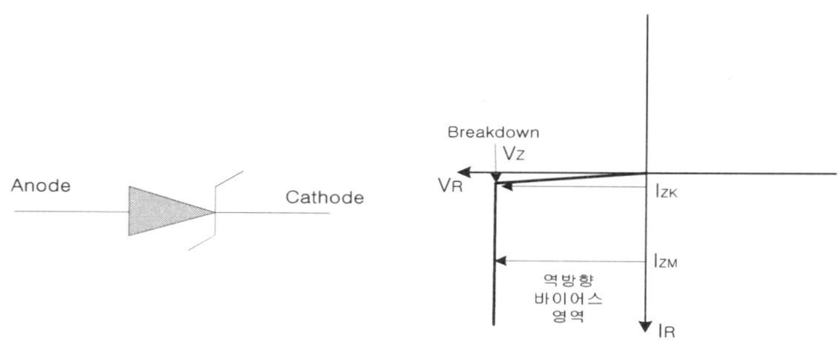

(a) 기호 (b) 전압-전류 특성

그림16.8 제너 다이오드

16.6.2 전압조정(Voltage regulation)

제너 다이오드는 출력 부분의 전류가 변해도 출력 측의 전압을 일정하게 유지시켜 주는 전압조정기 역할을 한다. 그림16.9은 제너다이오드를 이용한 전압조정기 회로를 나타낸다.

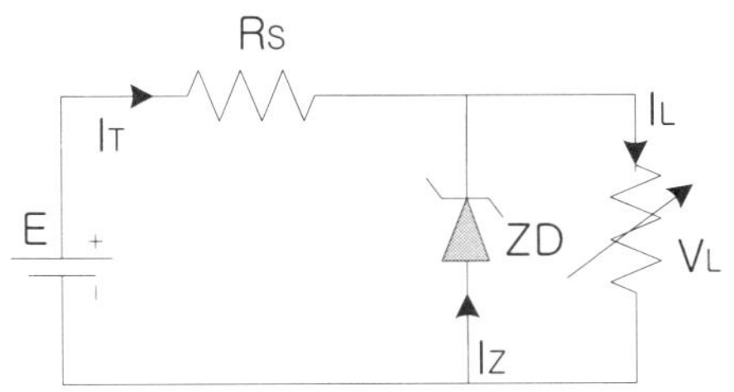

그림16.9 제너 다이오드를 이용한 전압조정기 회로

제너다이오드는 부하저항 R_S와 병렬로 접속되어 전원전압의 출력이나 부하저항의 변화에 관계없이 부하양단의 전압을 일정하게 유지하는데 사용된다. 전류제한 저항(R_S)과 제너다이오드의 정격치는 회로에 따라 선택되어진다. I_L이 5mA에서 20mA까지 변하는 부하에 대해 일정출력 $V_{OUT} = 10\,V$가 요구된다고 가정하면 전력은 20V의 직류 전원전압으로부터 회로에 공급된다. 그림16.9의 회로에서 위의 특성을 갖는 회로를 설계해 보자. 우선 V_Z=10V인 제너다이오드를 선택한다. 또한 다이오드의 제너 전류 I_Z는 부하전류 변동에 관계없이 총 전류 I_T를 30mA로 유지할 수 있을 정도로 충분히 크다고 가정한다. 그림16.9에 키르히호프 전압법칙을 적용하면 저항 R_S는 식(16.1)에서 구할 수 있다.

$$E = I_T \times R_S + V_{OUT}$$

$$R_S = \frac{E - V_{OUT}}{I_T} \qquad (16.1)$$

E=20V, V_{OUT}=10V, 그리고 $I_T = 30mA$를 식(16.1)에 대입하면

$$R_S = \frac{20-10}{30 \times 10^{-3}} = 333\,\Omega$$ 을 얻는다.

R_S의 전력 정격은 다음과 같이 구할 수 있다.

$W = \frac{V^2}{R_S} = \frac{10^2}{333} = 0.3\,W$ 실제로는 이보다 더 큰 용량의 저항을 선택하는 것이 바람직하다. 즉 1W $330\,\Omega \pm 5\%$의 저항을 사용하면 적당하다.

Ⅱ 실험

실험 1

(가) 다이오드를 이용하여 그림16.10의 회로를 구성하시오.

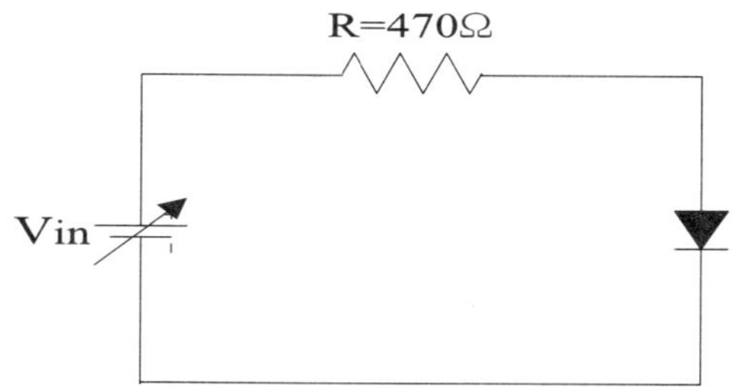

그림16.10 다이오드 순방향 전류-전압 특성 측정 회로

(나) 그림16.10의 회로에 표16-1에 주어진 것과 같이 Vin을 가변 시켜 다이오드에 흐르는 전류를 측정하여 표16-1에 기록하시오.

표16-1 1N4001의 순방향 특성

순방향 전압(V)	.2	.4	.6	.8	1	2	3	4	5
전류									

실험 2

(가) 다이오드의 역방향 전류-전압 특성을 측정하기 위해 그림16.10의 회로에서 다이오드를 역방향으로 설치한다. 그리고 실험1에서와 같은 방법으로 Vin을 표16-2의 전압값으로 가변 시켜 다이오드에 흐르는 전류를 측정하여 표16-2에 기록하시오.

(나) 표16-1과 표16-2의 결과값을 그림16.11에 그리시오.

표16-2 1N4001의 역방향 특성

역방향 전압(V)	0	2	4	6	8	10	12	15	18	20	22
저항양단전압											
다이오드전류											

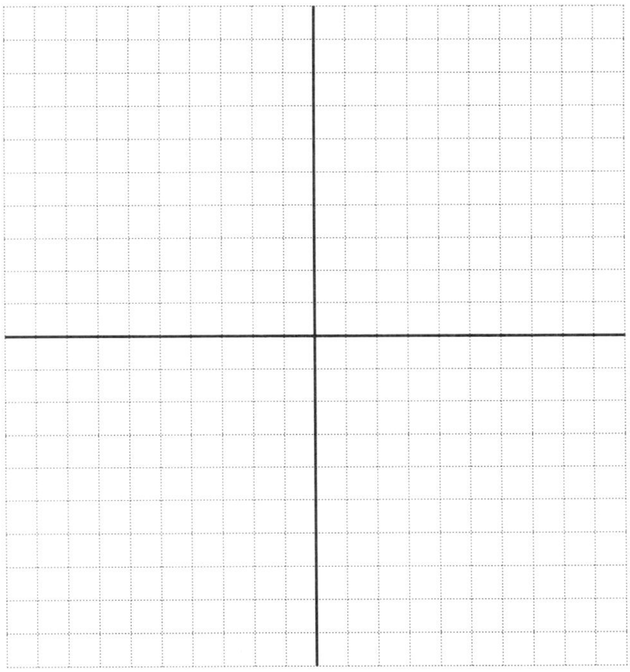

그림16.11 다이오드 특성 곡선

실험 3

(가) 그림16.12의 회로에서 LED를 발광하기 위해서는 얼마의 저항값이 필요한지를 계산하시오.

R=________________[Ω]

(나) 그림16.12의 회로를 구성하여 LED의 동작상태를 확인하시오.

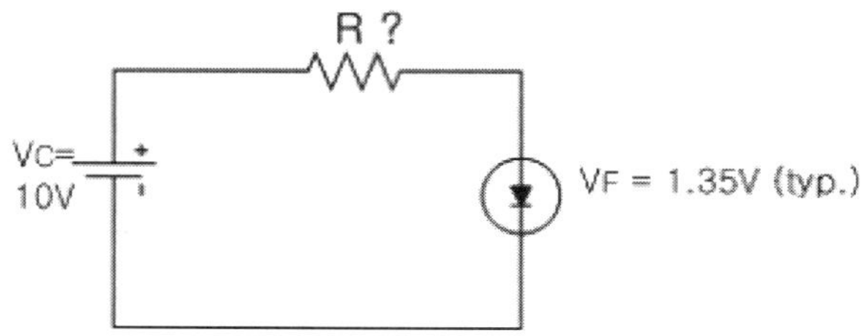

그림16.12 LED 회로 실험

실험 4

(가) 그림16.13 회로를 구성하시오.

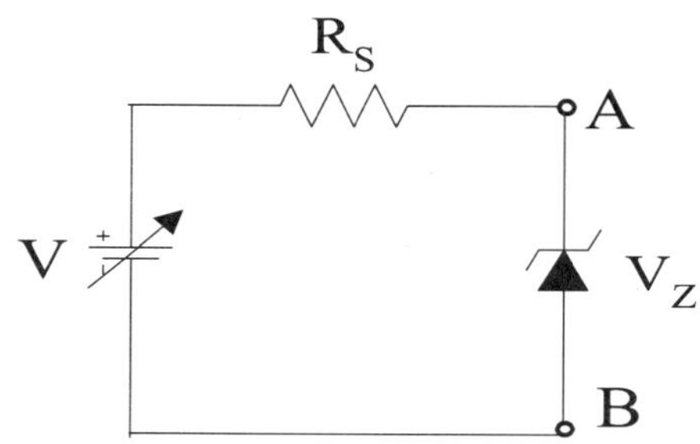

(R_s=500 [Ω])

그림16.13 제너다이오드 실험회로

(나) 전원공급기로 전압 V를 조정하여 표16-3에 있는 전압 V_{AB}를 맞추어서 제너 다이오드 전류 I_Z를 측정하여 기록하시오.

표16-3

V_{AB} (V)	0	1	5	6	7	8	9	10	11
V (V)									
I_Z (mA)									
R_Z (Ω)									
V_{AB} (V)	12	13	14	15	16	17	18	19	20
V (V)									
I_Z (mA)									
R_Z (Ω)									

(다) 다이오드 저항 R_Z는 계산하여 표16-3에 기록하시오. 이때 다이오드의 전격전력($P_Z = V \times I$)을 초과하지 않도록 주의해야 된다.

($R_Z = \frac{V_{AB}}{I_Z}$ 를 이용하면 된다.)

(라) 그림 18.3의 제너다이오드의 방향을 반대방향으로 바꾼다.

(마) 전원공급기 V를 조정하여 표 18.2에 있는 순방향 전압 V_{AB}에 따라 전류를 측정하여 기록하시오.

표16-4

V_{AB} (V)	0	0.1	0.2	0.3	0.4	0.5	0.6	0.7	0.9
V (V)									
I_Z (mA)									
R_f (Ω)									

(바) 다이오드 순방향 저항 R_f를 계산하여 표16-4에 기록하시오.

($R_f = \frac{V_{AB}}{I_Z}$ 를 이용하면 된다.)

(사) 표 18.1과 18.2를 이용하여 제너다이오드의 특성곡선을 그리시오.

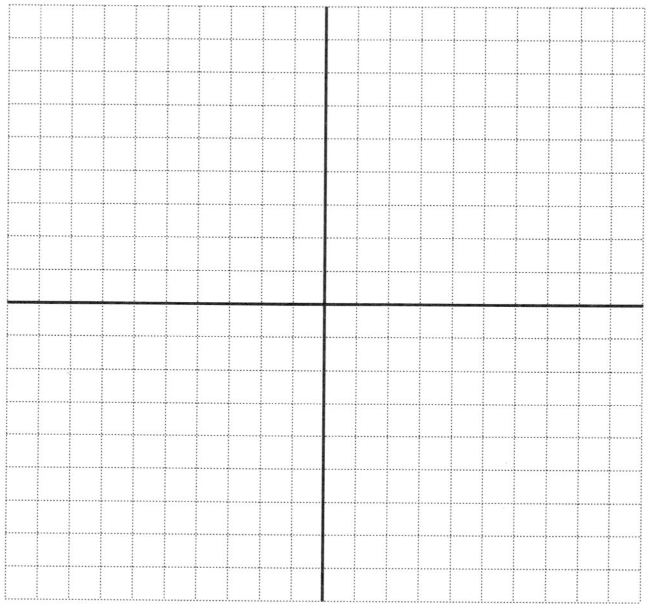

그림18.4 제너 다이오드 특성곡선

실 험 보 고 서

실험제목			실험일자	
학년	반	학번	실험조	성명

실험 1

순방향 전압(V)	.2	.4	.6	.8	1	2	3	4	5
전류(I_d)									

절
취
선

실험 2

역방향 전압(V)	0	2	4	6	8	10	12	15	18	20	22
저항양단전압											
다이오드전류											

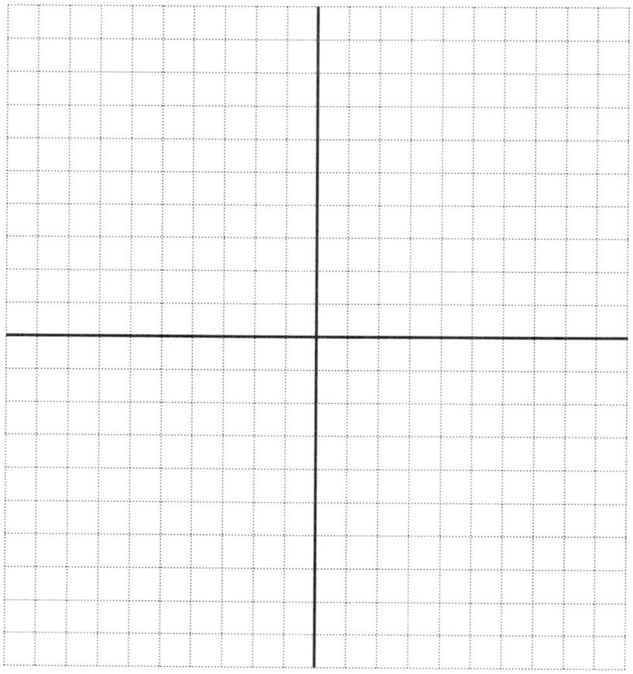

실험 3

R=________________[Ω]

실험 4

V_{AB} (V)	0	1	5	6	7	8	9	10	11
V (V)									
I_Z (mA)									
R_Z (Ω)									
V_{AB} (V)	12	13	14	15	16	17	18	19	20
V (V)									
I_Z (mA)									
R_Z (Ω)									

V_{AB} (V)	0	0.1	0.2	0.3	0.4	0.5	0.6	0.7	0.9
V (V)									
I_Z (mA)									
R_f (Ω)									

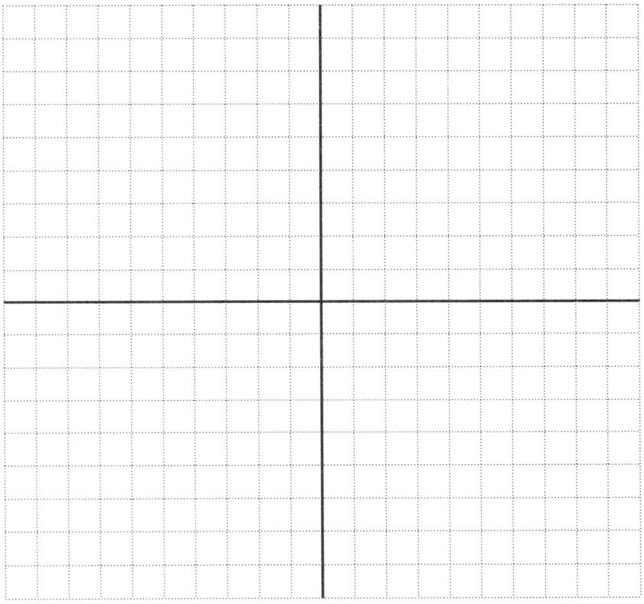

절취선

실험 17 정류회로

실습목적	다이오드를 이용한 교류신호의 정류작용(반파정류, 전파정류) 특성을 이해하고 실험으로 확인한다.			
실습준비물	계측기	• 오실로스코프		1대
		• 함수발생기		1대
		• 가변직류전원		1대
	부 품	• 브레드보드		1개
		• 저항	470Ω(0.5W), 10kΩ	1개
		• 트랜스포머	220V	1개
		• 캐패시턴스	1uF, 10uF, 100uF, 1000uF	각1개
		• 다이오드	1N4001	4개

I 이론

17.1 반파 정류회로

그림 17.1은 다이오드 한 개로 구성된 반파 정류회로(half wave rectifier circuit)라 한다. 반파 정류회로는 다이오드의 입력 교류 전압의 반주기만을 출력으로 이용할 수 없으므로 효율이 나쁘고 맥동률(리플 백분율)이 크다. 이와 같은 출력 전압은 방향은 변하지 않으나 크기만이 주기적으로 변화하고 있으므로 맥동 전압이라 한다.

이 회로에서는 다이오드 D와 부하저항 R이 직렬로 연결되어 있으며 변압기 2차측에 AC 12V 정현파를 만들어, 다이오드에 인가하면 신호의 한 주기 중 정(+)의 반주기는 순방향 바이어스가 되어 부하저항 R양단에 출력 V_O가 나타난다. 이와 반대로 부(-)의 반주기는 역방향 바이어스가 되어 다이오드에는 전류가 흐르지 않아서 부하저항 R에 출력값이 나타나지 않는다. 반파정류는 그림의 출력전압 V_O파형처럼 반주기에서 출력이 나타나고, 나머지 반주기에는 출력이 나타나지 않는 것을 반파정류라고 한다.

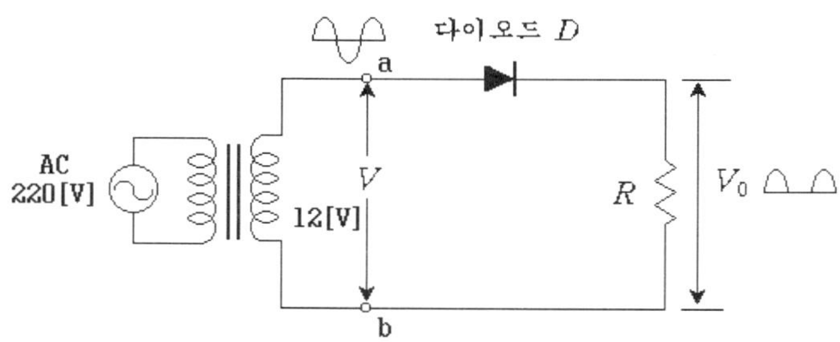

그림17.1 반파 정류회로

17.2 전파 정류회로(full wave rectifier circuit)

입력전압이 정(+)·부(-) 언제이든지 2개의 다이오드 중 한개는 항상 도통 상태가 되어 부하저항 R에는 전류가 흘러서 출력전압이 나타나는 것을 전파정류라고 한다.

(1) 중간 탭형 전파 정류회로

그림17.2는 중간 탭형 전파 정류회로로서 a, b간의 전압이 정(+)의 반주기간에서는 D_1이 도통하지만 b, c 간의 전압은 이때 부(-) 반주기간이므로 D_2 는 도통되지 않는다. 반주기가 지나면 a, b 간의 전압이 부(-) 반주기간이므로 D_1 이 도통되지 않고, b, c간의 전압이 정(+)의 반주기가 되므로 D_2 가 도통한다. 따라서, 저항 R의 단자에서는 입력 교류 전압의 전 주기에 걸쳐서 방향이 변하지 않는 출력 전압을 얻을 수 있다.

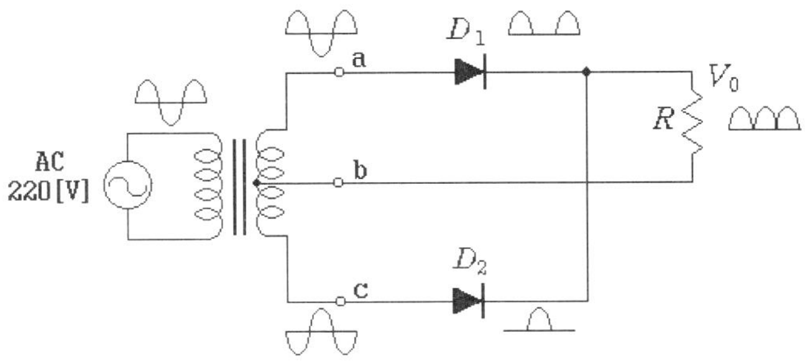

그림17.2 중간 탭형 전파 정류회로

(2) 브리지형 전파 정류회로

그림17.3은 다이오드 4개를 브리지(bridge) 형으로 접속한 브리지형 전파 정류회로로서 가장 널리 사용되는 회로이다. 입력 교류전압이 정(+)의 반주기가 되면 점 a가 점b보다 전위가 높아져서 $D_1 \rightarrow R \rightarrow D_2$의 회로로 순방향 전압이 가해져서 점c에서 R을 통하여 점d에 향해 전류가 흐른다. 또한, 입력교류전압이 부(-)의 반주기가 될 때는 점 b가 점 a보다 전위가 높아져서 $D_3 \rightarrow R \rightarrow D_4$의 회로에는 순방향 전압이 가해져서 점 c에서 R을 통하여 점 d로 전류가 흐른다. 따라서, 저항 R의 단자에서는 그림에서와 같이 전파 정류의 출력 전압이 얻어진다.

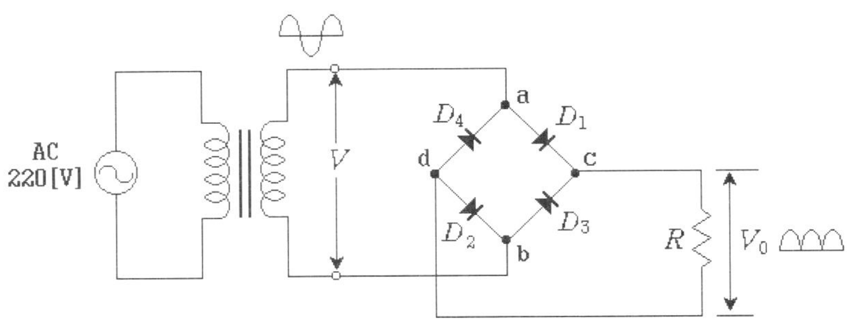

그림17.3 브리지형 전파 정류회로

Basic Experiments in Electric & Electronic Circuits

17.3 평활 회로

정류회로의 출력전압은 반파 정류에도 전파 정류에도 많은 리플분을 포함하고 있다. 따라서, 리플분 성분을 없애고 매끈한 직류전압을 얻을 수 있는 회로가 필요한데, 이 회로를 평활 회로(smoothing circuit) 또는 필터(filter)라 한다. 따라서, 평활 회로에는 정류 소자로 정류한 후 부착하게 된다. 평활 회로에는 콘덴서와 코일 등이 사용된다.

그림17.5(a)는 평활용 소자로서 콘덴서를 사용하고 C와 R에 의해 구성된 가장 간단한 평활 회로이다. 그 동작은 다음과 같다.

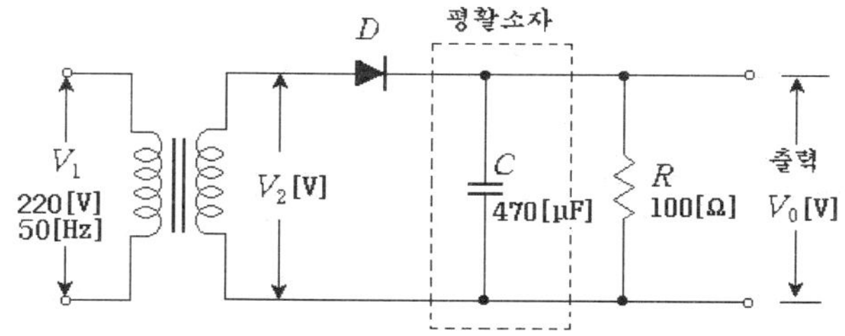

(a) 회로 구성

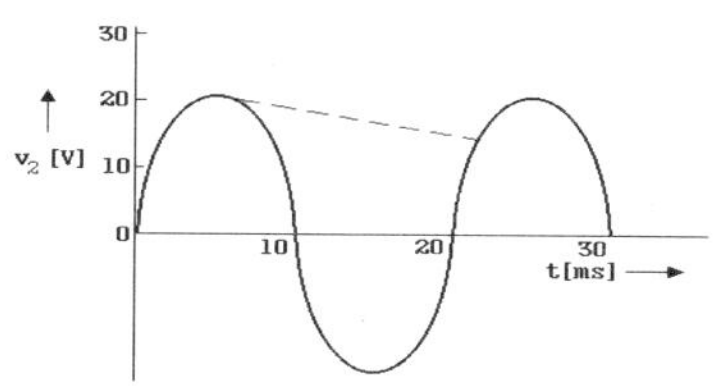

(b) 다이오드의 입력 파형

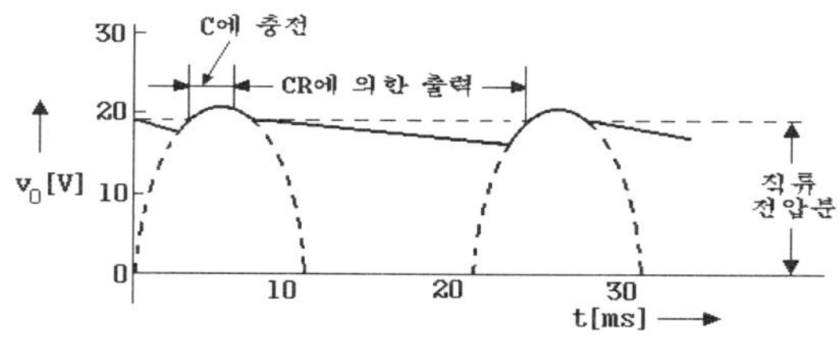

(c) 평활 회로 출력 파형

그림17.5 평활 회로

콘덴서 C는 그림 (c)와 같이 그림 (b)의 최대값까지 충전된다. 그래서 다이오드에 입력 전압 V_2가 다이오드의 출력 전압 V_0보다 낮을 때 $V_2 < V_0$의 시간에 있어서는 C에 충전된 전압이 저항 R을 통하여 방전된다.

따라서 출력 전압은 그림 (c)의 실선과 같이 되어 맥동 전압의 변동이 감소되고 출력전압의 평균값 즉, 직류 전압분은 파선부분이 된다. 그림 (a)의 회로에 있어서 R을 일정하게 하고 C의 용량을 크게 하면 출력은 평탄하게 된다. 그러나, C의 용량이 너무 크면 큰 충전전류가 흘러 다이오드를 파손할 위험이 있다. 일반적으로 C의 용량은 50∼470 [㎌]의 것이 사용된다.

Ⅱ 실험방법

실험 1 반파정류회로

(가) 그림 17.6의 회로를 구성하시오.

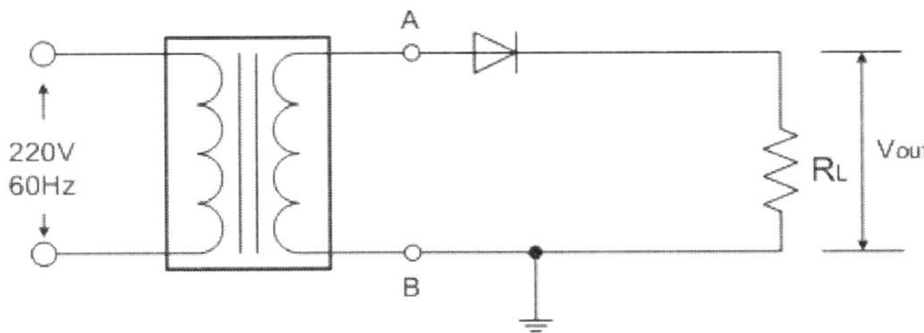

(R_L=470Ω)

그림17.6 반파정류회로 실험

(나) 트랜스포머를 전원(220V) 플러그에 꽂고 A-B사이의 전압파형을 그림17.7에 그리시오

(다) 반파정류 회로의 출력 V_{out}인 저항 R_L양단의 신호를 오실로스코프로 측정하여 파형을 그림 17.7에 그리시오.

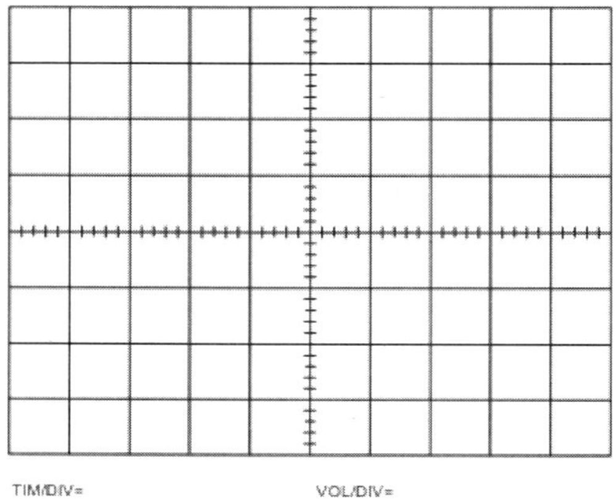

그림17.7

실험 2

(가) 그림17.8의 회로를 구성하시오.

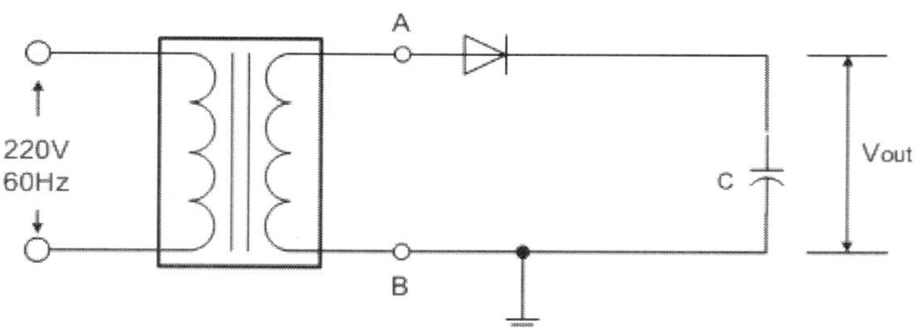

그림17.8 평활회로 (C=1μF, 10μF, 100μF, 1000μF)

(나) 회로의 출력 V_{out} 을 오실로스코프로 측정하여 파형을 그림 17.9의 Vout에 그리시오.

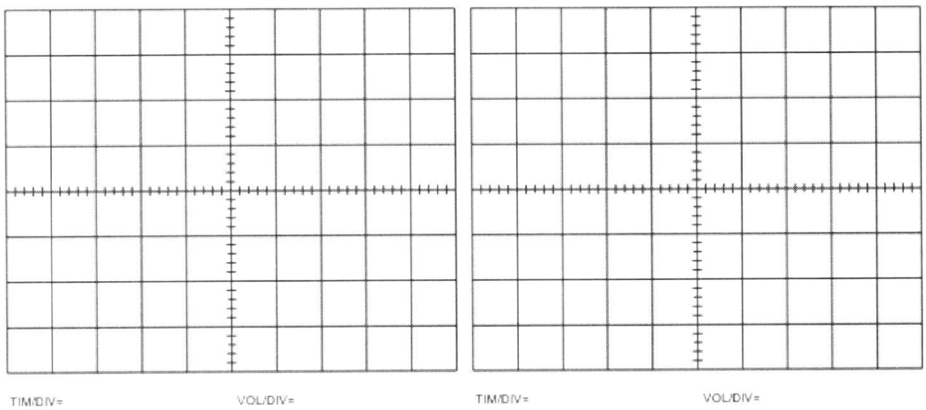

(a) C=1㎌, 10㎌ (b) C=100㎌,1000㎌

그림17.9

실험 3

(가) 트랜스포머를 전원(220V) 플러그에 꽂고 A-B사이의 전압파형을 그림17.11에 그리시오

(나) 그림17.10의 브리지 전파 정류회로를 결선하고, V_{A-B}, V_{OUT} 신호를 오실로스코프로 측정하여 그 결과를 그림17.11에 그리시오.

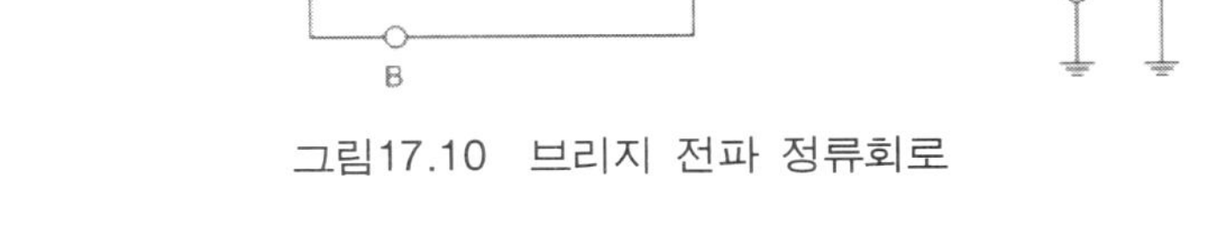

그림17.10 브리지 전파 정류회로

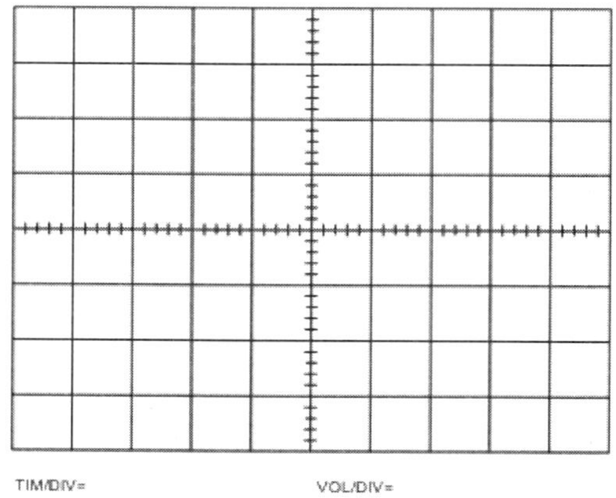

그림17.11

실험 4

(가) 그림17.12의 브리지 전파 정류회로를 결선하고, 캐패시터 1㎌를 연결한 후 V_{OUT} 신호를 오실로스코프로 측정하여 그 결과를 그림17.13에 그리시오.

(나) 캐패시터를 10㎌,100㎌, 1000㎌으로 바꾸고 실험(가)를 측정한 후 그림17.3에 그리시오.

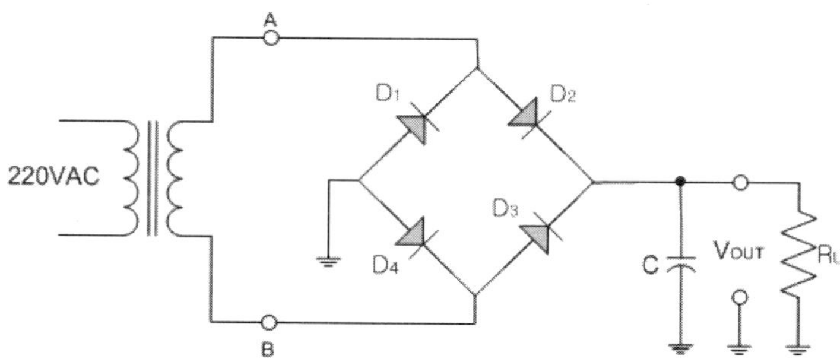

그림17.12 평활 회로 (C=1μF,10μF,100μF,1000μF)

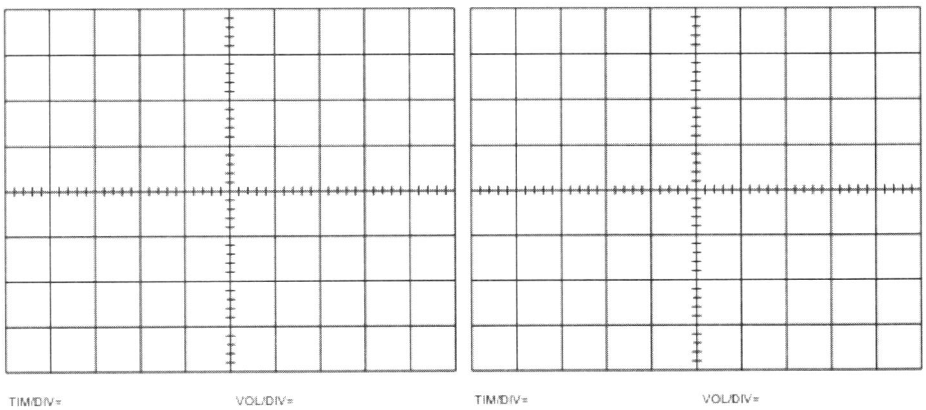

(a) C=1㎌, 10㎌ (b) C=100㎌,1000㎌

그림17.13

실험 5

(가) 그림17.14의 회로를 구성하시오.

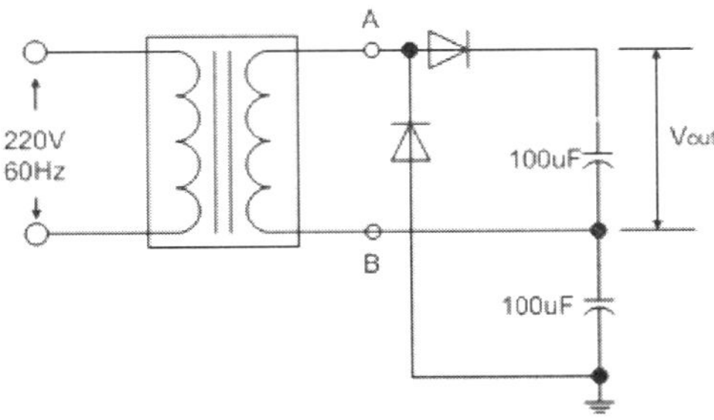

그림17.14

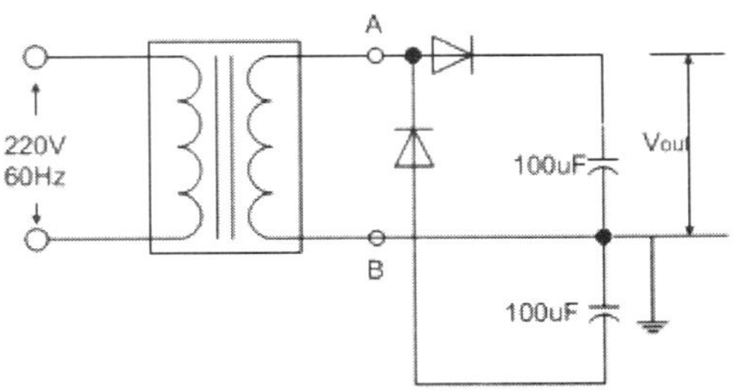

그림17.15

(나) 회로의 출력 V_{out}을 오실로스코프로 측정하여 파형을 그림 17.16(a)의 Vout 에 그리시오.

(다) 그림17.15의 회로를 구성하시오.

(라) 회로의 출력 V_{out}을 오실로스코프로 측정하여 파형을 그림 17.16(b)의 Vout 에 그리시오.

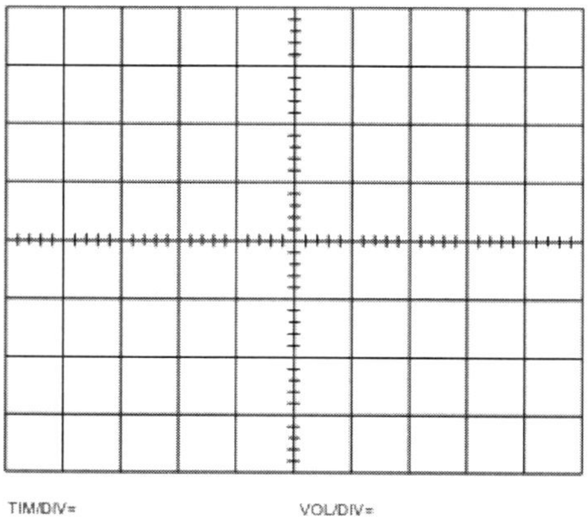

(a)

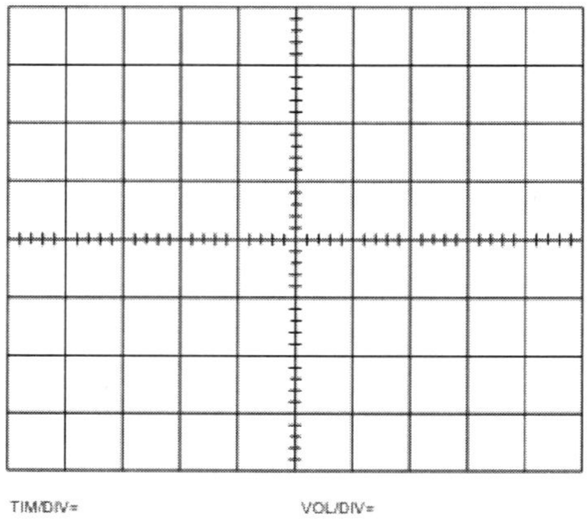

(b)

그림17.16

실 험 보 고 서

실험제목			실험일자	
학년	반	학번	실험조	성명

절
취
선

실험 1

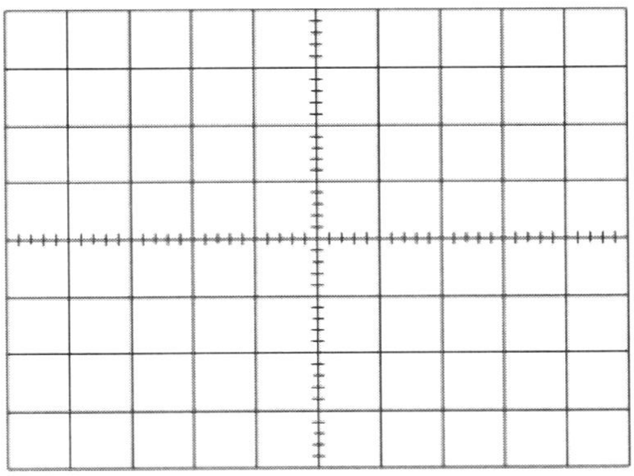

TIM/DIV= VOL/DIV=

실험 2

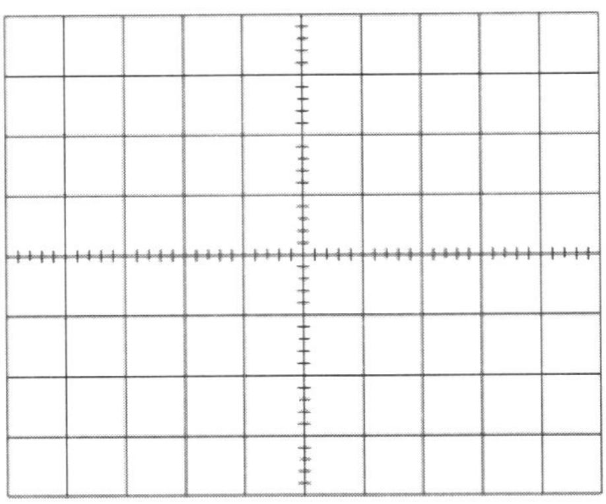

TIM/DIV= VOL/DIV=

(a) C=1μF, 10μF

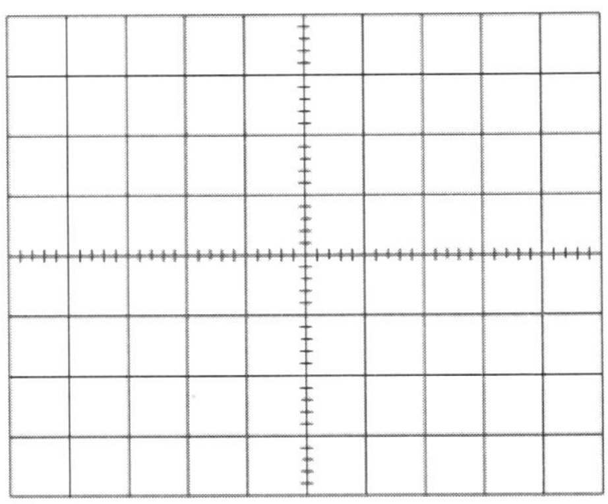

TIM/DIV= VOL/DIV=

(b) C=100μF,1000μF

실험 3

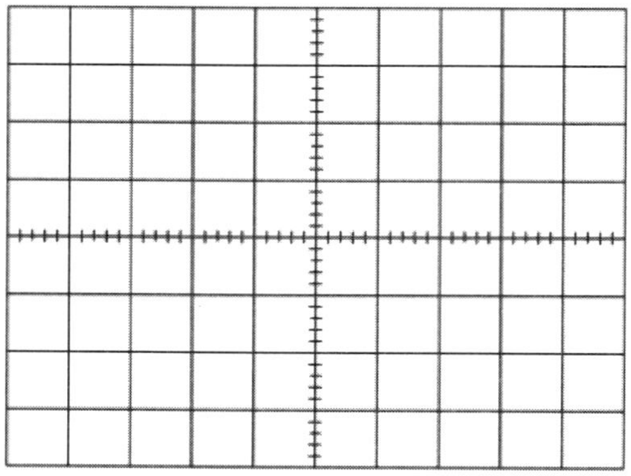

TIM/DIV=　　　　VOL/DIV=

실험 4

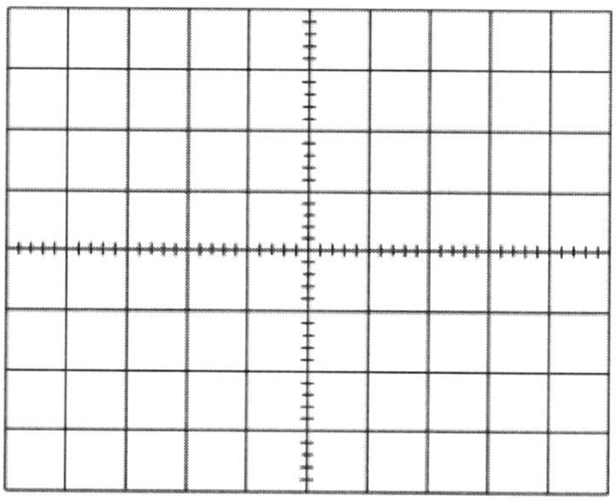

TIM/DIV=　　　　VOL/DIV=

(a) C=1㎌, 10㎌

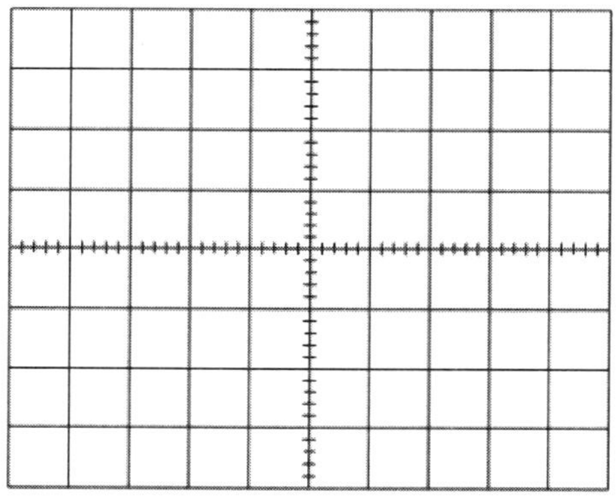

TIM/DIV=　　　　VOL/DIV=

(b) C=100㎌,1000㎌

실험 5

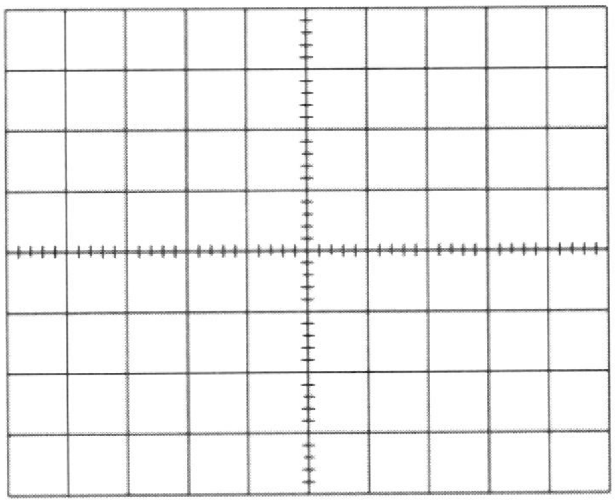

TIM/DIV= VOL/DIV=

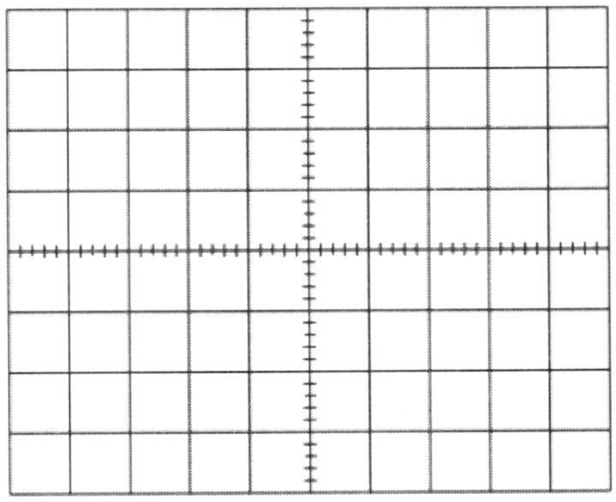

TIM/DIV= VOL/DIV=

절취선

실험 18 클리퍼, 클램프회로

<table>
<tr><td>실습목적</td><td colspan="4">• 다이오드 클리퍼의 동작원리를 이해하고 실험으로 확인한다.
• 다이오드 클램프의 동작원리를 이해하고 실험으로 확인한다.</td></tr>
<tr><td rowspan="5">실습준비물</td><td>계측기</td><td colspan="2">• 오실로스코프
• 함수발생기
• 가변직류전원</td><td>1대
1대
1대</td></tr>
<tr><td rowspan="4">부 품</td><td>• 브레드보드</td><td></td><td>1개</td></tr>
<tr><td>• 저항</td><td>1kΩ, 1.2kΩ, 120kΩ</td><td>1개</td></tr>
<tr><td>• 캐패시턴스</td><td>0.1uF</td><td>1개</td></tr>
<tr><td>• 다이오드</td><td>1N4001</td><td>2개</td></tr>
</table>

I 이론

18.1 클리퍼(clipper)회로

어떤 신호의 상하 일부를 자르거나 일정한 전압으로 제한하는 회로를 클리핑(clipping)회로 또는 리미터(limiter)라 한다. 이것은 다이오드를 이용해 만들 수 있으며, 다이오드를 스위치로서 이용하는 것이다. 그림18.1은 (+)반주기를 제한하기 위한 클리퍼회로이다. (+)반주기 동안에 다이오드는 역방향으로 바이어스된다.

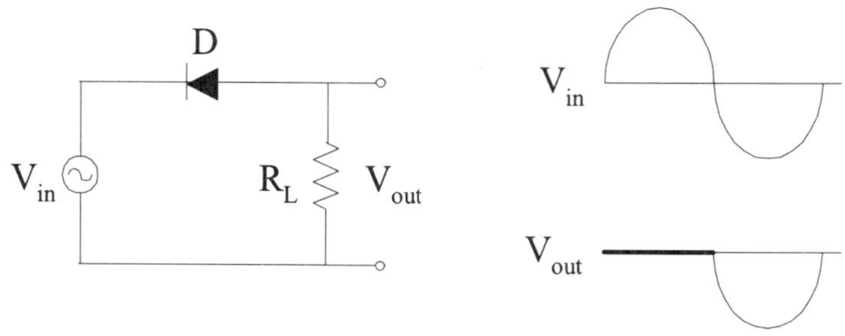

(a) 회로도 (b) 입출력 파형

그림18.1 (+)반주기를 제한한 클리퍼회로

따라서 회로에는 전류가 흐르지 않으므로 R_L 양단의 출력전압 v_0는 0V가 된다. (-) 반주기 동안에는 다이오드는 순방향으로 바이어스 되어 저항 R_L에 전류가 흐르게 된다. 따라서 저항 양단의 출력전압 v_{out}는 (-) 반주기 동안에만 나타나게 된다. 그림 18.2는 다이오드를 그림18.1에 대해 반대로 접속하여 (-)클리퍼로 되는 것을 보인다.

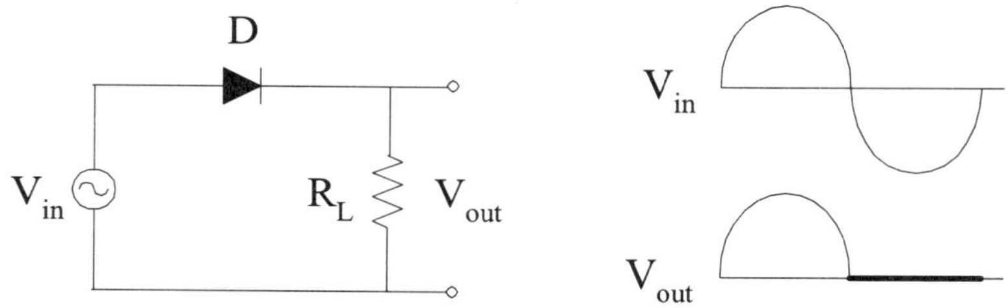

(a) 회로도 (b) 입출력 파형

그림18.2 (-)반주기를 제한한 클리퍼회로

그림 18.3은 (+) 변곡점을 갖는 병렬 클리퍼회로를 나타낸다. 회로에서 입력 신호가 V_R보다 크면 다이오드 D는 on 상태가 되며 다이오드의 애노드 전압은 캐소드 전압 보다 다이오드 순방향전압(V_f)만큼 더 높게 되고, 애노드 단자의 전압은 $V_R + V_f$와 같다. 그리고 입력 전압이 V_R보다 낮으면 다이오드는 off 상태가 되므로 출력 전압은 V_{in}과 같다. 즉, 이 회로는 입력 전압이 V_R보다 더 높아지면 잘라버리는 역할을 한다.

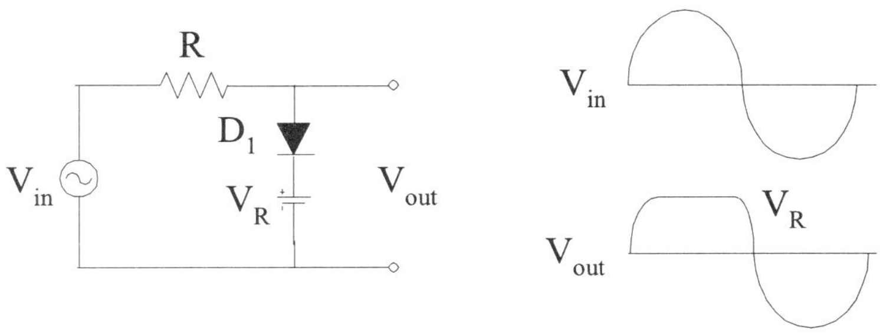

(a) 회로도 (b) 입출력 파형

그림18.3 (+)반주기를 제한한 병렬 클리퍼회로

그림 18.4는 (-) 변곡점을 갖는 병렬 클리퍼회로를 나타낸다.

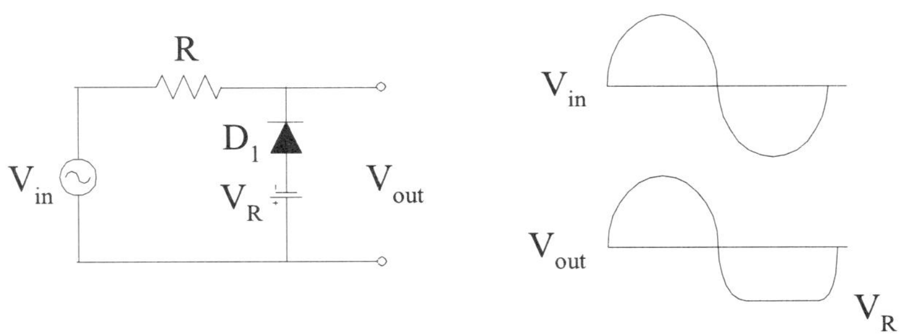

(a) 회로도 (b) 입출력 파형

그림18.4 (-)반주기를 제한한 병렬 클리퍼회로

18.2 리미터(limiter) 회로

그림18.5 회로는 두 개의 굴곡점을 갖는 병렬 클리핑 회로로서 *D*1은 입력파형의 양의 부분이 V_{R1} 보다 큰 경우 잘라버리고, *D*2는 입력신호의 음의 부분이 V_{R2} 보다 작으면 잘라낸다. 이와 같이 입력 신호의 중심부를 출력하는 회로를 진폭제한(limiter) 회로라 부른다.

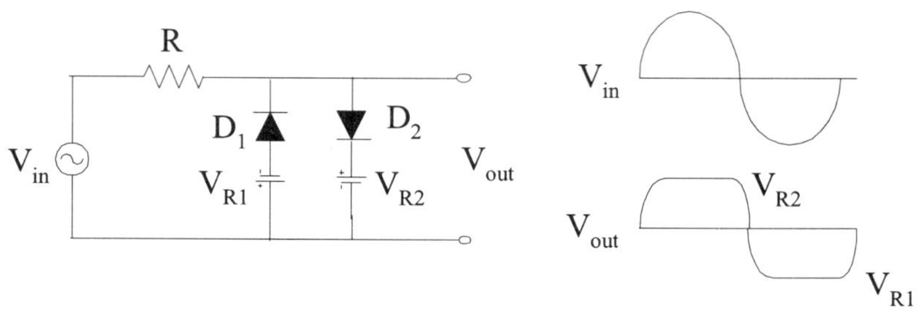

(a) 회로도　　　　　　(b) 입출력 파형

그림18.5　리미터 회로

18.3 슬라이서(Slicer) 회로

리미터 회로의 직류 전압을 그림18.6과 같이 바꾸면, 파형의 일부분을 인출 할 수 있다. 그림18.6과 같이 5 [V]와 8 [V]의 전지를 접속하면, 입력 전압 v_i 가 5 [V]보다 낮을 경우는, D_1 이 ON으로 되어 출력은 5 [V]가 된다.

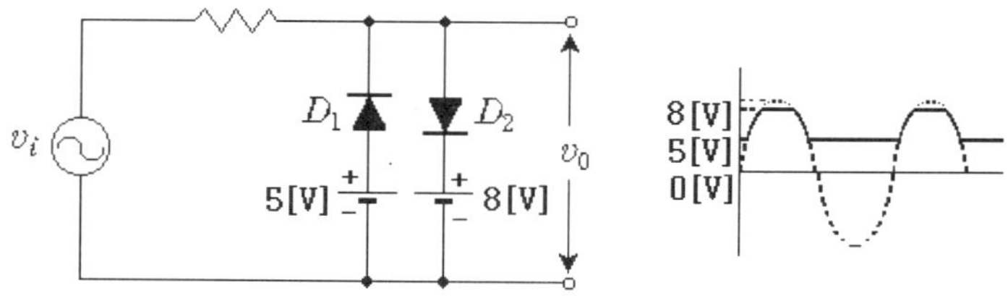

그림18.6　슬라이서 회로

v_i 가 8 [V]를 넘으면 D_2 가 ON으로 되어, 출력은 8 [V]로 된다. v_i 가 5~8[V]일 때는, D_1, D_2가 함께 OFF로 되어 입력 파형의 일부가 출력된다. 이와 같이 입력신호의 일부분을 출력하는 회로를 슬라이서 회로(slicer circuit)라고 부른다.

18.4 클램프 회로

클램프은 입력파형의 형태는 변화시키지 않고 입력파형에 직류전위를 더해주는 회로이다. 클램프회로에는 (+)클램프회로와 (-)클램프회로가 있다.

그림 18.7은 입력전압 V_{in}의 피크-피크전압이 +1 [V] ~ -1 [V] 범위로 변하는 파형이다. 이 입력을 그림18.6 (a)에 인가하면 출력 V_{out}는 그림 (b)처럼 0 ~ 2 [V]가 된다. 이를 정(+) 클램프라고 한다.

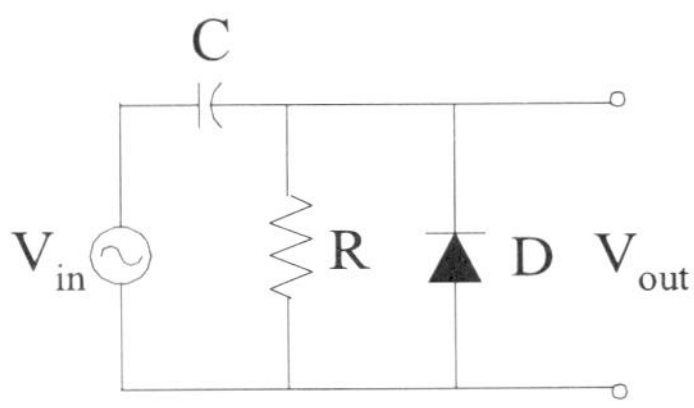

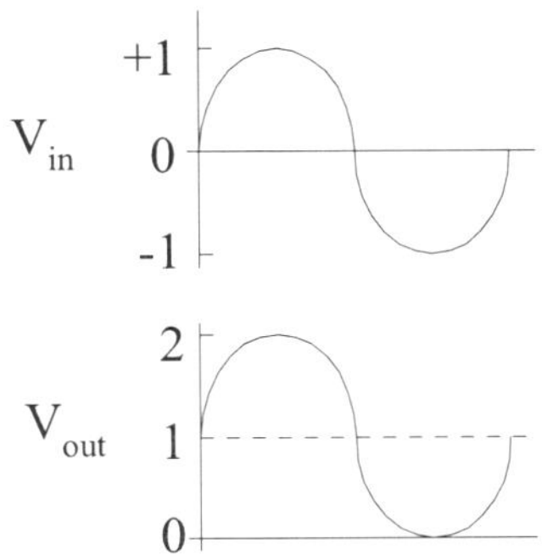

(a) 회로도　　　　(b) 입출력 파형

그림18.7 정(+) 클램프 회로

그림18.6 의 정(+)클램프의 동작은 다음과 같다. 그림 (b)의 입력신호의 부(-)의 반주기 동안은 다이오드 D가 ON되어 캐패시터 C는 충전된다. 이 때 캐패시터 C는 (-) 반주기의 피크인 1 [V]까지 충전된다. 또한 정(+)의 반주기동안은 다이오드는 OFF가 되어 캐패시터 C는 R을 통해 방전이 된다. 그러나 시정수 RC가 정현파 주기보다 크면 캐패시터는 방전하지 못하므로 C에는 1 [V]의 충전전압을 가지고 있다고 생각할 수 있다. 따라서, 이와 같은 회로에 입력전압의 피크-피크 전압을 2 [V] 인가하면 출력파형 V_{out}는 0 [V]~2[V]의 범위에서 변화하는 파형이 된다. 그림18.8은 (-)클램프 회로와 동작을 나타낸 것이다.

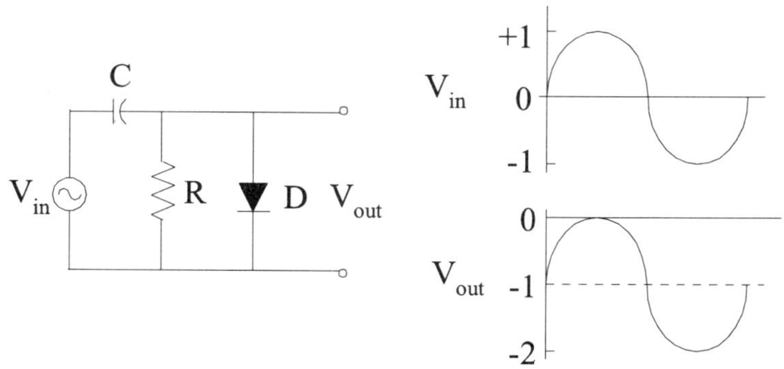

(a) 회로도 (b) 입출력 파형

그림18.8 부(-) 클램프 회로

Ⅱ 실험

실험 1 클리퍼회로

(가) 그림18.9의 다이오드를 이용한 각 종 클리퍼 회로를 구성하고 주어진 정현파 신호를 펑션제너레이터로 공급하여 출력파형을 그래프에 그리시오.

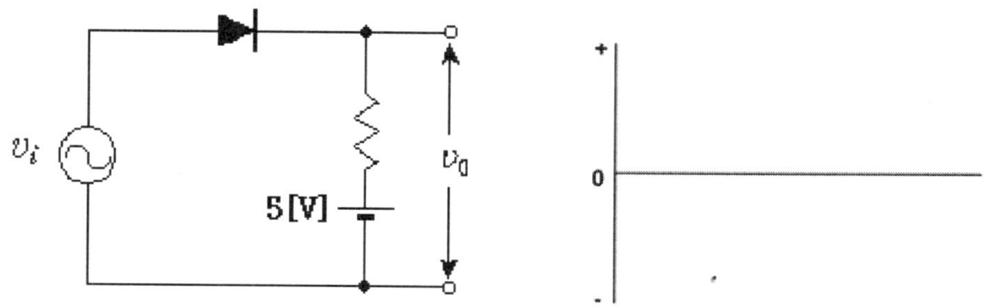

(a) 다이오드 직렬형 베이스 클리퍼

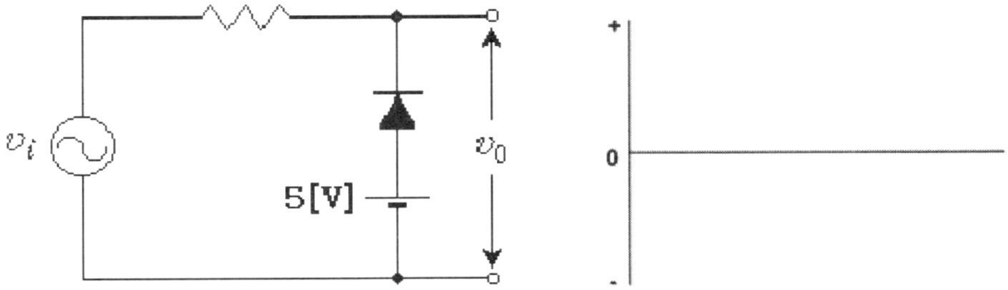

(b) 다이오드 병렬형 베이스 클리퍼

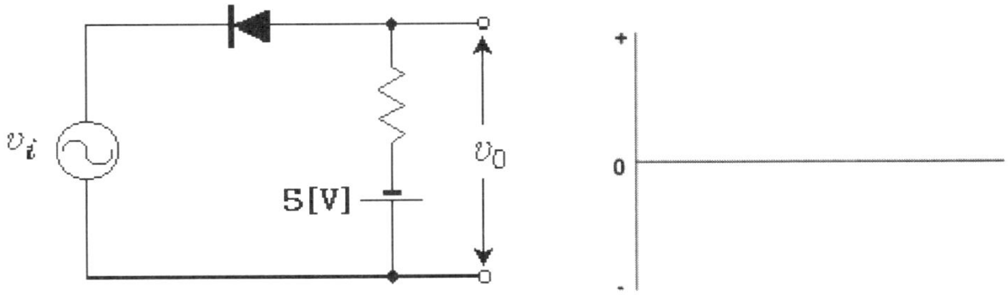

(c) 부(-)의 피크를 출력하는 직렬형 클리퍼

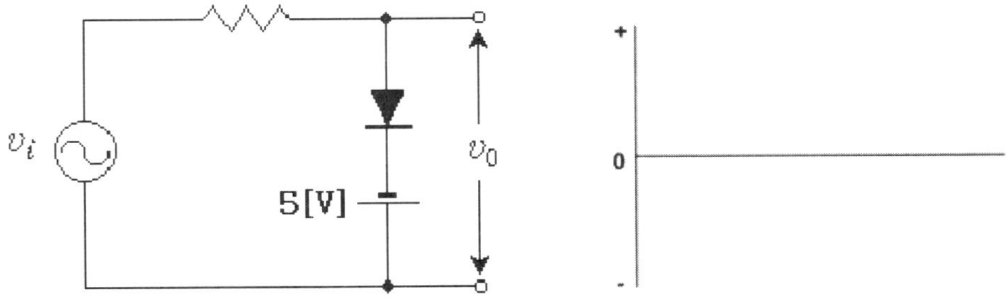

(d) 부(-)의 피크를 출력하는 병렬형 클리퍼

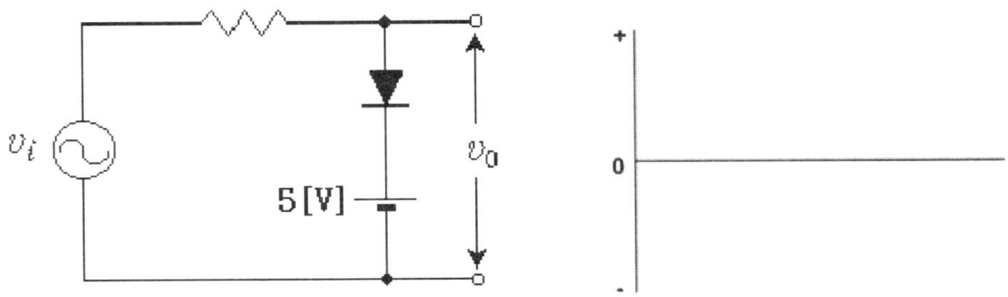

(e) 정(+)의 피크 제거 클리퍼

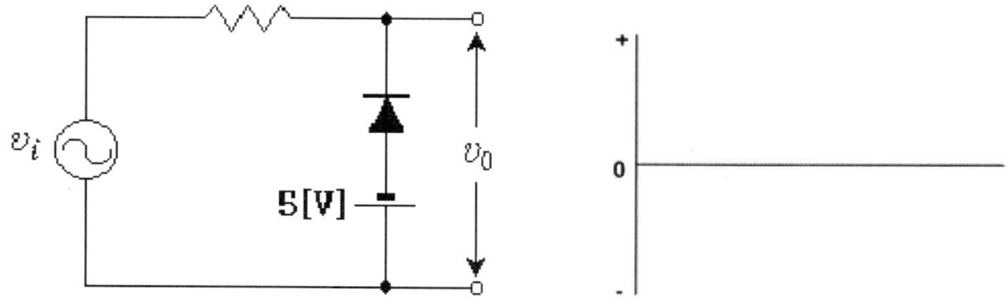

(f) 부(-)의 피크 제거 클리퍼

그림18.9 다이오드 클리퍼회로
(R=1kΩ, D=1N4001,입력신호=±10V, 500Hz 사인파)

실험 2 리미트회로

(가) 그림 18.10(a)의 회로를 구성하시오.

(나) 오실로스코프를 이용하여 부하 저항 양단의 파형을 관찰하고, 측정된 파형을 그림 18.12(a)에 그리시오.

(다) 그림 18.10(a)의 회로에서 다이오드 방향을 바꾸고 (나)를 반복하여 파형을 그림18.12(b)에 그리시오.

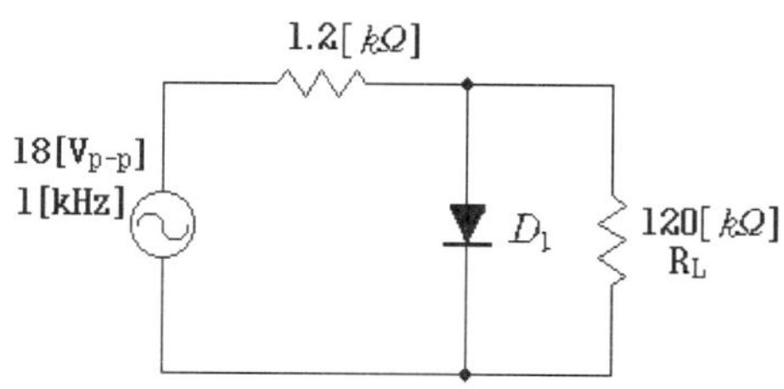

(a) 정(+)의 리미터

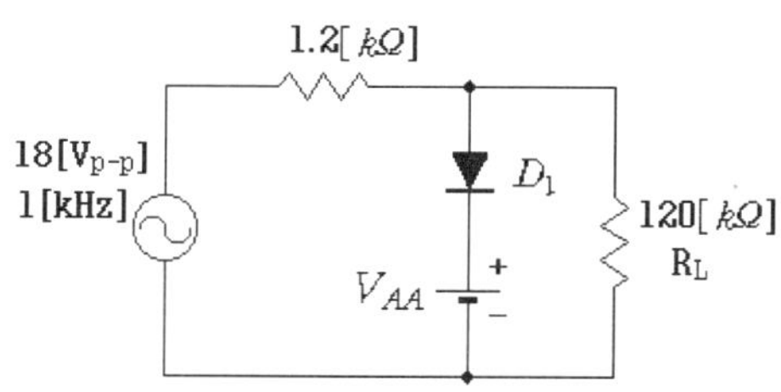

(b) 바이어스된 정(+)의 리미터

그림18.10 리미터 실험회로

(라) 그림 18.10(b)와 같이 직류전압을 접속하여 구성하고, 부하저항 양단에 걸리는 파형을 관찰하여 측정된 파형을 그림 18.12(c)에 그리시오.

(마) 그림 18.11의 결합 리미터 회로를 구성하고, 부하저항 양단에서 출력파형을 관찰하여 측정된 파형을 그림 18.12(d)에 그리시오.

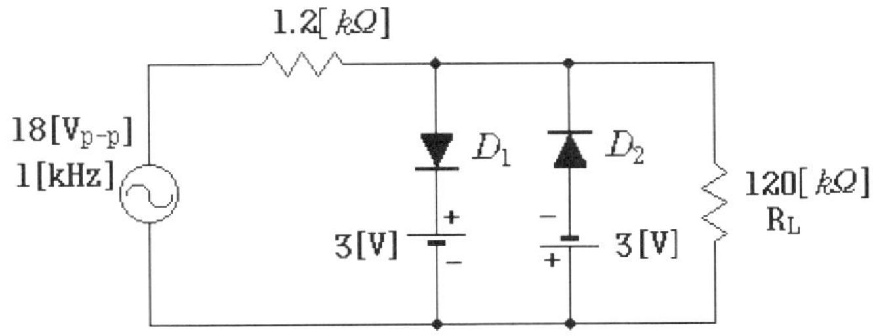

그림18.11 결합 리미터회로

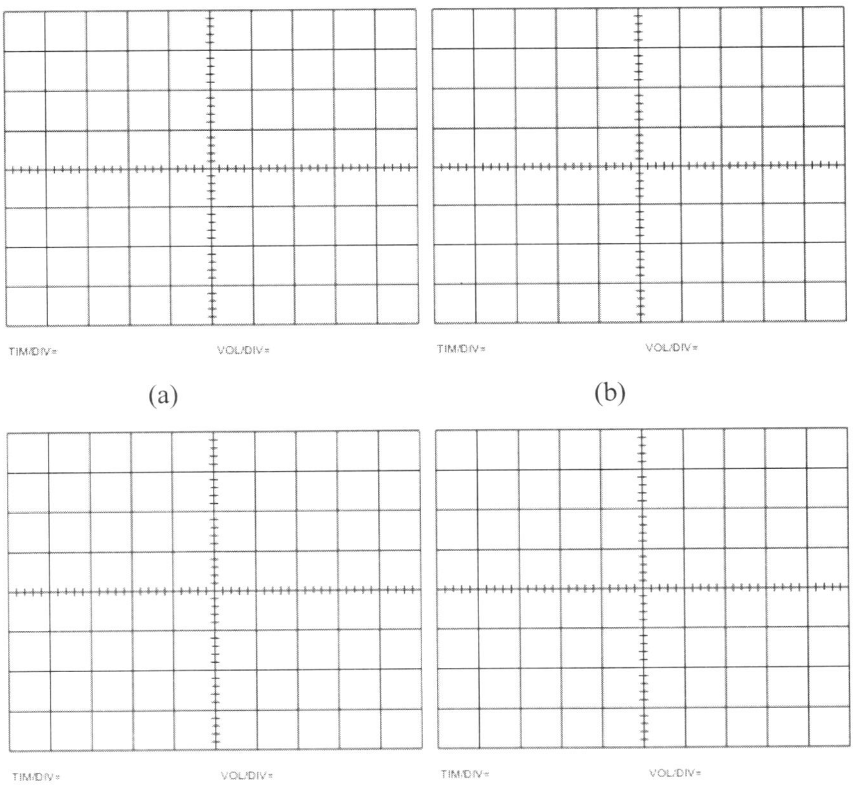

(a) (b)

(c) (d)

그림18.12

실험 3 클램프회로

(가) 그림18.13의 회로를 구성하고 그림에 주어진 정현파 신호를 펑션제너레이터로 공급하여 출력파형을 그림18.14 그래프에 그리시오.

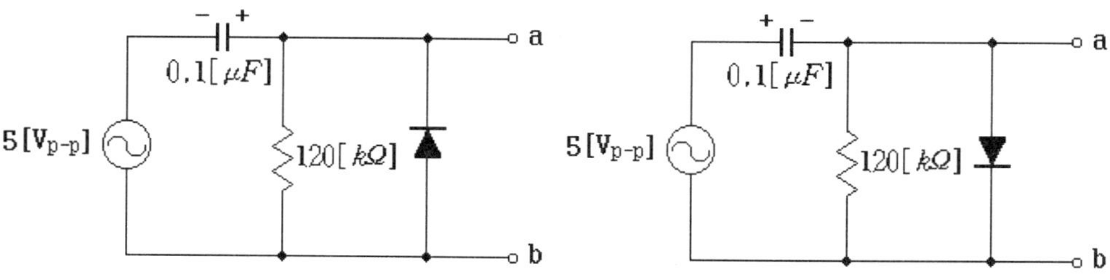

그림18.13 클램프 실험회로
(R=120kΩ, D=1N4001, C=0.1uF)

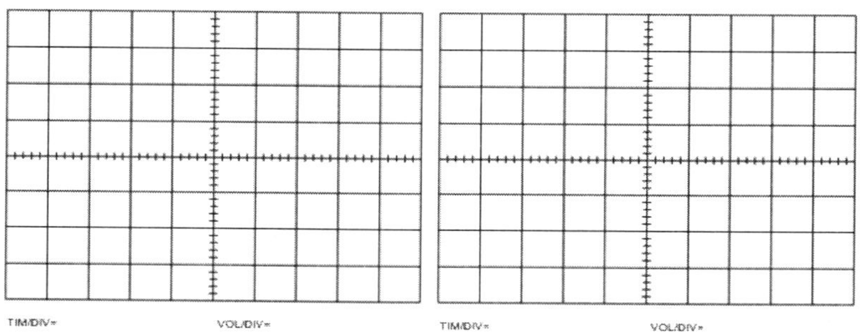

(a) (b)

그림18.14

실 험 보 고 서

실험제목			실험일자	
학년	반	학번	실험조	성명

실험 1

(a)

(b)

(c)

(d)

절취선

+
0
-

(e)

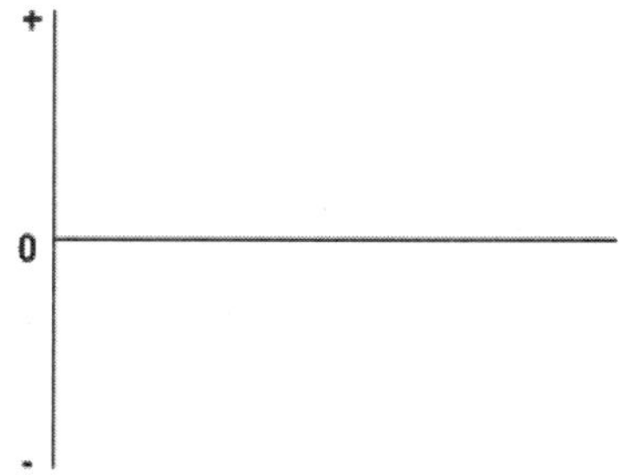
+
0
-

(f)

실험 2

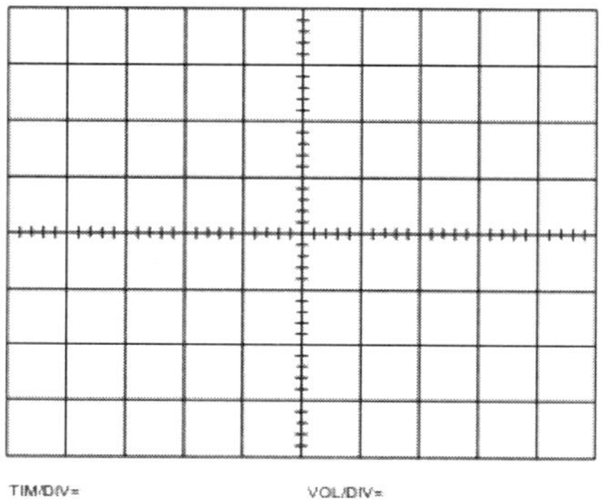
TIM/DIV=
VOL/DIV=

(a)

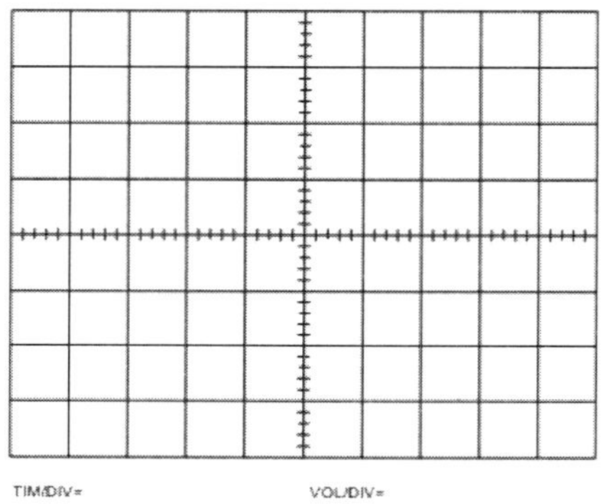
TIM/DIV=
VOL/DIV=

(b)

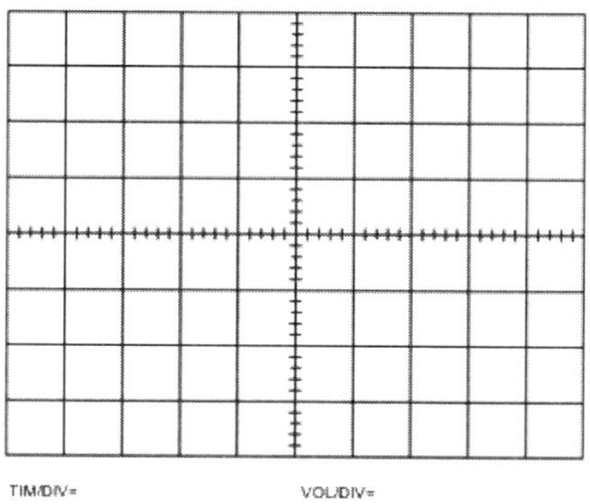
TIM/DIV=
VOL/DIV=

(c)

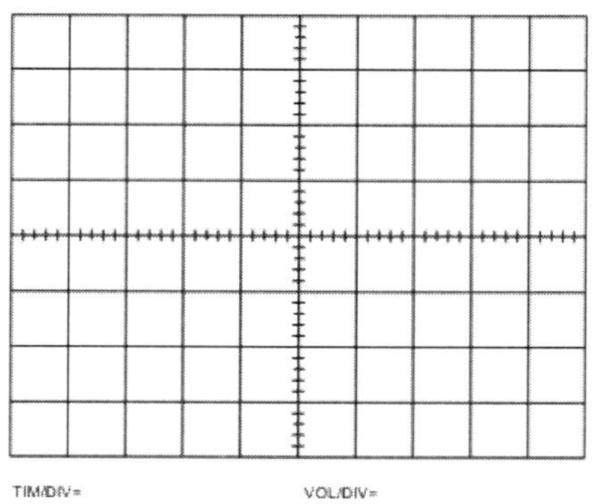
TIM/DIV=
VOL/DIV=

(d)

실험 2

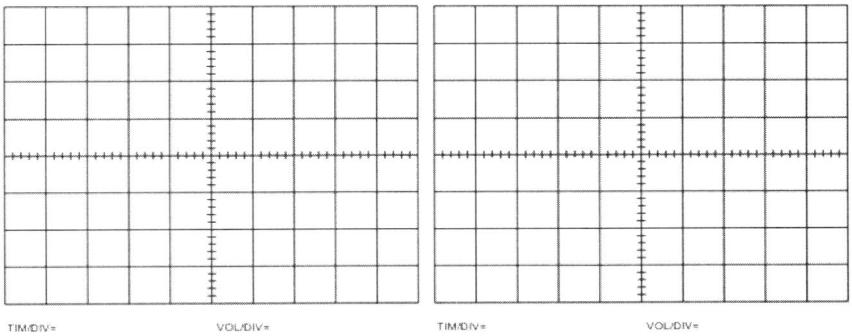

(a) (b)

실험 19 배전압회로

<table>
<tr><td>실습목적</td><td colspan="3">• 교류 입력전압의 반파 및 전파 배전압 정류회로의 동작원리를 이해한다.</td></tr>
<tr><td rowspan="5">실습준비물</td><td>계측기</td><td colspan="2">• 멀티미터
• 오실로스코프
• 가변직류전원</td><td>1대
1대
1대</td></tr>
<tr><td rowspan="4">부 품</td><td>• 브레드보드</td><td></td><td>1개</td></tr>
<tr><td>• 저항</td><td>100Ω[1W], 500Ω[5W], 5.6kΩ</td><td>각1개</td></tr>
<tr><td>• 다이오드</td><td>1N4001</td><td>2개</td></tr>
<tr><td>• 캐패시터</td><td>100uF</td><td>3개</td></tr>
</table>

I 이론

19.1 배전압 정류회로

배전압 정류 회로는 변압기 2차측 peak 전압의 2배를 부하에 공급할 수 있는 정류 회로를 말한다. 배전압 회로의 주요 구성요소는 다이오드와 커패시터인데, 이 소자들의 피크 검출 기능을 이용해서 몇 배의 전압을 부하에 공급 할 수 있다. 즉 다시 말해 배전압 정류 회로는 피크 입력 전압의 몇 배($2V_P$, $3V_P$, $4V_P$)에 해당하는 직류전압을 발생시키는 정류회로를 말한다.

19.1.1 반파 배전압 회로

그림19.1은 반파 2배 전압기의 회로 동작을 보여주고 있다. 입력 전압의 (+)반주기 동안은 다이오드 D_1이 순방향 바이어스가 되어 단락되고, 다이오드 D_2는 역방향 바이어스가 되어 개방 상태가 되므로 커패시터 C_1는 입력 전압의 피크 정류 전압(V_m)까지 충전된다. 반대로 입력전압이 (-)반주기 동안은 다이오드 D_1가 개방되고, 다이오드 D_2는 단락되어 커패시터 C_1에 충전되었던 전하도 교류전압과 같은 극성으로 커패시터 C_2을 충전하는데 플러스가 된다. 그러므로 커패시터 C_2의 전압은 입력 전압의 피크 정류 전압(V_m)의 2배가 된다.

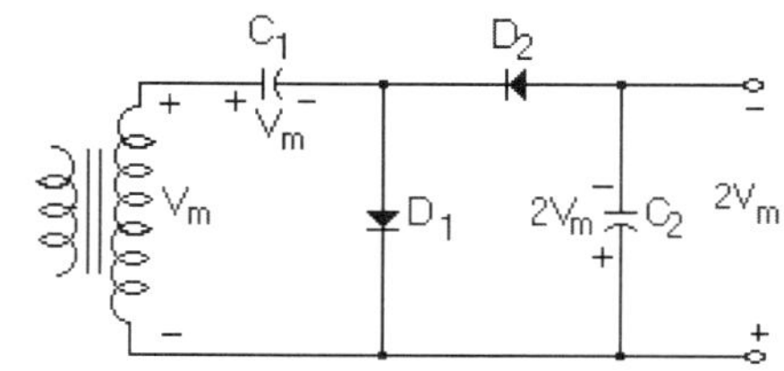

그림19.1 반파 배전압 회로

19.1.2 전파 배전압 회로

그림19.2는 전파 2배 전압(정류)기의 회로 동작을 나타낸 것이다. 입력 전압의 (+)주기 동안은 다이오드 D_1은 순방향 바이어스가 되어 단락상태가 되고, 다이오드 D_2는 역방향 바이어스 되어 개방상태가 된다. 이에 따라 커패시터 C_1은 입력전압의 피크 전압(V_m)까지 충전한다. 반대로 (-)반주기 동안은 다이오드 D_1은 개방되고, 다이오드 D_2는 단락되어 커패시터 C_2는 입력 전압의 피크 전압(V_m)까지 충전되게 된다. 그러므로 커패시터 C_1, C_2 양단의 전압은 입력 전압의 2배가 된다.

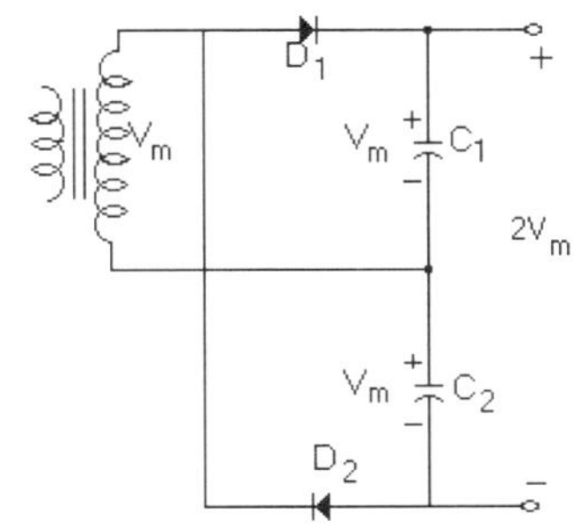

그림19.2 전파 배전압 회로

Ⅱ 실험

실험 1 반파 배전압 회로

(가) 그림 19.3의 반파 배전압 회로를 무부하 상태(S.W 2 개방상태)로 결선하여라.

(나) 전원을 공급하고, 디지털 멀티미터를 이용하여 A-G 및 P-G 사이의 직류전압 및 리플전압의 실효값을 측정하여 표 19-1에 기록하여라.

(다) 오실로스코프를 사용하여 A-G 및 P-G 사이의 리플전압을 관측하고, 리플전압의 첨두 대 첨두 전압(V_{p-p})을 표 10.1에 기록하고, 측정 파형을 그림19.4에 그려라.

(라) 부하저항 R_L을 접속하여 부하상태로 하고, (나)와 (다)의 과정을 반복한다.

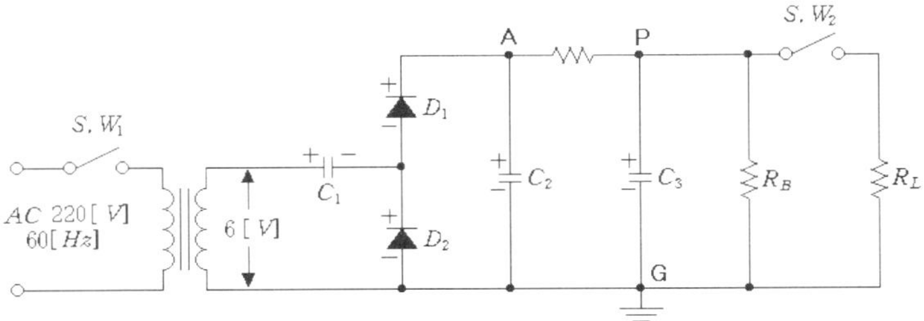

(D1, D2=1N4001, C1, C2=100uF, RB=5.6kΩ, R=100Ω[1W], RL=500Ω[5W])

그림19.3 반파 배전압 정류회로

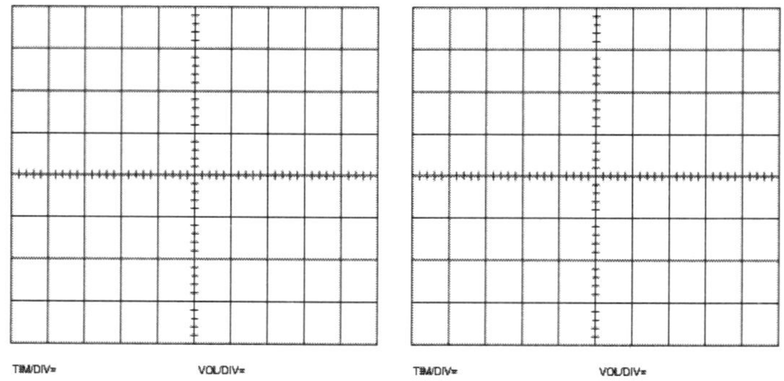

(a) A-G 사이 무부하시 리플 파형 (b) P-G 사이 무부하시 리플 파형

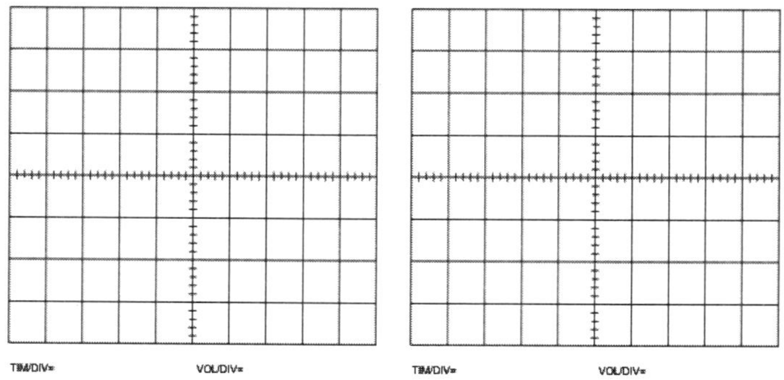

(c) A-G 사이 부하시 리플 파형 (d) P-G 사이 부하시 리플 파형

그림19.4 반파 배전압 정류회로의 리플 파형

실험 2 전파 배전압 회로

(가) 그림19.5의 전파배전압 회로를 무부하 상태(S.W 2 개방상태)로 결선하여라.

(나) 전원을 공급하고, 디지털 멀티미터를 이용하여 A-G 및 P-G 사이의 직류전압 및 리플전압의 실효값을 측정하여 표 19-2에 기록하여라.

(다) 오실로스코프를 사용하여 A-G 및 P-G 사이의 리플전압을 관측하고, 리플전압의 첨두 대 첨두 전압(V_{p-p})을 표 10.2에 기록하고, 측정 파형을 그림 19.6에 그려라.

(라) 부하저항 R_L을 접속하여 부하상태로 하고, (나)와 (다)의 과정을 반복한다.

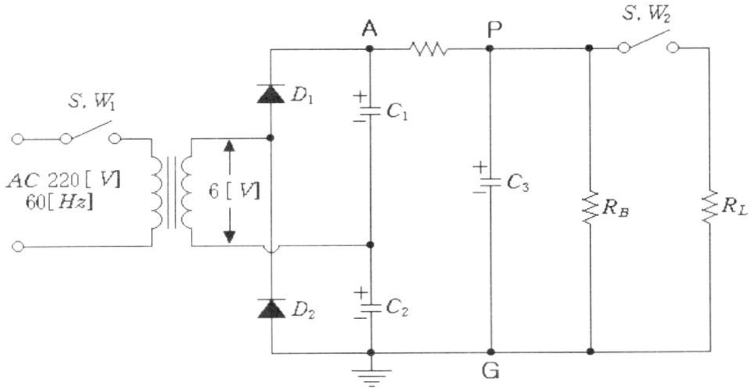

(D1, D2=1N4001, C1, C2, C3=100uF, RB=5.6kΩ, R=100Ω[1W], RL=500Ω[5W])

그림19.5 전파 배전압 정류회로

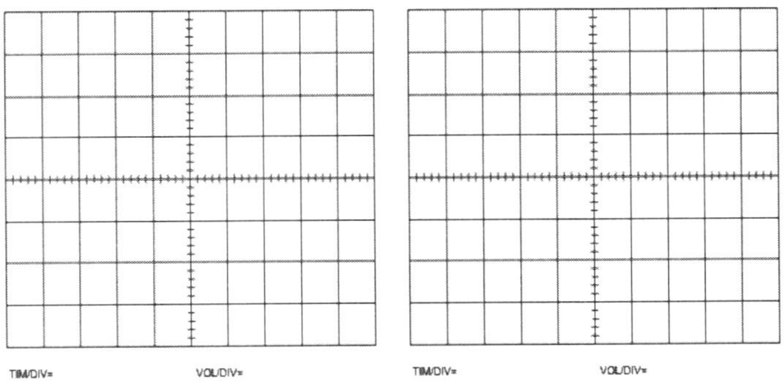

(a) A-G 사이 무부하시 리플 파형 (b) P-G 사이 무부하시 리플 파형

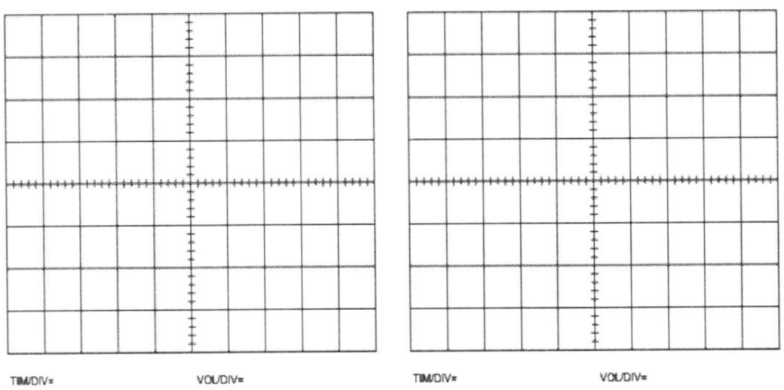

(c) A-G 사이 부하시 리플 파형 (d) P-G 사이 부하시 리플 파형

그림19.6 전파 배전압 정류회로의 리플 파형

실 험 보 고 서

실험제목			실험일자	
학년	반	학번	실험조	성명

실험 1

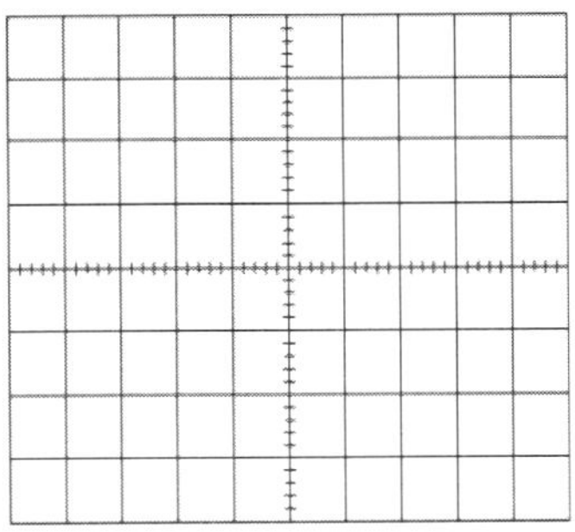

TIM/DIV= VOL/DIV=

(a) A-G 사이 무부하시 리플 파형

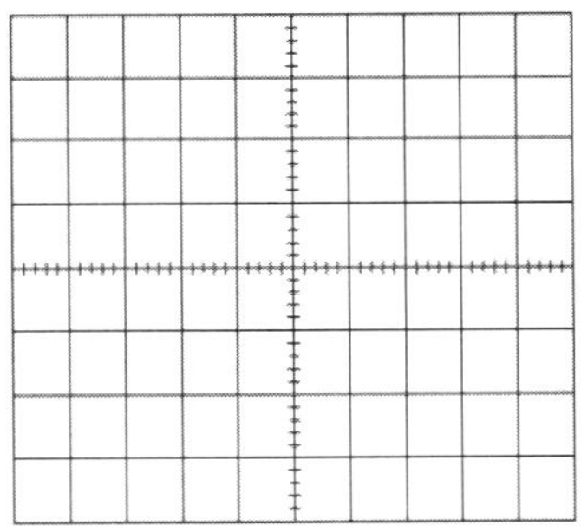

TIM/DIV= VOL/DIV=

(b) P-G 사이 무부하시 리플 파형

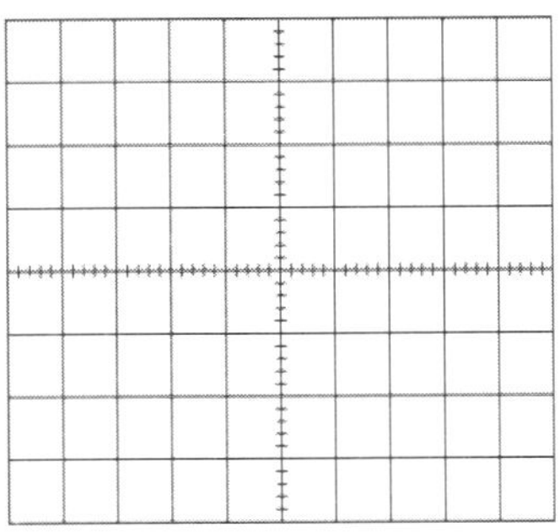

TIM/DIV= VOL/DIV=

(c) A-G 사이 부하시 리플 파형

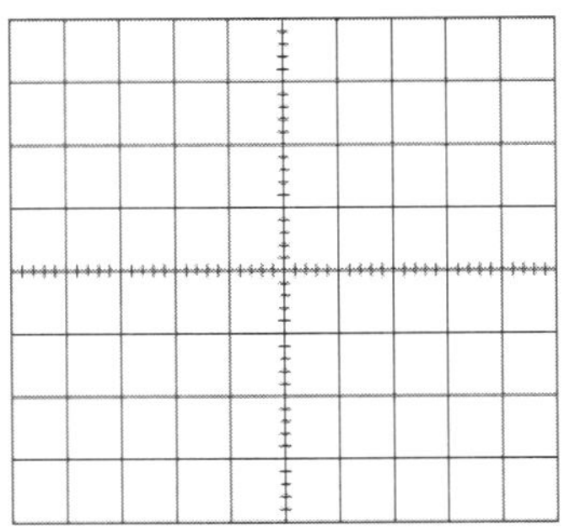

TIM/DIV= VOL/DIV=

(d) P-G 사이 부하시 리플 파형

절취선

실험 2

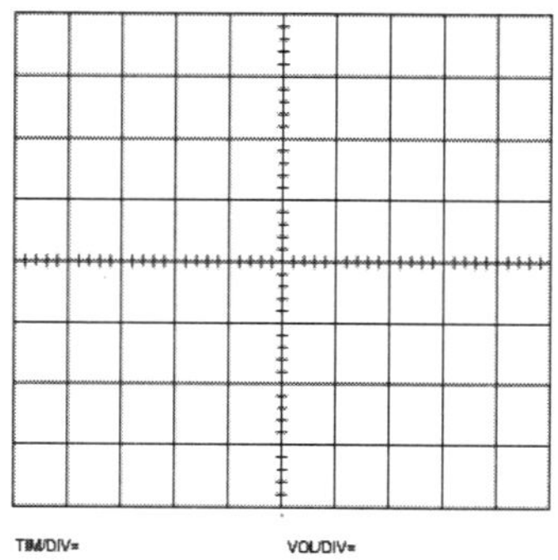

(a) A-G 사이 무부하시 리플 파형

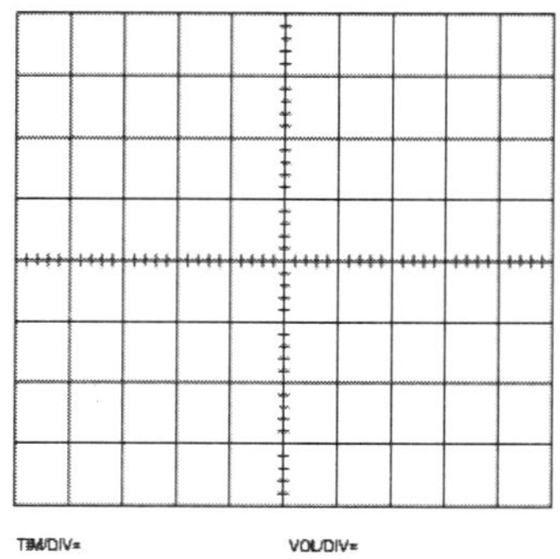

(b) P-G 사이 무부하시 리플 파형

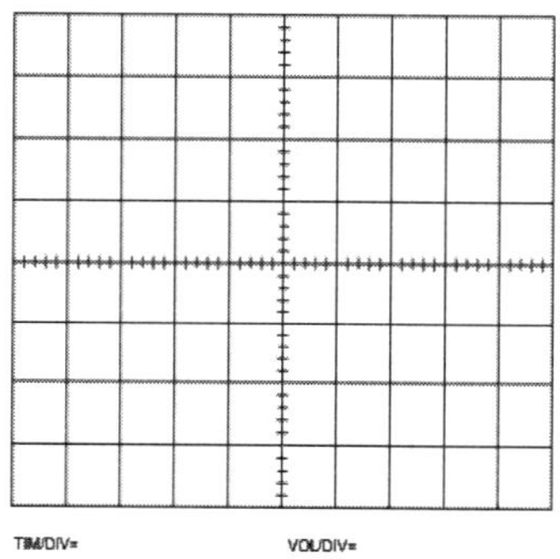

(c) A-G 사이 부하시 리플 파형

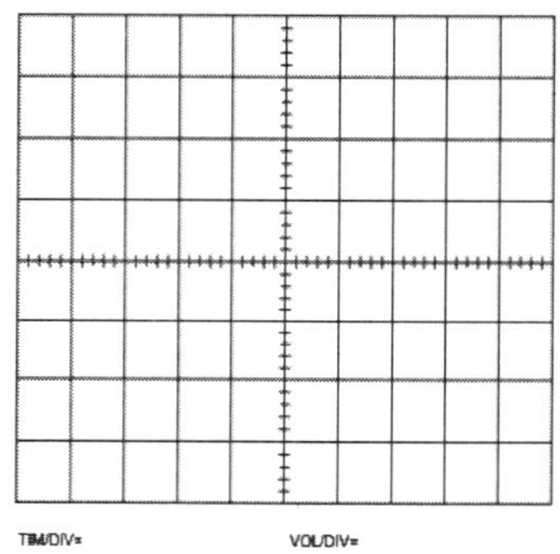

(d) P-G 사이 부하시 리플 파형

실험 20 트랜지스터 특성

<table>
<tr><td>실습목적</td><td colspan="4">트랜지스터의 특성을 이해하고 실험을 통하여 확인한다.
트랜지스터의 용도와 사용법을 학습한다.</td></tr>
<tr><td rowspan="6">실습준비물</td><td>계측기</td><td colspan="2">• 디지털 멀티미터
• 가변직류전원
• 함수발생기
• 오실로스코프</td><td>1대
1대
1대
1대</td></tr>
<tr><td rowspan="5">부 품</td><td>• 브레드보드</td><td></td><td>1개</td></tr>
<tr><td>• 트랜지스터</td><td>2SC3198, 2SA1015</td><td>각1개</td></tr>
<tr><td>• 저항</td><td>330Ω, 3.3kΩ, 10kΩ</td><td>각1개</td></tr>
<tr><td>• 캐패시턴스</td><td></td><td>1개</td></tr>
<tr><td>• 발광다이오드</td><td>LED</td><td>1개</td></tr>
</table>

I 이론

20.1 트랜지스터(Transistor)

트랜지스터는 PN접합의 3층 구조로 이루어져 있으며, 캐리어(carrier)의 종류에 따라 바이폴라(bipolar) 트랜지스터와 유니폴라(unipolar) 트랜지스터로 구분할 수 있다. 바이폴라 트랜지스터는 캐리어로 전자와 정공을 모두 사용하는 쌍극성 트랜지스터이며, 유니폴라 트랜지스터는 극성(P채널, N채널)에 따라 전자나 정공 중 하나만을 캐리어로 사용하는 단극성의 트랜지스터로 대표적인 것으로는 전계효과 트랜지스터(FET : field effect transistor)가 있다.

20.1.1 바이폴라 접합 트랜지스터 (bipolar junction transistor, BJT)

바이폴라 접합 트랜지스터는 그림20.1에서와 같이 이미터 (emitter), 베이스 (base) 및 컬렉터 (collector)의 세 종류의 도핑된 반도체 영역으로 구성되어 있으며, 이 세 영역은 두 개의 pn접합으로 분리되어 있다. 바이폴라 접합 트랜지스터는 그림 1에서와 같이 npn 및 pnp의 두 가지 종류가 있으며 이중 npn이 널리 사용되고 있다.

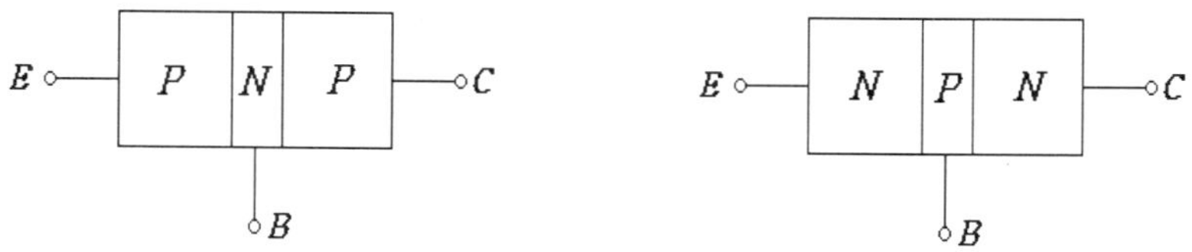

(a) PNP형의 접합구조 (b) NPN형의 접합구조

그림20.1 BJT 구조

BJT의 회로기호는 그림20.2에서와 같은 기호를 사용하며 이미터에 화살표를 그려서 컬렉터와 구분하여 사용하며, npn트랜지스터는 화살표가 이미터 쪽으로 나가고, pnp트랜지스터는 화살표가 이미터로부터 들어온다. 그리고 BJT의 외관은 그림20.3에서와 같은 다양한 모양을 가지며 트랜지스터가 취급할 수 있는 전력이나 주파수 등에 따라 그 모양이 각각 다르다.

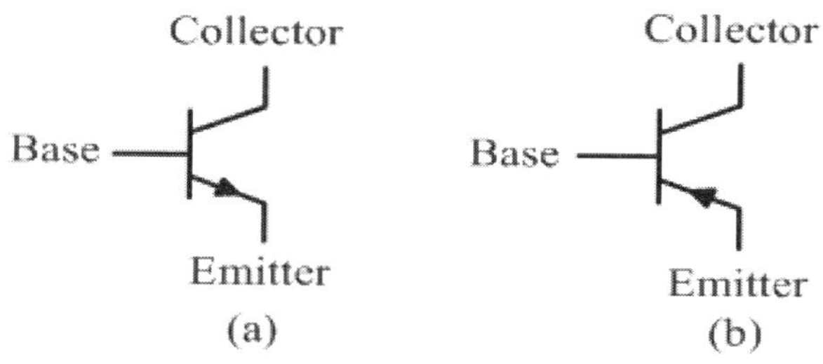

(a) npn 트랜지스터 (b) pnp트랜지스터

그림20.2 BJT의 기호

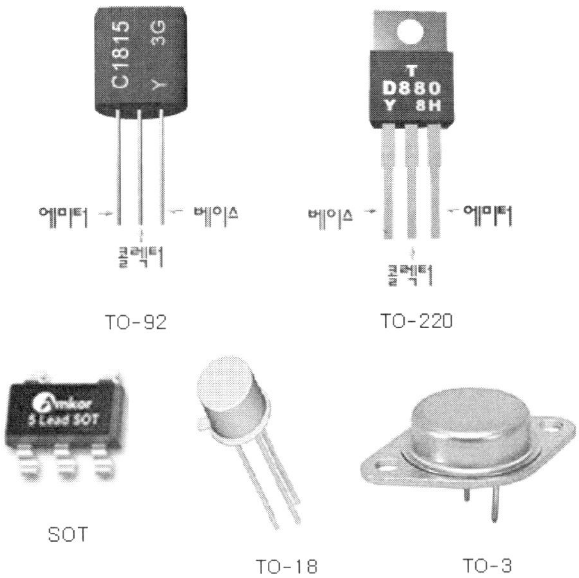

그림20.3 여러 가지 트랜지스터의 외관

20.1.2 트랜지스터의 종류와 구분

트랜지스터에는 용도에 따라 저주파용, 고주파용, 스위칭용, 전력증폭용 등 여러 가지로 나눌 수 있다. 일반적으로 트랜지스터의 이름은 미국식 방법과 일본식 방법 등이 있으며, 다음에서와 같다.

(가) 트랜지스터의 이름 (일본식 방법)

2SC3202Y

- 2: 접합부가 두 개임을 나타낸다.
- S: 반도체를 나타낸다.
- C : 종류 및 용도를 표시한다.
- A : PNP 고주파용
- B :PNP 저주파용
- C: NPN 고주파용
- D : NPN 저주파용
- J : P 채널 FET

- K : N 채널 FET
- F : SCR (P gate)
- G : SCR (N gate)
- M :triac
- N : UJT
- 3202 : 등록순서를 나타낸다.
- Y : 개량순서를 나타낸다. (전류 증폭도 등이 다르다.)

(나) 트랜지스터의 이름 (미국식 방법)

2N2222A

- 2: 접합부가 2개임을 나타낸다.
- N : 반도체를 나타낸다.
- 2222: 등록 순서를 나타낸다.
- A :개량 순서를 나타낸다.

미국식 이름에서는 이름만으로는 트랜지스터의 용도 등을 알 수 가 없으므로 사용 시 주의를 요한다.

20.2 트랜지스터의 역할 및 기본동작

트랜지스터는 회로 내에서의 전파나 음성신호 같은 아날로그(교류) 신호를 증폭(Amplification)시키는 일과 컴퓨터와 같은 디지털 회로에서 0과 1의 디지털 신호를 변환시키는 스위칭(Switching) 역할을 한다.

트랜지스터가 증폭기로서 동작하기 위해서는 그림20.4의 회로와 같이 베이스-이미터 접합은 순방향 바이어스 되어야 하고, 베이스-컬렉터 접합은 역방향으로 바이어스 되어야 한다.

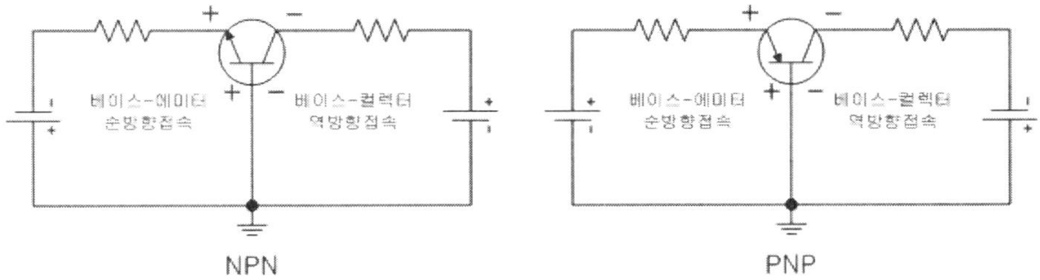

그림20.4 BJT의 순방향-역방향 접속

그림20.4의 회로에서 보는 바와 같이 트랜지스터가 증폭기로 동작하기 위해서는 외부의 직류 바이어스 전압을 인가해야 하고, 세 단자 중 하나는 입력과 출력에 공통으로 연결되어야 한다. 공통으로 사용되는 단자에 따라 트랜지스터 회로를 공통 이미터 (common emitter, CE), 공통 베이스 (common base, CB) 및 공통 컬렉터 (common collector, CE)로 나눌 수 있다. 그림20.4는 베이스가 입력과 출력에 공통으로 연결되어 있으므로 공통베이스 회로이다.

20.3 기본적인 트랜지스터 동작

그림4는 트랜지스터에서의 전류의 흐름을 나타낸 것이다. 트랜지스터로 들어오는 전류의 합과 나가는 전류의 합은 같아야 하므로 이미터 전류는 베이스와 컬렉터 전류의 합과 같아야 된다. 트랜지스터의 KCL방정식은 식(20.1)과 같다.

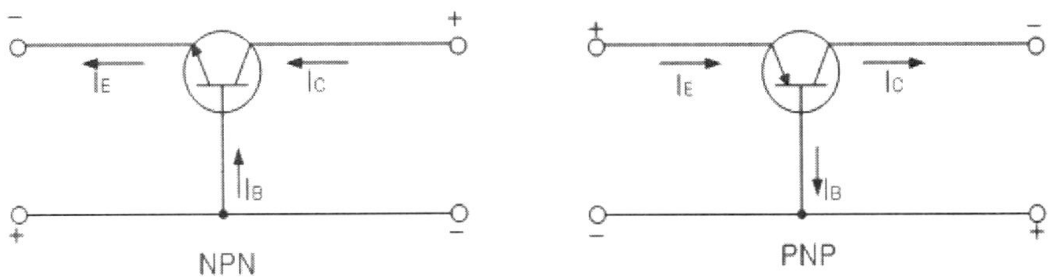

그림20.4 트랜지스터의 전류 흐름

$$I_E = I_C + I_B \tag{20.1}$$

20.3.1 트랜지스터의 특성과 파라미터

직류 전류이득(β)는 공통 이미터 전류 증폭도를 나타내며, 보통 100에서 300 사이의 값을 갖는다. 베이스 폭이 작고 이미터가 베이스 보다 도핑 농도가 크면 β 가 큰 값을 가지게 된다. 그림20.5는 트랜지스터의 직류바이어스의 특성을 나타낸 회로도이다.

$$\beta = \frac{I_C}{I_B} = h_{FE} \tag{20.2}$$

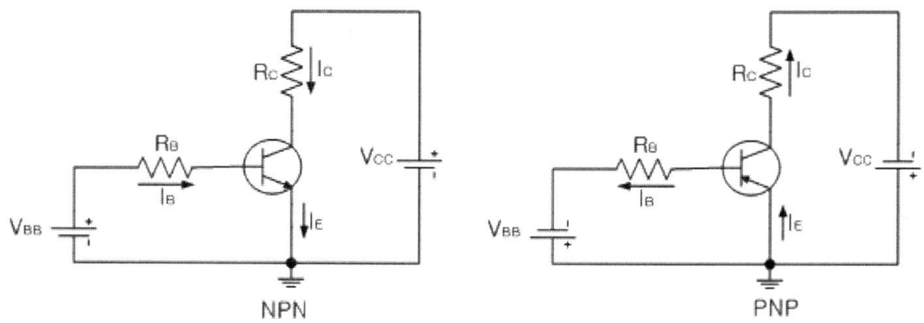

그림20.5 트랜지스터의 직류바이어스

여기서 α는 공통 베이스 전류 이득으로써 약 0.99에 1정도의 크기를 갖는다.

$$\alpha = \frac{I_C}{I_E} \tag{20.3}$$

$$i_E = i_C + i_B = \frac{\beta + 1}{\beta} i_C \equiv \frac{i_C}{\alpha} \tag{20.4}$$

그림20.6은 트랜지스터의 전류와 전압 관계를 나타낸다.

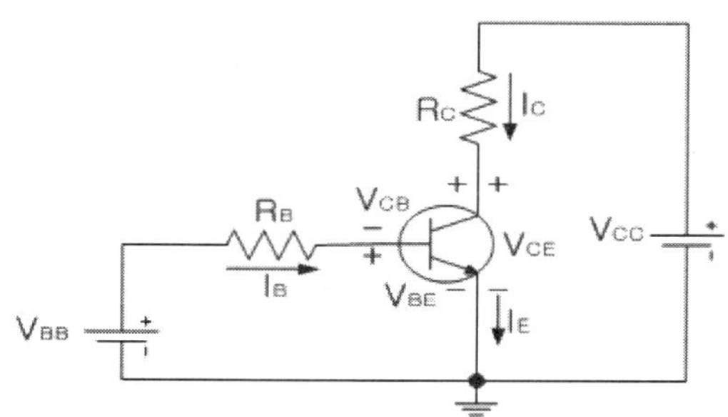

그림20.6 트랜지스터의 전류와 전압

그림20.6에서 V_{BE}는 이미터에 대한 베이스에서의 직류전압($\cong 0.7\,V$)이고, V_{CB}는 베이스에 대한 컬렉터에서의 직류전압이며, V_{CE}는 이미터에 대한 컬렉터에서의 직류전압을 나타낸다. 그림6에서 베이스전류 I_B는

$$V_{BB} + R_B I_B + V_{BE} = 0, \quad I_B = \frac{V_{BB} - V_{BE}}{R_B} \tag{20.5}$$

이미터에 대한 컬렉터 전압 V_{CE}는

$$V_{CE} = V_{CC} - I_C R_C \tag{20.6}$$

$I_C = \beta I_B$ 로부터

$$V_{CE} = V_{CC} - \beta I_B R_C \tag{20.7}$$

베이스에 대한 컬렉터전압 V_{CB}는

$$V_{CB} = V_{CE} - V_{BE} \tag{20.8}$$

그림20.7에 I_B값에서 V_{CE}에 대한 I_C값의 변화에 대한 그라프를 나타낸다.

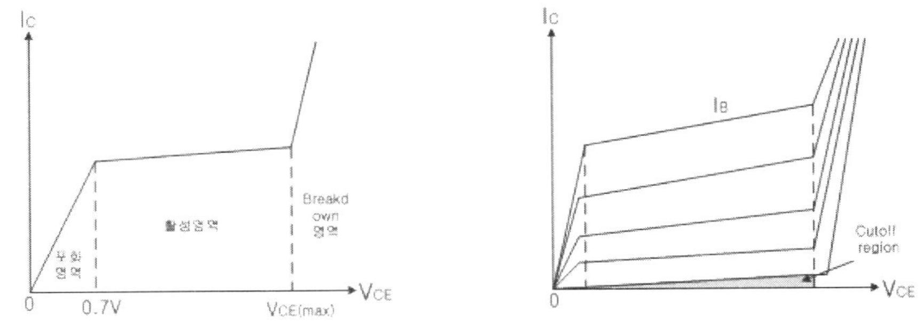

(a)I_B값에서 V_{CE}에 대한 I_C값의변화 (b)여러 I_B값에서 V_{CE}에 대한 I_C값의변화

그림20.7 트랜지스터 컬렉터 특성곡선

그림20.7(a)에서 포화(saturation)영역은 $V_{BE} = 0.7\,V$, $V_{CE} \leq 0.7\,V$로 베이스-이미터 순방향, 베이스-컬렉터 순방향 영역이다. 이때 V_{CE}를 증가시키면 I_C 도 따라서 증가한

다. 이는 I_B를 증가시키면 $I_C(=\beta I_B)$ 도 증가하다. I_B를 계속 증가시키면 V_{CE}는 계속 감소하여 $V_{CE} < 0.7\,V$로 되면 베이스-컬렉터는 순방향이 된다. 이때 $I_C = \beta I_B$는 성립하지 않는다. 즉 이 영역에서는 I_B를 계속 증가시켜도 I_C 는 증가하지 않는다. 즉 I_B에 대해서 I_C 가 포화된 상태이다. 활성(active)영역은 $V_{BE} = 0.7\,V$, $V_{CE} > 0.7\,V$으로 베이스-이미터 순방향, 베이스-컬렉터 역방향 영역이다. V_{CE}를 증가시켜도 I_C 는 거의 일정하다. 항복(breakdown)영역은 $V_{BE} = 0.7\,V$, $V_{CE} = very \;\; high \;\; voltage$가 되어 컬렉터 전류가 급격히 증가하여 트랜지스터가 파괴되는 영역이다.

그림20.7(b)에서 차단(cutoff)영역은 $I_B = 0$로 실제 트랜지스터는 아주 작은 누설전류만 흐른다. 이때 베이스-이미터 역방향, 베이스-컬렉터 역방향 영역이다. 트랜지스터를 사용할 때 고려해야 할 특성과 파라미터는 컬렉터-베이스 전압, 이미터-베이스 전압, 컬렉터 전류, 소비전력이다. 트랜지스터의 최대소비 전력은 $P_{D(max)} < V_{CE} \times I_C$이다.

20.3.2 전압분배 바이어스와 증폭기의 신호동작

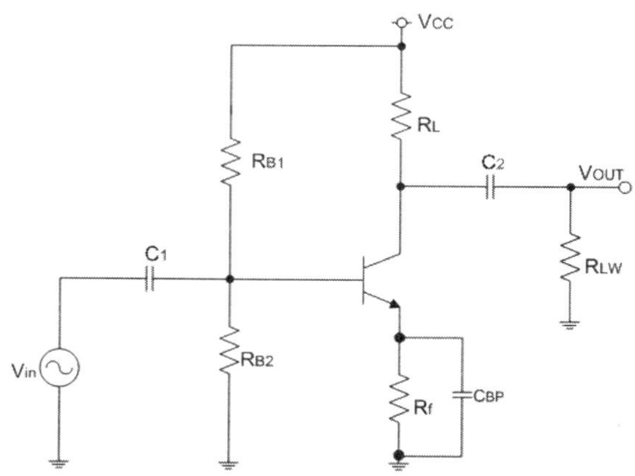

그림20.8 트랜지스터의 전압분배 바이어스와 증폭작용

(가) DC 전압 파라미터 계산

① V_{RB2} 는 식20.8과 같이 구한다.

$$V_{RB2} = V_{CC}\left(\frac{R_{B2}}{R_{B1} + R_{B2}}\right) \tag{20.8}$$

② V_{Rf}는 식20.9과 같이 구한다.

$$V_{Rf} = V_{RB2} - 0.7V \qquad (20.9)$$

③ 동작점(Q점)에서의 전류

I_B=0일때 트랜지스터는 차단되었다고 한다. 이 조건하에서 매우 적은 양의 컬렉터 누설전류(ICEO)가 흐르는데 이는 주로 열에 의해 생긴 캐리어에 의한 것이다. 차단 영역에서는 베이스-에미터 접합과 베이스-컬렉터 접합 모두 역방향으로 바이어스 된다. 포화(saturation) 조건은 베이스 전류가 증가하면 컬렉터 전류는 따라서 증가하게 되고 RC에서 좀 더 많은 전압강하가 생기므로 V_{CE}는 감소한다. V_{CE}가 V_{CE}(SAT)라고 부르는 값에 도달하면 베이스-컬렉터 접합은 순방향으로 바이어스 되고 IB가 계속 증가하더라도 더 이상 증가하지 않는다. 포화점에서는 $I_C=\beta_{DC}I_B$라는 관계가 더 이상 성립하지 않는다.

트랜지스터의 컬렉터 곡선상의 차단점과 포화점을 잇는 직선을 부하선이라 한다. 한번 결정되면 트랜지스터는 이 직선을 따라 동작한다. 따라서 I_C의 어느 값에 해당하는 V_{CE}는 이 직선상에 있다. 부하선은 컬렉터 회로저항과 V_{CC}에 의해서 결정되며 트랜지스터 자체에 의해서 결정되는 것은 아니다.

베이스 전류(I_B)는 베이스 바이어스에 의해 형성된다. 베이스 전류 곡선이 부하선과 만나는 점이 동작점 또는 Q점이라 한다.

$$QI_C = \frac{V_{Rf}}{R_f}$$

④ 접합저항 R_e' 는 다음과 같다.

$$R_e' = \frac{25}{QI_C}$$

⑤ 부하전압의 전압강하는 다음과 같다.

$$V_{RL} = QI_C \times R_L$$

⑥ 부하 임피던스는 다음과 같이 구한다.

$$R_{L_{ac}} = \frac{R_L \times R_{LW}}{R_L + R_{LW}}$$

⑦ 베이스 바이어스에서의 V_{CE}는 다음과 같이 구한다.

$$V_{CE} = V_{CC} - (V_{RL} + V_{Rf})$$

⑧ 에미터 바이어스에서의 V_{CE}는 다음과 같이 구한다.

$$V_{CE} = V_{CC} - V_{RL}$$

(나) 신호 파라미터 계산

① 베이스 저항 R_B는 다음과 같이 구할 수 있다.

$$R_B = \frac{R_{B1} \times R_{B2}}{R_{B1} + R_{B2}}$$

② 트랜지스터의 입력저항 R은 R_f에 캐패시터(CBP)가 연결되어 있을 경우 $R_{IN} = \beta R_e'$ 가 되고 연결되어 있지 않은 경우는 $R_{IN} = \beta R_f$ 로 구한다.

③ 입력 임피던스 Z는 다음과 같이 구해진다.

$$Z_{IN} = \frac{R_B \times R_{IN}}{R_B + R_{IN}}$$

④ 신호의 출력전압 $V_{O_{P-P}}$는 다음과 같다.

$$V_{O_{P-P}} = 2QI_C R_{Lac}, \quad \therefore R_{Lac} = R_{LW} \| R_L$$

⑤ 전압이득은 CBP가 연결되어 있을 경우

$$A_V = \frac{R_{Lac}}{R_e'} \text{ 가 되고}$$

CBP가 연결되어 있지 않은 경우

$$A_V = \frac{R_{Lac}}{R_f} \text{ 가 된다.}$$

20.4 스위치로서의 트랜지스터

그림20.9는 NPN 트랜지스터의 스위칭 작동을 나타낸다. 트랜지스터가 전자 스위치로 사용할 때 트랜지스터는 포화(ON)와 차단(OFF) 영역을 반복적으로 동작한다. 그림 20.10은 PNP트랜지스터의 스위칭 작동을 나타낸다.

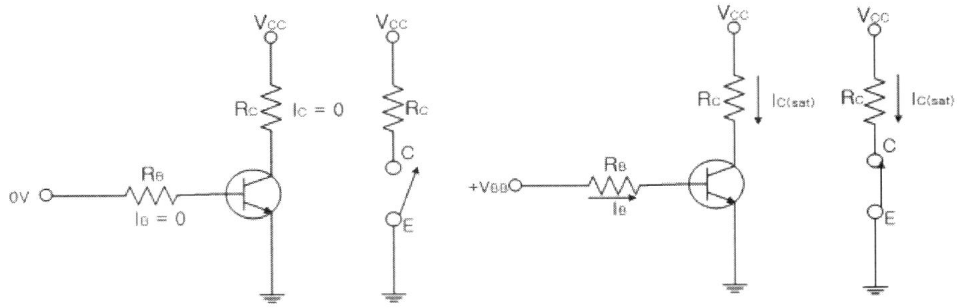

(a) $V_{CE(cutoff)} = V_{CC}$

(b) $I_{C(sat)} = \dfrac{V_{CC} - V_{CE(sat)}}{R_C}$

$$I_{B(min)} = \frac{I_{C(sat)}}{\beta}$$

그림20.9. NPN 트랜지스터의 스위칭동작

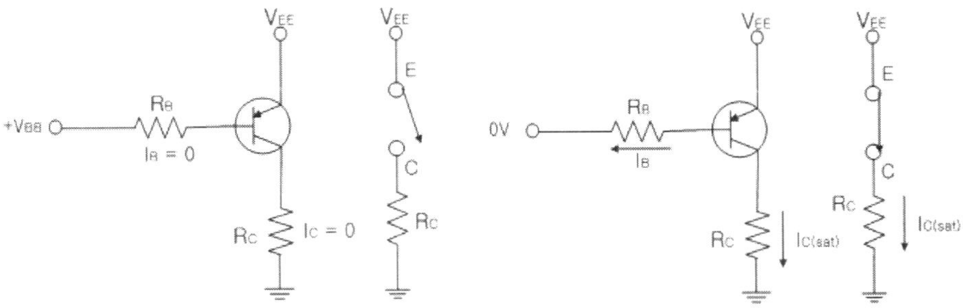

그림20.10 PNP트랜지스터의 스위칭동작

Ⅱ 실험

실험 1

(가) 그림20.11 회로를 구성하시오.

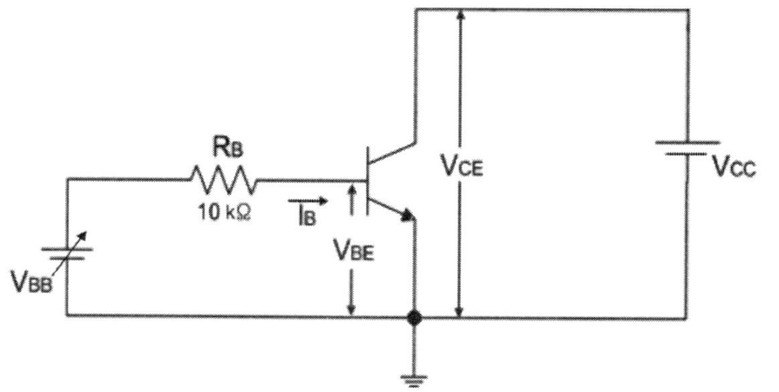

그림 20.11 (NPN 트랜지스터 2SC3198)

(나) V_{CE}를 1V_{CC}에 맞추고 I_B를 $5\mu A \sim 50\mu A$까지 $5\mu A$ 단계로 증가시키면서 V_{BE}를 측정한 후 표20-1에 기록하고. 표20-1의 결과값을 그림20-12 그래프에 그리시오.

표20-1

V_{CE}= 1V										
$I_B[\mu A]$	5	10	15	20	25	30	35	40	45	50
$V_{BE}[V]$										

(다) V_{CE}를 4V_{CC}에 맞추고 I_B를 $5\mu A \sim 50\mu A$까지 $5\mu A$ 단계로 증가시키면서 V_{BE}를 측정한 후 표20-2에 기록하고. 표20-2의 결과값을 그림20-12 그래프에 그리시오.

표20-2

V_{CE}= 4V										
$I_B[\mu A]$	5	10	15	20	25	30	35	40	45	50
$V_{BE}[V]$										

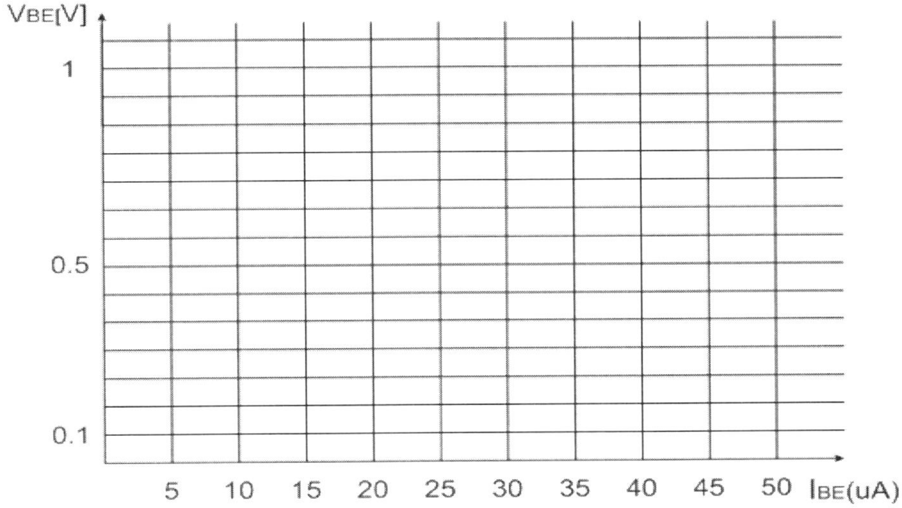

그림20-12

실험 2

(가) 실험 1의 회로를 이용하여 다음 실험을 하시오.

(나) I_B를 $20\mu A$에 맞추고 V_{CE}를 $0 \sim 2V$까지 $0.2V$ 단계로 증가시고, 그 다음 $2 \sim 10V$까지는 2V 단계로 증가시키면서 I_C를 측정한 후 표20-4에 기록하고. 표20-3의 결과값을 그림20-13 그래프에 그리시오.

표20-3

I_B= 20uA										
$C_{CE}[V]$	0.2	0.4	0.6	0.8	1.0	1.2	1.4	1.6	1.8	2.0
$I_C[mA]$										
$C_{CE}[V]$	4	6	8	10						
$I_C[mA]$										

(다) I_B를 $40\mu A$에 맞추고 V_{CE}를 $0 \sim 2V$까지 $0.2V$ 단계로 증가시고, 그 다음 $2 \sim 10V$까지는 2V 단계로 증가시키면서 I_C를 측정한 후 표20-4에 기록하고, 표20-4의 결과값을 그림20-13 그래프에 그리시오.

표20-4

I_B= 20uA										
$C_{CE}[V]$	0.2	0.4	0.6	0.8	1.0	1.2	1.4	1.6	1.8	2.0
$I_C[mA]$										
$C_{CE}[V]$	4	6	8	10						
$I_C[mA]$										

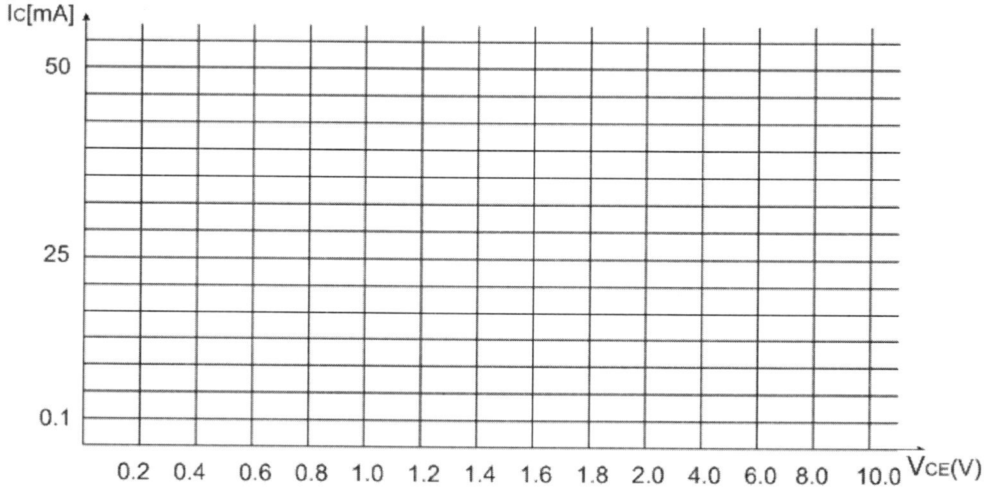

그림20-13

실험 3

(가) 그림20.14의 회로를 구성하시오. ($V_{CC}\ = 9V,\ \ R_B\ = 3.3k\Omega,\ \ R_C\ = 330\Omega$)

(나) 사용된 트랜지스터의 V_{CE} 와 β값을 조사하여 기록하시오.

V_{CE} = [V] , β =

(다) 포화(saturation)에 필요한 최소의 베이스전류를 계산하시오.

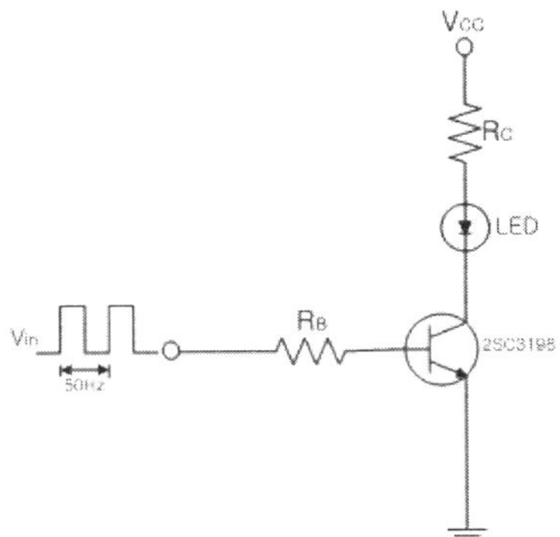

그림20.14 트랜지스터 스위치작용 회로

$I_{C(sat)}$ = ______________ $[mA]$　　$I_{B(min)}$ = ______________ $[\mu A]$

(라) 회로의 베이스전류 I_B는 얼마인지 계산하시오. 이때 확실히 트랜지스터를 포화시키기 위해서 베이스전류 최소값의 2배값을 사용한다.

$I_B = \frac{V_{R_B}}{R_B} = \frac{V_{in} - V_{BE}}{R_B} =$ ______________ $[mA]$　$V_{in} - V_{BE} = 2I_{B(min)}R_B =$ ______________ $[V]$

(마) (나)~(라)에서 구한 결과를 이용하여 2Hz 구형파를 입력한 후 회로의 동작을 관찰하고, LED의 애노드 측과 캐소드 측의 파형을 오시로스코프로 측정하여 그림 20.15에 그리시오.

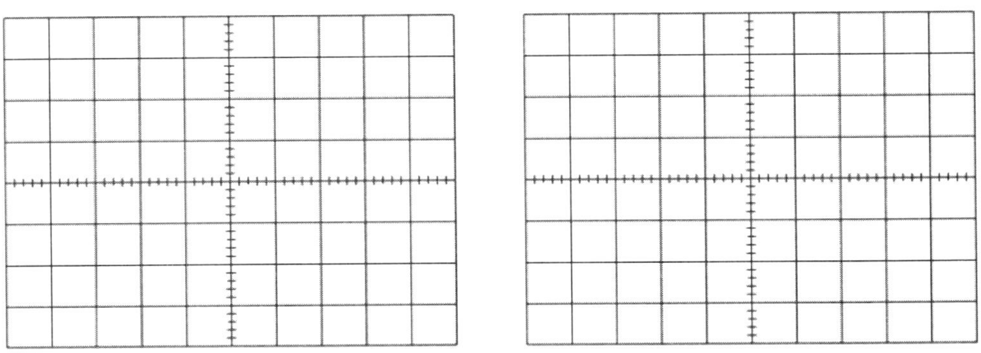

TIM/DIV=　　VOL/DIV=　　TIM/DIV=　　VOL/DIV=

그림20.15

실 험 보 고 서

실험제목			실험일자	
학년	반	학번	실험조	성명

실험 1

V_{CE}= 1V										
$I_B[\mu A]$	5	10	15	20	25	30	35	40	45	50
$V_{BE}[V]$										

V_{CE}= 4V										
$I_B[\mu A]$	5	10	15	20	25	30	35	40	45	50
$V_{BE}[V]$										

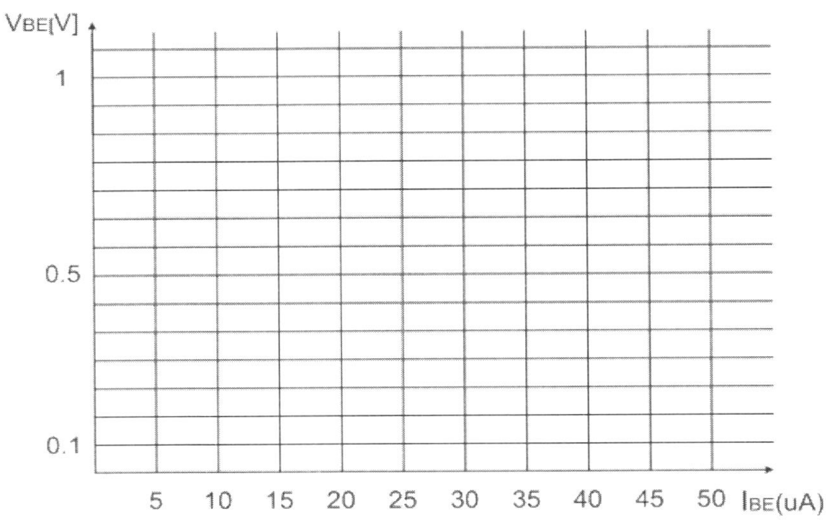

절취선

실험 2

I_B= 20uA										
$C_{CE}[V]$	0.2	0.4	0.6	0.8	1.0	1.2	1.4	1.6	1.8	2.0
$I_C[mA]$										
$C_{CE}[V]$	4	6	8	10						
$I_C[mA]$										

I_B= 20uA										
$C_{CE}[V]$	0.2	0.4	0.6	0.8	1.0	1.2	1.4	1.6	1.8	2.0
$I_C[mA]$										
$C_{CE}[V]$	4	6	8	10						
$I_C[mA]$										

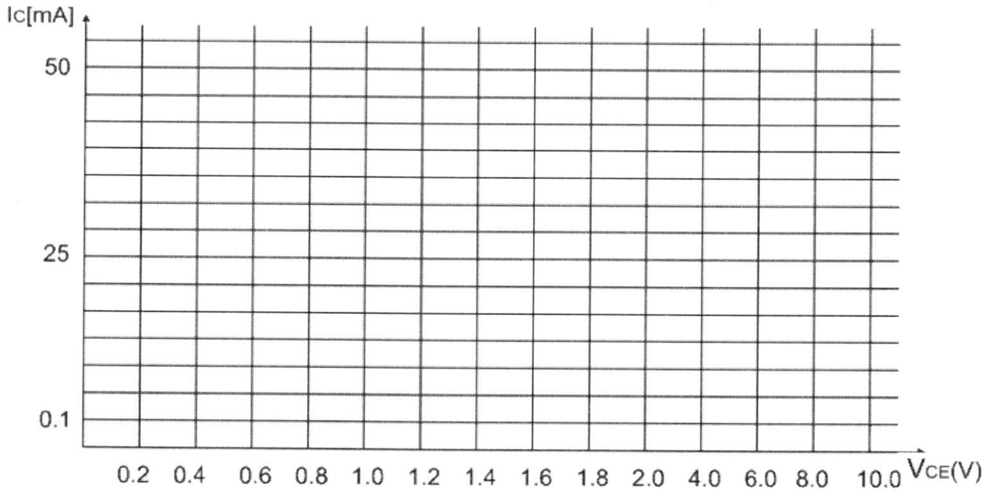

실험 4

$V_{CE} =$ $[V]$, $\beta =$

$I_{C(sat)} =$ $[mA]$

$I_{B(min)} =$ $[\mu A]$

$I_B = \dfrac{V_{R_B}}{R_B} = \dfrac{V_{in} - V_{BE}}{R_B} =$ $[mA]$

$V_{in} - V_{BE} = 2I_{B(min)} R_B =$ $[V]$

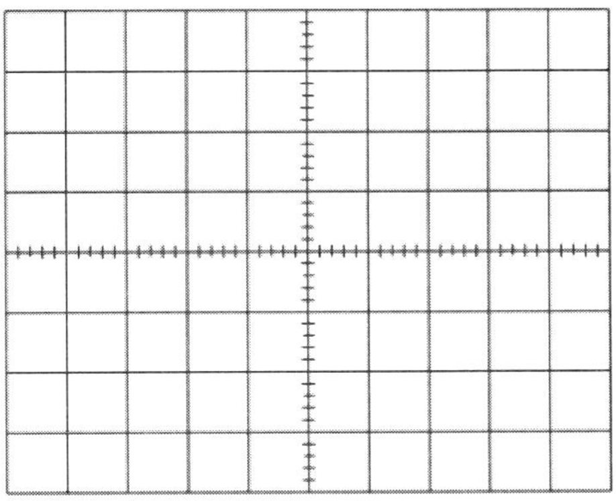

TIM/DIV= VOL/DIV=

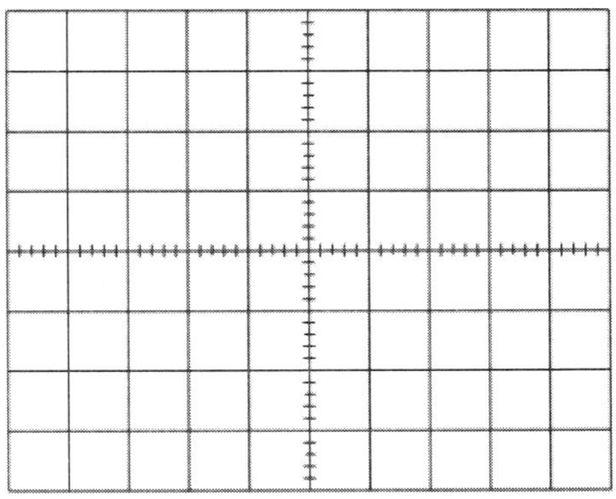

TIM/DIV= VOL/DIV=

실험 21 트랜지스터 응용

실습목적	트랜지스터의 각종 응용회로를 제작하여 그 동작상태를 확인하여 트랜지스터의 용도를 이해한다.		
실습준비물	계측기	• 오실로스코프 • 가변직류전원	1대 1대
	부 품	• 브레드보드		1개
		• 저항	220Ω, 470Ω, 680Ω, 2.2kΩ, 4.7kΩ, 10kΩ, 47kΩ, 100kΩ	
		• 트랜지스터	2SC3198, 2SA1015 kTD1413, kTB1423	각2개
		• 캐패시터	22uF	2개
		• 릴레이	DC6V SPST	1개
		• LED	적색	2개
		• 모터	DC 1A용	1개
		• 스위치		2개
		• 다이오드	IN4001	3개

Ⅱ 실험

실험 1

(가) 그림21.1(a)의 회로를 브레드보드에 구성하시오.

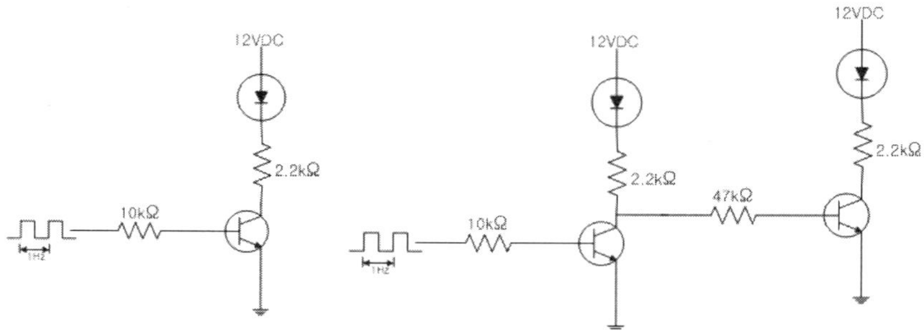

(a) 1개의 트랜지스터 (b) 2개의 트랜지스터

그림21.1 LED 구동회로

(나) 트랜지스터의 베이스에 1Hz의 구형파를 입력하였을 때 LED의 동작 상태를 확인하고, 설명하시오.

(다) 그림21.1(b)의 회로를 브레드보드에 구성하시오.

(라) 트랜지스터의 베이스에 1Hz의 구형파를 입력하였을 때 LED의 동작 상태를 확인하고, 설명하시오.

실험 2

(가) 그림21.2의 회로를 구성하시오.

(나) 트랜지스터 베이스의 스위치를 ON/OFF하였을 때 릴레이의 동작 상태를 확인하고, 설명하시오.

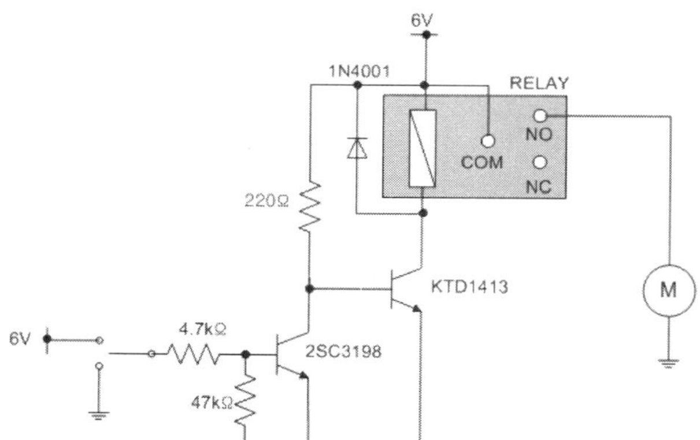

그림21.2 릴레이 구동회로

실험 3

(가) 그림21.3의 회로를 구성하시오.

(나) 트랜지스터 베이스의 스위치 동작에 따른 출력 전압값을 측정한 후, 회로의 동작을 설명하시오.

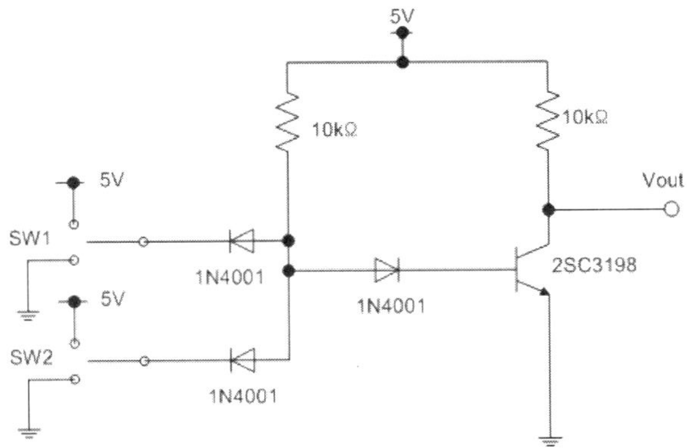

그림21.3 실험회로

실험 4

(가) 그림21.4의 회로를 구성하시오.

(나) 트랜지스터 베이스의 스위치 동작에 따른 출력 전압값을 측정한 후, 회로의 동작을 설명하시오.

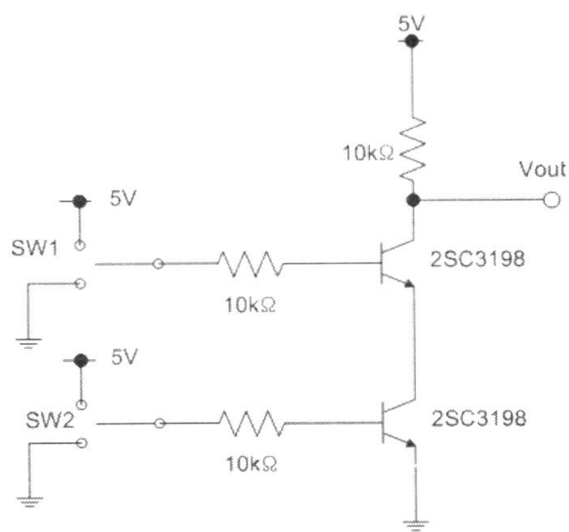

그림21.4 실험회로

실험 5

(가) 그림21.5의 회로를 구성하시오.

(나) 회로의 동작을 설명하시오.

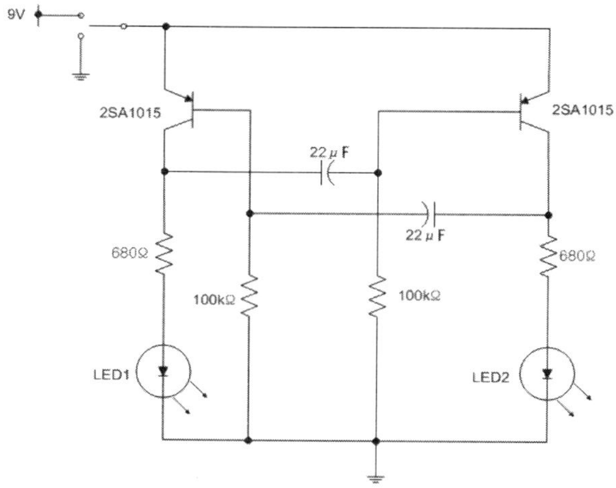

그림21.5 실험회로

실험 6

(가) 그림21.6(a)와 그림21.6(b)의 회로를 구성하시오.

(나) 두 회로의 동작을 비교 설명하시오.

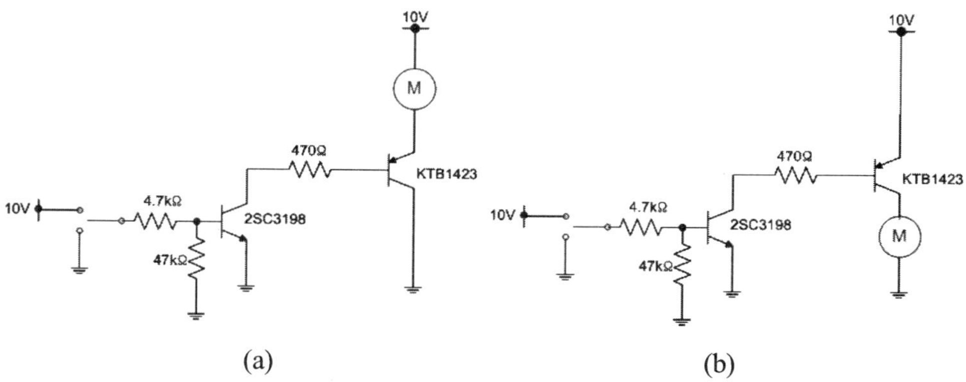

그림21.6 실험회로

실험 7

(가) 그림21.7(a)와 그림21.7(b)의 회로를 구성하시오.

(나) 두 회로의 동작을 비교 설명하시오.

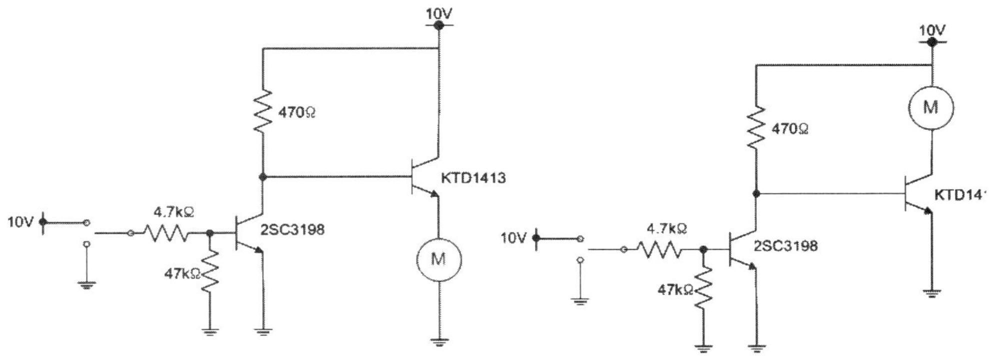

(a) (b)

그림21.7 실험회로

실험 8

(가) 그림21.8의 회로를 구성하시오.

(나) 회로의 동작을 설명하시오.

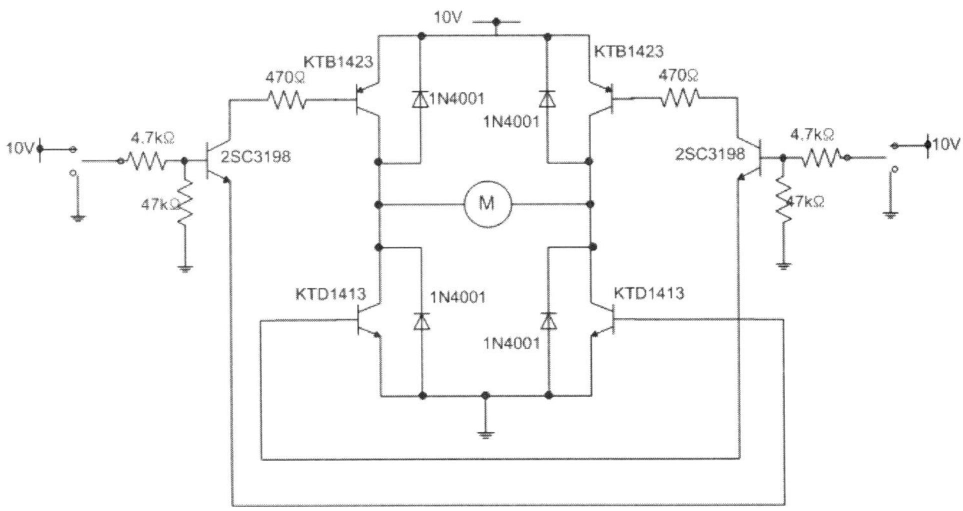

그림21.8 실험회로

절
취
선

실 험 보 고 서

실험제목			실험일자	
학년	반	학번	실험조	성명

실험 1

회로의 동작 설명

실험 2

회로의 동작 설명

실험 3

회로의 동작 설명

실험 4

회로의 동작 설명

실험 5

회로의 동작 설명

실험 6

회로의 동작 설명

실험 7

회로의 동작 설명

실험 8

회로의 동작 설명

실험 22 전계효과트랜지스터 특성

실습목적	전계효과트랜지스터(FET)의 특성과 종류를 이해하고 실험을 통하여 확인한다. 전계효과트랜지스터(FET)의 용도와 사용법을 학습한다.		
실습준비물	계측기	• 디지털 멀티미터 • 가변직류전원 • 함수발생기 • 오실로스코프		2대 1대 1대 1대
	부 품	• 브레드보드		1개
		• FET	2SK30, 3N187	각1개
		• SPST 스위치		2개

I 이론

22.1 접합형전계효과트랜지스터(Junction Field Effect Transistor:JFET)

일반적으로 트랜지스터는 바이폴라 트랜지스터로 두가지 형태의 캐리어, 전자와 정공의 운동에 의해서 동작한다. 이와는 달리 유니폴라 트랜지스터는 극성(P채널, N채널)에 따라 전자나 정공 중 하나만을 캐리어로 사용하는 단극성의 트랜지스터로서 전계효과 트랜지스터(FET : field effect transistor)가 있다. FET는 높은 입력임피던스의 전압제어소자로 다단증폭기의 입력단에 사용되며, 접합형(junction FET:JFET)과 금속산화반도체형(metal oxide semiconductor FET : MOSFET)의 두 가지 종류가 있다. 10MHz이하의 주파수에서는 JFET가 널리 사용된다. JFET와 MOSFET 모두 드레인 전류 I_D가 게이트의 전압에 의해 제어되는 전계효과 트랜지스터이다. 그러나 이 두 종류의 FET는 물리적으로나 동작원리에서 완전히 다르다.

22.1.1 JFET의 구조와 동작원리

JFET는 게이트(gate), 드레인(drain), 소스(source)의 3단자를 가지고 있으며 채널은 N형 또는 P형 반도체로 이루어져 있다. 드레인과 소스의 단자 리드는 채널의 위아래에 옴 접촉으로 되어 있다. 채널의 양쪽에 위치하고 있는 게이트는 반도체 접합을 이루고 있어 접합형 FET라고 불리 운다. JFET는 N채널과 P채널의 두 종류가 있다. JFET의 회로기호는 그림22.1에서와 같은 기호를 사용하며 N채널의 경우에는 게이트의 화살표 방향은 N채널을 향하며 가운데 또는 소스에 가깝게 표시한다. N채널과 반대로 P채널의 경우에는 게이트의 화살표 방향이 채널 쪽에서 나오는 방향으로 되어 있다. P채널 FET는 N채널과 비교하여 드레인 전압(V_{DD})과 게이트전압(V_{GG})의 극성을 반대로 해야 한다.

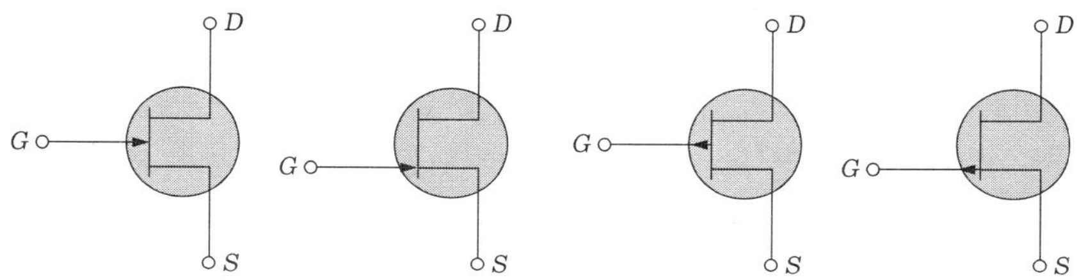

(a) N채널 JFET (b) P채널 JFET

그림22.1 JFET의 기호

22.1.2 JFET의 드레인 특성

N채널 JFET의 경우, I_D에 대한 드레인-소스 전압 V_{DS}의 효과는 그림 22.2의 회로에 의해 실험적으로 결정될 수 있다. V_{GG}는 게이트 바이어스이고, V_{DD}는 드레인 전압이다. 전압계 M_2는 V_{DS}를 측정하고, 전류계 M_1은 V_{DD}의 변화에 따른 I_D를 측정한다.

게이트와 소스간의 전압이 0인 경우(V_{GS}=0V), 게이트와 소스가 단락된다.

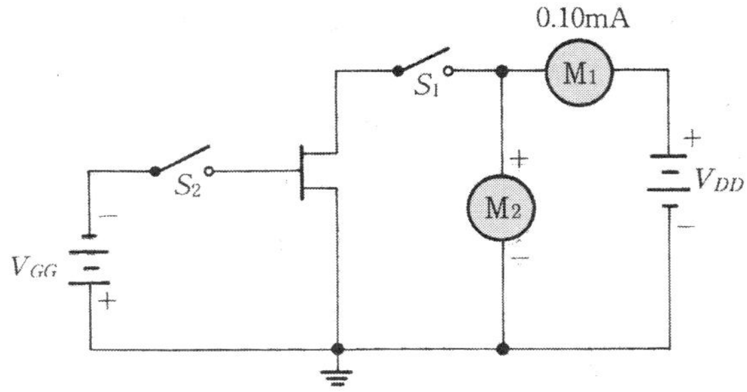

그림22.2 N채널 JFET의 드레인 특성을 결정하기 위한 회로

V_{DD}가 0에서 증대되면 그림 22.3의 A, B점 사이의 그래프와 같이 I_D는 V_{DS}에 비례하여 증가할 것이다. V_{DS}와 I_D 사이에는 옴 법칙이 성립되기 때문에 이것을 저항영역(Ohmic region)이라고 한다. B점에서부터 I_D는 비교적 일정한 값으로 되는데 이 값을 I_{DSS}라 한다. 게이트와 드레인 간의 역방향전압(V_{GS})이 채널을 충분히 좁혀 채널저항이 증가하기 시작하는 곳이 바로 이점(B점)이다. 이 점에서의 V_{GD}값을 핀치오프 전압 V_P라고 부른다.

그림 22.4는 V_{DS}=0일 때 V_{DS}에 대한 I_D의 변화를 보여준다. V_{DS}가 0V부터 핀치오프전압 V_P까지 증가함에 따라 I_D는 0부터 JFET를 손상시키지 않는 범위의 최대의 드레인 전류 I_{DSS}까지 증가한다. V_{DS}가 V_P까지 증가할 때 드레인 전류는 I_{DSS}와 같은 값을 가진다.

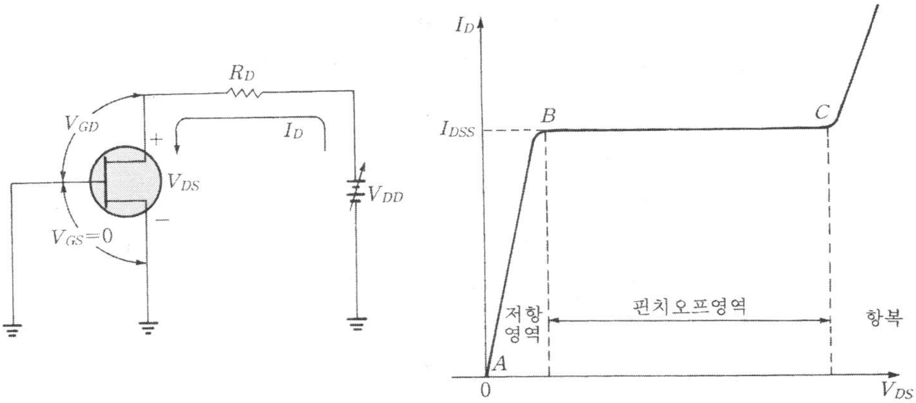

그림22.3 V_{GS}=0V에 대한 드레인 특성곡선

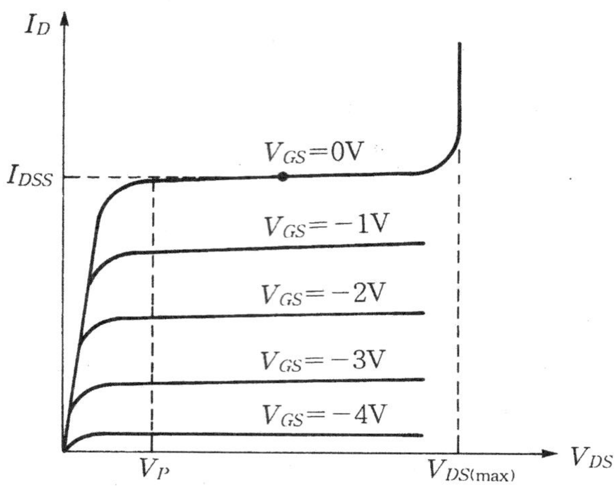

그림22.4 JFET의 드레인 특성곡선

JFET는 통상적으로 I_D와 변화가 거의 없는 V_P에서 최대 V_{DS}까지의 범위에서 동작한다. 만약, V_{DS}가 최대 V_{DS}를 넘어 계속 증가하면 I_D가 급격히 증가하여 JFET를 파괴하게 되는 눈사태 현상을 일으키게 된다. 따라서 최대는 V_{GS}=0일 때 FET가 안전하게 동작하는 드레인-소스 전압의 최대값이다. 핀치오프 전압 V_P는 I_D가 일정하게 되는 전압의 출발점이다. V_{GS}가 $-V_P$의 값이 될 때, 즉 게이트 바이어스가 $-V_P$일 때 드레인 전류가 차단됨을 알 수 있다.

22.1.3 JFET의 전달 특성

전달 특성 또는 상호 컨덕턴스의 특성은 FET의 동작 조건을 평가하는 데 사용된다. 이 특성은 그림 22.2의 회로를 사용하여 그릴 수 있다. 그러나 V_{GS}가 변화하는 동안 V_{DS}는 일정한 값을 유지하고 I_D가 측정된다. 결과는 그림 22.5과 유사하다.

전달 특성을 보면 곡선의 끝점이 (1) V_{GS}=0, I_D=I_{DSS}, (2) V_{GS}= V_{GS}(OFF)=-4, ID=0 이고, 점 2는 V_{GS}= V_{GS}(OFF)일 때 최소 드레인 전류를 표시한다. V_{GS}가 I_D를 제어하기 때문에 V_{GS}와 I_D의 관계가 대단히 중요하다. 그림 22.5은 V_{GS}와 I_D와의 관계를 그래프 적으로 보여주는 전형적인 전달 특성곡선이다. 그림 22.8에서

특성곡선의 하단 V_{GS}끝이 축상에 있고 그 값이 V_{GS}(OFF)임에 유의하라. 그리고 특성곡선의 상단 끝이 I_D축상에 있고 그 값은 I_D임에 유의하라. JFET의 동작의 한계는 $V_{GS}=V_{GS}$(OFF)일 때 I_D=0이고 V_{GS}=0일때 $I_D=I_{DSS}$이다.

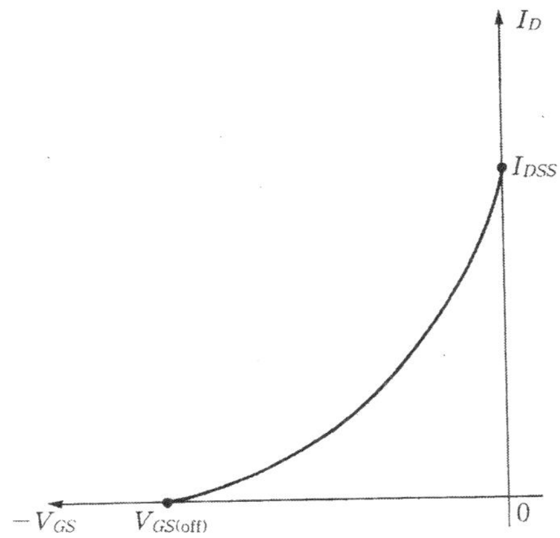

그림22.5 JFET의 전달 특성곡선

따라서 다음과 같은 수식으로 표현 할 수 있다.

$$I_D = I_{DSS}\left[\frac{1-V_{GS}}{V_{GS}(OFF)}\right]^2$$

여기서, V_{GS}(OFF)와 I_{DSS}를 알면 어떤 V_{GS}에 대해서도 I_D를 결정할 수 있다. V_{GS}(OFF)와 I_{DSS}는 FET의 규격표에서 알 수 있다. 윗식을 자승법칙이라 하며 JFET를 흔히 자승법칙 소자라고 한다.

22.2 금속산화반도체형 전계효과트랜지스터(metal oxide semiconductor FET:MOSFET)

22.2.1 MOSFET 구조와 동작원리

(1) **증가형** MOSFET(enhancement-type MOSFET)

MOSFET은 JFET과 마찬가지로 드레인 전류 I_D가 게이트에 가해지는 전압 V_G에 의해 제어되는 전계효과 트랜지스터이다. 그러나 MOSFET은 실제 모양과 동작 원리에 있어서 JFET과 다르며, MOSFET이 제작되는 방법에 따라 공핍형(depletion type)과 증가형(enhancement type)으로 구별되며, 게이트가 절연 물질로 구성된 MOSFET이 게이트가 역방향으로 된 pn접합에 의해 구성되는 JFET보다는 훨씬 더 큰 입력 임피던스를 가지게 된다.

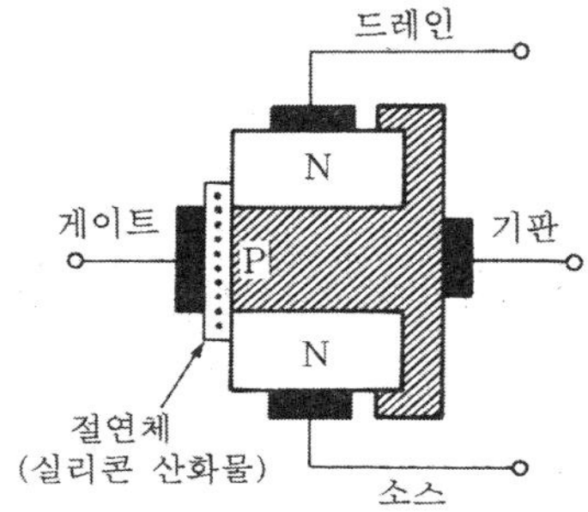

그림22.6 N형 증가형 MOSFET 구조

증가형 MOSFET에서는 드레인과 소스 단자 사이에 채널이 없으며, 그림 22.6과 같이 N형 드레인과 소스는 P형 기판(substrate)에 의해 분리된다.

게이트는 FET의 본체와 절연되어 있기 때문에, MOSFET을 절연 게이트 FET(insulated gate FET : IGFET)라고도 불리며 특별한 외관적인 채널이 존재하지 않음에도 그림 22.6의 MOSFET은 N형 증가형 FET라고 한다.

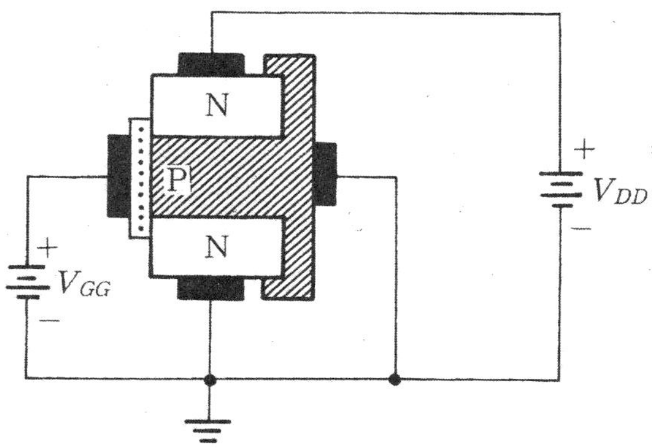

그림22.7 증가형 MOSFET의 바이어스 방법

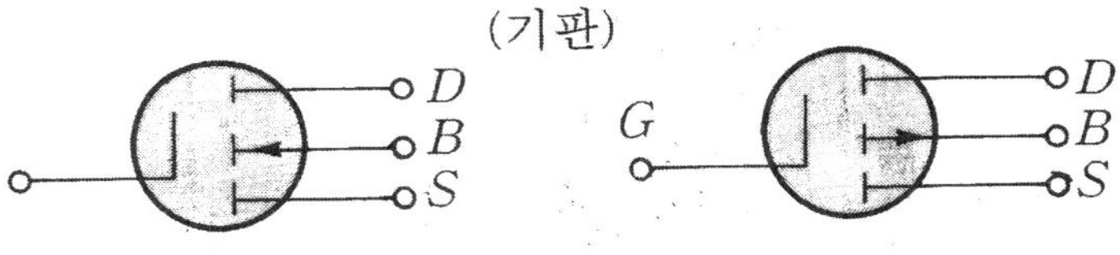

(a) (b)

그림22.8 증가형 MOSFET 기호 (a) N형, (b) P형

N형의 증가형 MOSFET은 게이트가 소스에 비해 문턱 전압이라고 하는 양의 값을 가져야만 전류를 흘리며, 그렇지 않을 경우에는 전류를 흘릴 수 없다. 게이트는 기판으로부터 절연되어 있으므로, 게이트가 기판에 비해 양의 전압을 갖더라도 게이트 전류는 흘릴 수 없다. 즉, MOSFET은 높은 임피던스를 갖는 트랜지스터이며, N형 혹은 P형의 증가형 MOSFET의 기호가 그림 22.8(a) 및 (b)에 나타나 있다. 수직으로 그려진 점선이 증가형 MOSFET을 나타낸다.

22.2.2 공핍형 MOSFET(depletion-type MOSFET)

그림 22.9의 N형 공핍형 MOSFET은 증가형 MOSFET과 비슷하나, 아무런 바이어스전압이 가해지지 않더라도 N형 채널이 형성되어 있다는 점에서 증가형 MOSFET과 다르며, 공핍형 MOSFET은 게이트 전압이 양의 값, 혹은 음의 값인가에 관계없이 동작한다.

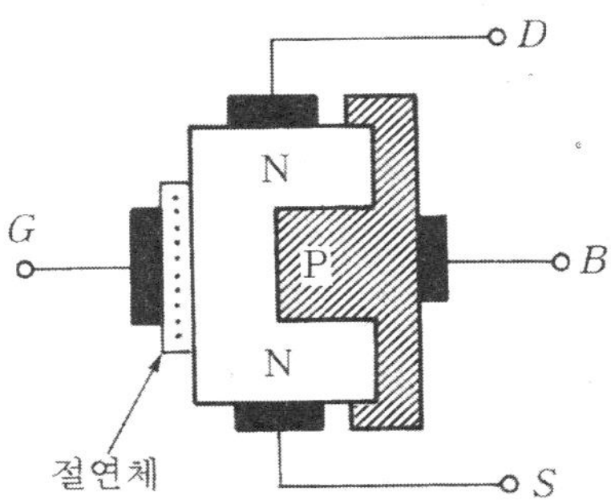

그림22.9 N형 공핍형 MOSFET

게이트가 소스에 대해 양의 값을 가지면 FET는 증가형으로 동작하며, 음의 값

을 가지면 공핍형으로 동작한다. 공핍형 MOSFET은 P채널 및 N기판으로 만들 수 있으며, N채널 및 P채널 공핍형 MOSFET의 기호가 그림 22.10에 나타나 있다.

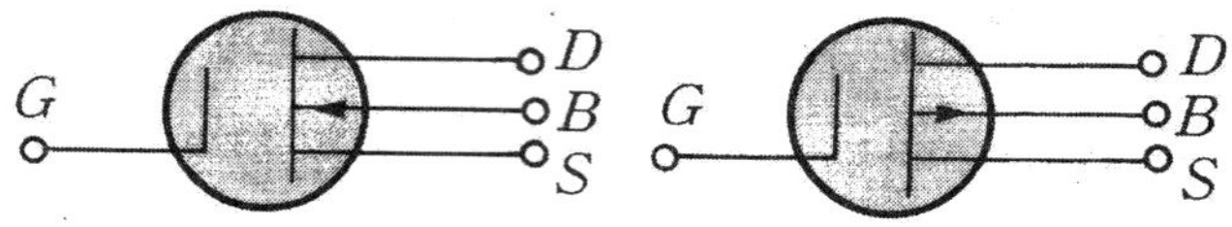

(a) (b)

그림22.10 공핍형 MOSFET 기호 (a) N형, (b) P형

Ⅱ 실험

실험 1

(가) 그림 22.2와 같이 회로를 연결하고 스위치 S_1을 열어둔다. 이때 $V_{GS} = 0\,V$가 되게 하라.

(나) $V_{DD} = 0\,V$가 되게 하고 스위치 S_1을 닫는다. $V_{DS} = 0\,V, V_{GS} = 0\,V$일 때의 드레인 전류 I_D를 측정하여 표 22.1에 기록하라.

(다) V_{DS}가 0.5V가 되도록 V_{DD}를 증가시켜 $V_{DS} = 0.5\,V, V_{Gs} = 0\,V$일 때의 전류 I_D를 측정하여 표 22.1에 기록하라.

(라) V_{DS}가 표22.1에 나타난 값이 되도록 V_{DD}를 증가시키고 각 경우에 대해 드레인 전류 I_D를 측정하여 표 22.1에 기록하라.

(마) 스위치 S_1을 열고 게이트와 접지 사이의 연결을 푼다.

실험 2

(가) 그림 22.2의 회로에서 게이트에 전압 V_{GG}가하고 스위치S_1, S_2를 연다.

(나) V_{DD}와 V_{GG}를 0V로 조정하고, 스위치 S_1, S_2를 조정하시오. 이 후 전원을 켠다.

(다) $V_{GS} = -0.25\,V$가 되도록 V_{GG}를 조정하라.

(라) $V_{DS} = 0\,V$일 때의 드레인 전류 I_D를 측정하여 표 22.1에 기록하라.

(마) $V_{DS} = 0\,V$가 표 22.1에 나타난 값이 되도록 V_{DD}를 증가시키고 각 경우에 대해 드레인 전류 I_D를 측정하여 표 22.1에 기록하라.

(바) $V_{GS} = -0.5\,V$가 되도록 V_{GG}를 증가시키고 (라),(마)를 반복하라.

(사) V_{GS}가 표 22.1에 나타난 값이 되도록 V_{GG}를 증가시키고 각 경우에 대해 드레인 전류가 차단될 때까지 (라),(마)를 반복하라.

표22.1 게이트 전압이 0V일 때(VGS=0V)와 역바이어스 걸렸을 때

V_{DS}(V)	I_D(mA)									
	V_{GS}(V)									
	0	-0.25	-0.5	-0.75	-1.0	-1.25	-1.5	-1.75	-2.0	-2.5
0										
0.5										
1.0										
1.5										
2.0										
2.5										
3.0										
3.5										
4.0										
4.5										
5.0										
7.0										
9.0										
11.0										
13.0										
15.0										

실험 3

(가) 스위치 S_1과 S_2를 열고, V_{DD}=15V, $V_{GG}=-2.5\,V$가 되도록 조정하라.

(나) 스위치 S_1과 S_2를 닫는다. V_{DS}=15V를 유지하면서 표 22.2에 나타난 각 V_{GS}에 대한 드레인 전류 I_D를 측정하여 표 22.2에 기록한 후 스위치 S_1을 연다.

(다) 표 22.2의 자료를 이용하여 드레인 특성곡선을 그리시오. 수평축이 V_{DS} ,수직축이 I_D가 되게 하고, V_{GS}의 값에 따라 각 특성곡선과 V_P를 같게 하라.

(라) 표 22.2의 자료를 이용하여 전달 특성을 그리시오. 수평축이 V_{GS},수직축이 I_D가 되게 하라.

(마) 표 22.2의 결과치로부터 전달 컨덕턴스 g_m을 계산하라.

표22.2 전달특성

V_{GS}(V)	-2.5	-2.0	-1.75	-1.5	-1.25	-1.0	-0.75	-0.5	-0.25	0
I_D(mA)										

①드레인 특성곡선

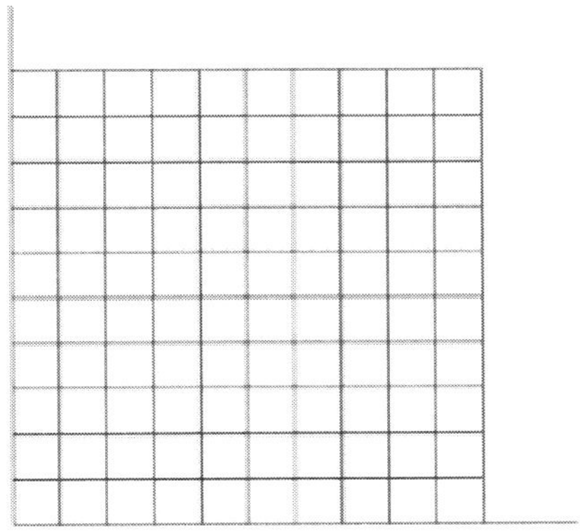

② 전달특성곡선

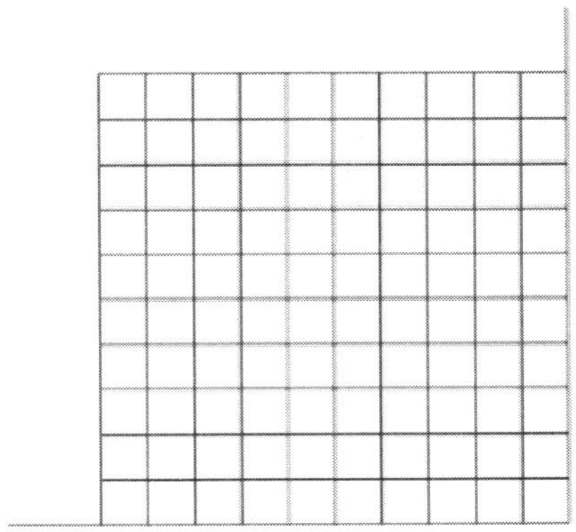

실험 4

(가) 그림 22.11은 측정하려는 MOSFET 3N187의 아래쪽 단자 연결도를 보여준다. 그림 14-14의 회로도를 연결하라. 스위치 S_1 및 S_2는 열어놓은 상태이며, V_{DD}는 0V에 V_{GG}는 -0.8V에 고정되어 있다.

(나) S_1 및 S_2를 닫고 $V_{GS} = -0.8\,V$, $V_{DS} = 0\,V$일 때의I_D를 측정하여 표 14-1에 기록하라.

(다) V_{GS}를 -0.8V로 고정하고 V_{DS}를 +1V, 3V 등 표 22.3에 있는 대로 증가시키면서 I_D를 측정하고 그 결과를 기록하라.

(라) V_{GS}를 -0.7V로 감소시킨 후, 표 22.3에 있는 각 V_{DS}의 값에 대해 I_D를 측정하고 기록하라.

(마) V_{GS}의 각 음의 값에 대해 (4)의 과정을 반복하라.

(바) S_1 및 S_2를 열고 게이트 바이어스 전압 V_{GG}의 극성을 바꾼 후, V_{GS} = 0V 일때 및 표 22.3에 있는 각 V_{GS} 및 V_{DS}의 값에 대해 (라)의 과정을 반복하라. 표 22.3에 측정된 자료로부터 MOSFET 3N187의 드레인 특성곡선을 그려라.

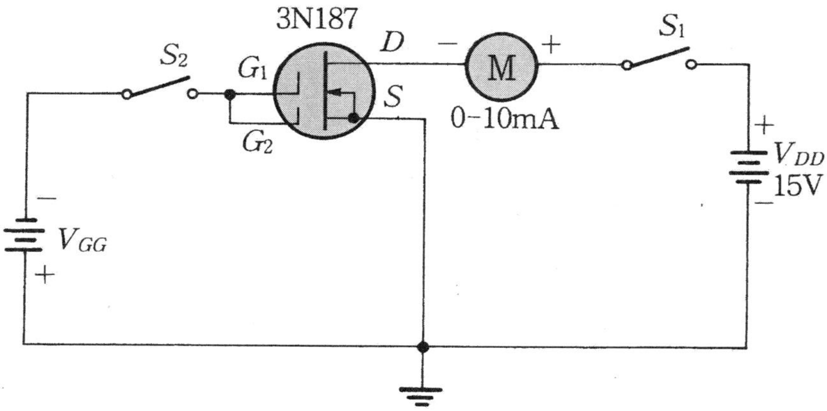

그림22.11 실험회로도

표22.3 드레인 전류 특성 측정

V_{DS} (V)	I_D(mA)								
	0	1	3	5	7	9	11	13	15
-0.8									
-0.7									
-0.6									
-0.5									
-0.4									
-0.3									
-0.2									
-0.1									
0									
+0.1									
+0.2									
+0.3									
+0.4									
+0.5									
+0.6									
+0.7									
+0.8									

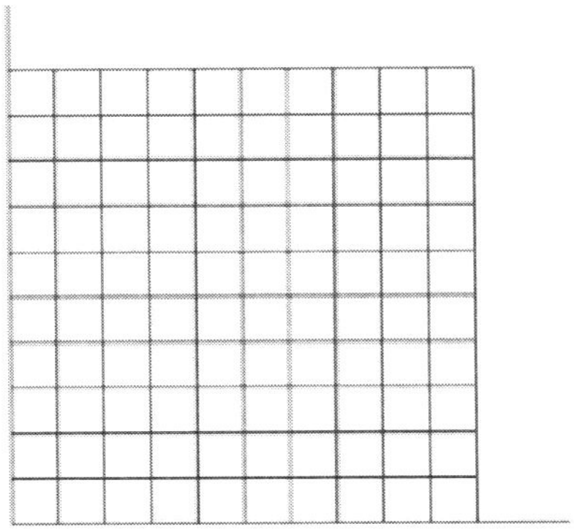

①드레인 전류 특성곡선

실 험 보 고 서

실험제목			실험일자	
학년	반	학번	실험조	성명

실험 1, 실험 2

표22.1

V_{DS}(V)	I_D(mA)									
	V_{GS}(V)									
	0	-0.25	-0.5	-0.75	-1.0	-1.25	-1.5	-1.75	-2.0	-2.5
0										
0.5										
1.0										
1.5										
2.0										
2.5										
3.0										
3.5										
4.0										
4.5										
5.0										
7.0										
9.0										
11.0										
13.0										
15.0										

절취선

실험 3

표22.2

V_{GS}(V)	-2.5	-2.0	-1.75	-1.5	-1.25	-1.0	-0.75	-0.5	-0.25	0
I_D(mA)										

①드레인 특성곡선

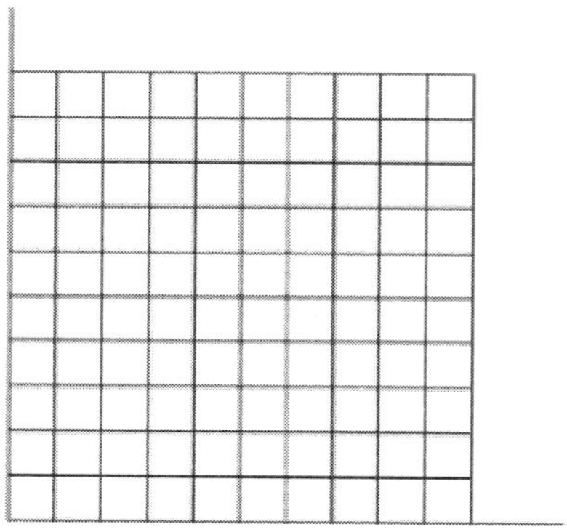

② 전달특성곡선

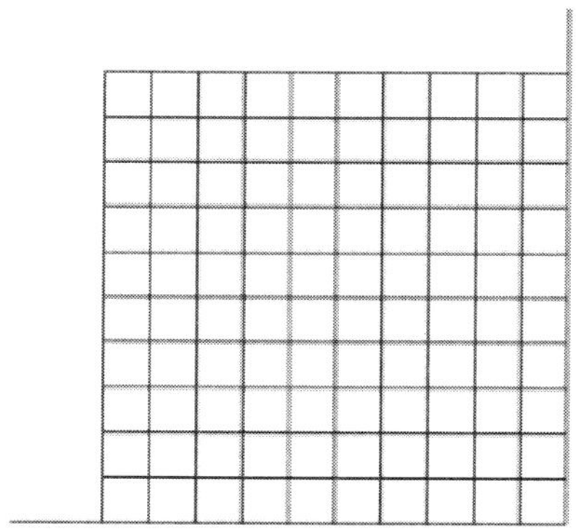

실험 4

①드레인 전류 특성곡선

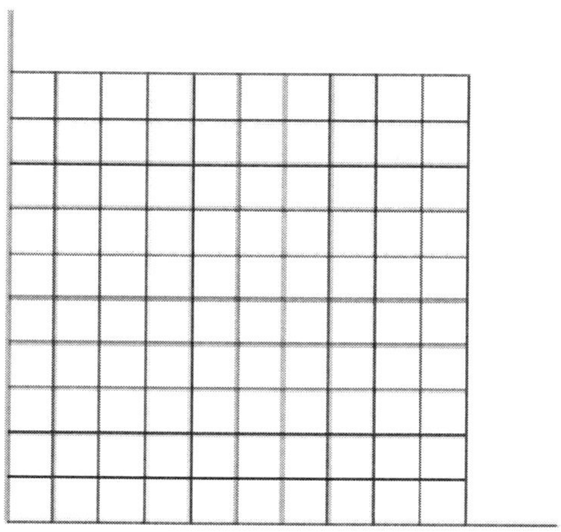

표22.3

V_{DS} (V)	I_D(mA)								
	0	1	3	5	7	9	11	13	15
-0.8									
-0.7									
-0.6									
-0.5									
-0.4									
-0.3									
-0.2									
-0.1									
0									
+0.1									
+0.2									
+0.3									
+0.4									
+0.5									
+0.6									
+0.7									
+0.8									

절취선

실험 23 연산증폭기

실습목적	• 연산증폭기(Op-Amp; operation amplifier)의 개념을 이해하고, 이상적인 연산증폭기와 실제의 연산증폭기를 비교한다. • 반전증폭기와 비반전증폭기의 특성을 실험으로 확인한다.			
실습준비물	계측기	• 오실로스코프 • 가변직류전원		1대 1대
	부 품	• 브레드보드		1개
		• 저항	5kΩ, 10kΩ, 20kΩ, 50kΩ, 70kΩ, 80kΩ, 100kΩ, 120kΩ, 200kΩ, 100Ω	각2개
		• OP-AMP	uA741	1개
		• 가변저항	100kΩ, 10kΩ	1개

I 이론

23.1 이상적인 연산증폭기

연산 증폭기는 두 개의 입력단자와 한 개의 출력단자를 갖는다. 연산증폭기는 두 입력단자 전압간의 차이를 증폭하는 증폭기이기에 입력단은 차동증폭기로 되어있다. 연산증폭기를 사용하여 사칙연산이 가능한 회로 구성을 할 수 있으므로, 연산자의 의미에서 연산증폭기라고 부른다. 연산증폭기를 사용하여서 미분기 및 적분기를 구현할 수 있다. 연산증폭기가 필요로 하는 전원은 기본적으로는 두 개의 전원인 +Vcc 및 -Vcc 가 필요하다. 물론 단일 전원만을 요구하는 연산증폭기 역시 상용화되어 있다. 신호 증폭을 위한 주증폭기의 종류로는 전압 증폭기와 전류증폭기가 있지만 여기서는 전압증폭기만을 취급한다. 일반적인 op-amp 는 아래 그림23.1과 같이 생긴 8 pin IC 이다.

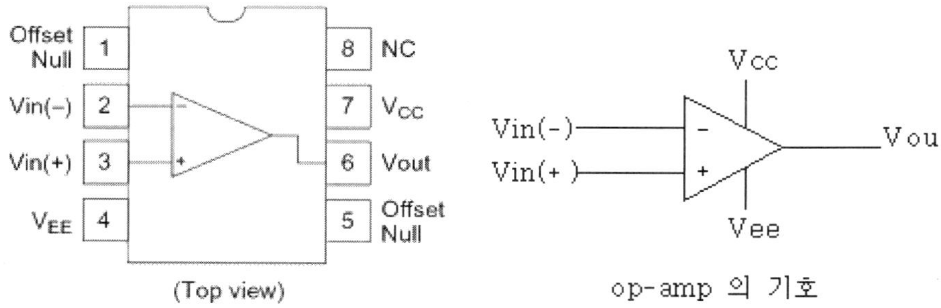

그림23.1 일반적인 OP-AMP 외형도와 기호

표23-1은 그림23.1의 각 pin 이 의미하는 것을 설명한 것이다.

표23-1

pin 번호	이름	기능
2	Vin(-) : 반전입력	입력단자
3	Vin(+) : 비반전입력	
6	Vout : 출력	출력단자
4	Vee, V-	op-amp를 구동하기 위한 전원입력으로, 일반적으로 Vee에는 -15V, Vcc에는 +15V를 연결한다.
7	Vcc, V+	
1, 5	offset null, trim, balance	output offset을 0으로 조정해 주기위해 사용하며 두 pin을 가변저항으로 서로 연결하여 사용한다. 대개의 회로에서 사용하지 않는다.
8		사용하지 않음

23.1.1 이상적인 연산증폭기

다음 조건을 만족하는 연산증폭기를 이상적인 연산증폭기라고 부른다.

(1) 무한대의 전압이득 : $A_v = \infty$

(2) 무한대의 입력저항 : $R_{in} = \infty$

(3) 영 옴인 출력저항 : $R_{out} = 0\Omega$

(4) 무한대의 대역폭 : $BW = \infty$

(5) 입력전압이 '0'일 때 출력전압 '0' : zero offset

(6) 온도에 따른 소자 파라미터 변동이 없어야 한다.

실제로 어떠한 연산증폭기도 위의 개루프 특성을 만족시킬 수는 없으나 이상적인 연산증폭기에 근사하게 되므로 별 문제는 없다.

23.1.2 연산증폭기의 등가회로와 표시 기호

그림23.2(a)의 등가회로에서 두 입력단자 V_1, V_2를 연결한 입력 저항 Z_{in}, 차동모드 입력 V_s와 차동모드 이득 A_v의 곱으로 나타난 전원과 출력 저항 Z_{out} 및 출력전압 V_0를 나타내고 있다. 그림23.2 (b)의 기호에서는 두 개의 입력 단자와 단일의 출력 단자를 나타내며, 전원은 보통 ±5~15 [V]의 양극성전원을 사용하며 기호에서는 생략하고, 단일전원을 인가할 수도 있다.

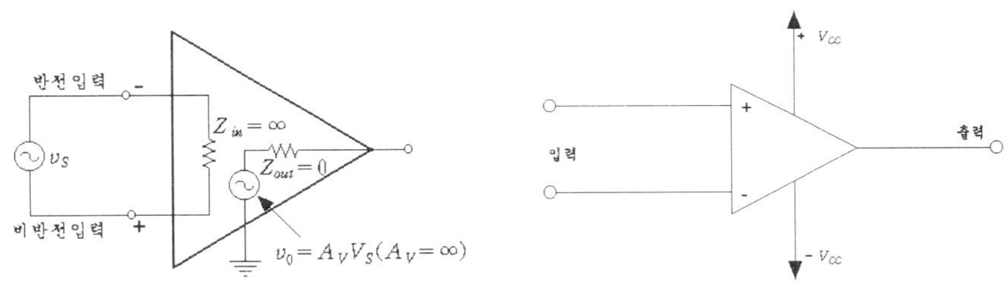

(a) OP Amp의 등가회로 (b) 기호

그림23.2 Op-Amp의 등가회로와 기호

23.1.3 가상접지(virtual ground)

이상적인 연산증폭기의 전압이득이 무한대이기에, 증폭기 입력단자간의 전압은 영(zero)이 되며 이는 단락을 의미한다. 그러나 이 단락현상을 물리적인 실제적 단락이 아니기에 이를 가상접지라고 한다. 연산증폭기의 입력저항이 무한대이기에 입력단자로 전류가 유입될 수 없다. 즉 그림23.1에서 증폭기를 들여 다 본 입력저항은 무한대이면서, 그 양단 전압은 영이 됨을 유의해야 한다.

23.2 연산증폭기 전기적 특성

23.2.1 입력정수

① 입력 offset전압(V_{IO})

V_{IO} 는 출력전압을 0으로 만들기 위하여 입력 단자중의 하나에 인가되는 전압이다. 이상적인 연산증폭기의 경우 출력전압 offset은 0이 된다.

② 입력 bias 전류(I_{IB})

I_{IB} 는 두 입력 단자에 흐르는 전류의 평균값이다. 이상적인 경우 두 입력 단자의 bias전류는 같게 된다.

③ 입력 offset 전류 (I_{IO})

I_{IO}는 출력전압이 0인 경우에 두 입력단자의 bias전류의 차이다.

④ 입력저항(R_i)

R_i는 어느 한 입력단자가 접지되었을 경우 다른 입력단자에서 입력측을 들여다 본 입력저항이다.

23.2.2 출력 정수

① 출력저항(R_0)

R_0는 연산증폭기의 출력측에서 들여다 본 저항이다.

② 출력 단락회로 전류 (I_{OS})

I_{OS} 는 연산증폭기가 부하에 흘릴 수 있는 최대 출력전류이다.

③ 출력전압 swing(± $V_{0\,max}$)

$V_{0\,max}$ 는 연산증폭기가 포화되지 않고, 부하 저항에 공급할 수 있는 최대 출력전압이다.

23.2.3 동특성 정수

① 개루프 전압이득 (A_{OL})

A_{OL}은 외부 feedback이 없는 경우에 출력전압에 대한 비이다.

② 대신호 전압이득

출력 전압을 '0'에서 어떤 특정 전압까지 변화시키는 데 필요한 입력전압의 변화에 대한 최대 전압 swing의 비이다.

③ slew rate(SR)

SR은 단위 전압이득(1.0)을 갖는 연산증폭기 회로의 출력전압의 시간 변화율이다.

$$SR = \frac{dv}{dt} \quad (1)$$

④ 동상성분 제거비 (CMRR)

CMRR은 연산증폭기가 두 입력단자에 동시에 가해지는 신호를 거부하는 정도를 측정하는데 사용된다. 이것은 출력전압에 대한 동상성분 입력전압의 비로 표시되고, 일반적으로 dB로 나타내며, 클수록 좋다.

23.3 반전(Inverting) 증폭회로

그림23.3과 같은 반전 증폭회로에서 입력 전압을 e_s, 출력 전압을 e_0라 하면 A점을 기준으로 등가회로에서와 같이

$$e_s = R_s i_s = -i_f R_f \tag{23.1}$$

이다. 식(23.1)의 "-"부호는 전류의 방향이 i_s와 반대방향이며, 그 크기는 i_s와 같다. 식(23.1)을 이용하여

$$e_0 = -\frac{e_s}{R_s} R_f = -\frac{R_f}{R_s} e_s \tag{23.2}$$

가 된다.

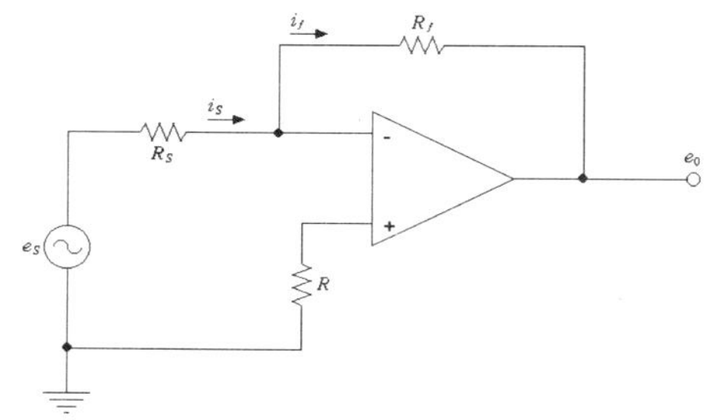

그림23.3 반전 증폭회로

식(23.2)를 이용해서 전압증폭도(A_V)를 구하면

$$A_V = \frac{e_0}{e_s} = -\frac{R_f}{R_s} \tag{23.3}$$

가 되어 그림23.2(a)의 등가회로에 나타나 있는 내부 요소와는 관계없이 R_f 와 R_s 만으로 이득이 결정되면, "-"의 의미는 입력 전압과 출력 전압과의 위상이 180° 차이가 있다는 뜻이다.

23.4 비반전(Non-inverting) 증폭회로

그림23.4의 등가회로에서와 같이

$$e_s = I_s R_s \tag{23.4}$$

$$e_0 = I_f R_f + e_s \tag{23.5}$$

이고, I_s 와 I_f 의 전류방향이 같으므로 $I_s = I_f$ 가 된다. 식(23.4)와 식 (23.5)를 이용하여

$$e_0 = \frac{e_s}{R_s} R_f + e_s = e_s\left(\frac{R_f}{R_s} + 1\right) \tag{23.6}$$

이 된다. 식(23.6)을 이용해서 A_V 를 구하면

$$A_V = \frac{e_0}{e_s} = \frac{R_f}{R_s} + 1 \tag{23.7}$$

이 되어 R_s 와 R_f 만으로 이득이 결정되고, 입력 전압과 동상이 되어 비반전 증폭회로라고 부른다.

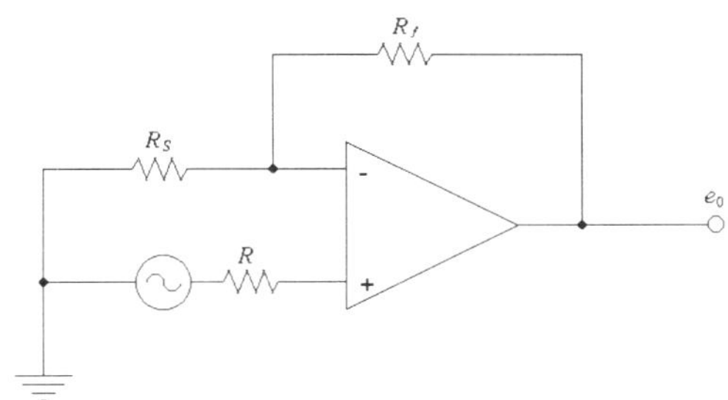

그림23.4 비반전 증폭회로

Ⅱ 실험

실험 1 입력 offset전압측정

(가) 입력 offset전압을 측정하기 위하여 그림23.5의 회로를 구성하라.

여기서 loop 이득 $A_V = \frac{R_2}{R_1}$ 이고, 입력 offset전압 $V_{IO} = \frac{V_0}{A_V}$ 이다.

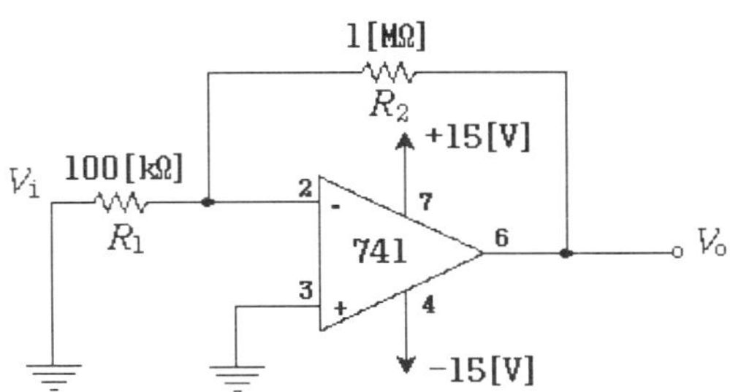

그림23.5 입력 offset전압 측정회로

(나) 출력전압 V_0를 측정하여 표에 기록하시오.

(다) 입력 offset전압 V_{IO} 를 계산하여 표23-2에 기록하시오.

표23-2

V_0 측정값 [mV]	V_{IO} 계산값 [mV]

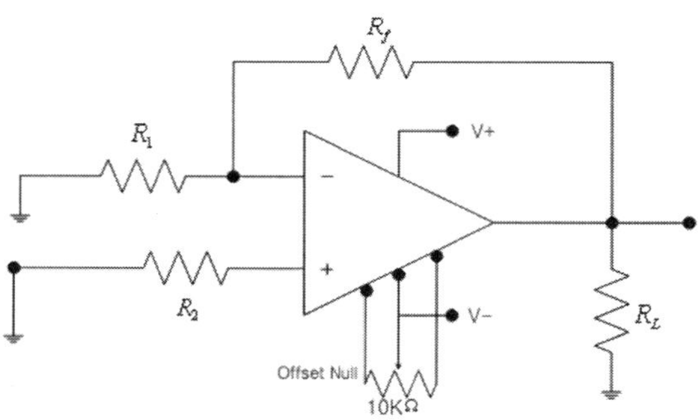

그림23.6 입력오셋조정 회로

(라) 그림23.6를 이용하여 (다)의 V_{IO} 를 0으로 조정되는지 확인하시오.

실험 2 연산증폭기의 동상신호제거

(가) 그림과 같이 회로도를 구성한다.

(나) 오실로스코프를 사용해서 동상입력전압과 출력전압의 첨두치를 측정해 표에 기록하고 동상전압이득을 계산해 기록한다. 다음으로 동상신호제거를 dB값으로 계산한다. 결과를 표23-3에 기록한다.

- 차동증폭기 전압이득=R2/R1
- 동상전압이득=Vout(cm)/Vin(cm)
- dB동상신호제거=20log(Av(d)/Acm)

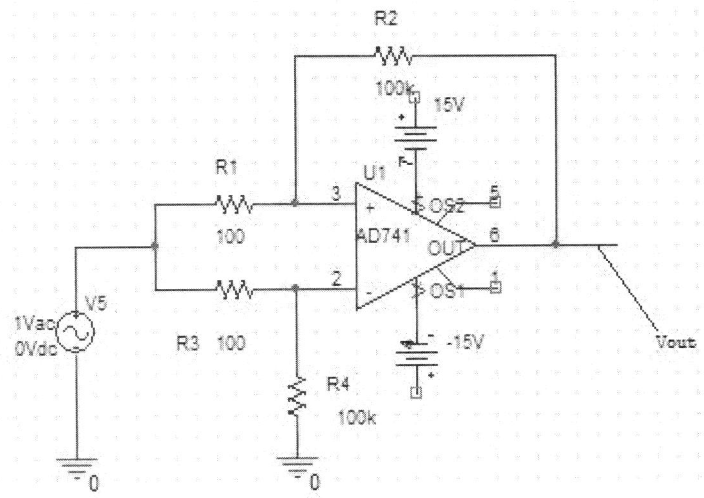

그림23.7 동상신호제거 실험

(다) R4대신에 100kΩ가변저항과 10kΩ 저항을 직렬로 연결한다.

(라) 전압을 넣어주고 6번 핀의 출력이 최소가 될 때까지 100kΩ의 가변저항을 조절한다.

(마) (나)의 실험을 실시하여 표23-4에 기록한다.

표23-3

동상입력전압의 측정값 $V_{in(cm)}$	
동상출력전압의 측정값 $V_{out(cm)}$	
동상전압이득의 계산값 Acm	
차동전압이득의 계산값 Ad	
동상신호제거의 계산값 CMR	

표23-4

동상입력전압의 측정값 vin(cm)	
동상출력전압의 측정값 vout(cm)	
동상전압이득의 계산값 Acm	
차동전압이득의 계산값 Ad	
동상신호제거의 계산값 CMR	

실험 3 반전증폭회로 실험

(가) 그림23.8 회로를 구성하시오.

(나) 입력전압 e_s에 0.4V를 인가하시오. 0.4V는 가변저항을 이용해서 만들어 인가한다. $V+$, $V-$값은 ±5V를 인가한다. R_2는 $R_1/2$로 한다.

(다) 표23-5에 제시된 저항값들에 대한 출력전압 e_o를 멀티미터로 측정하여 표23-5에 기록하시오.

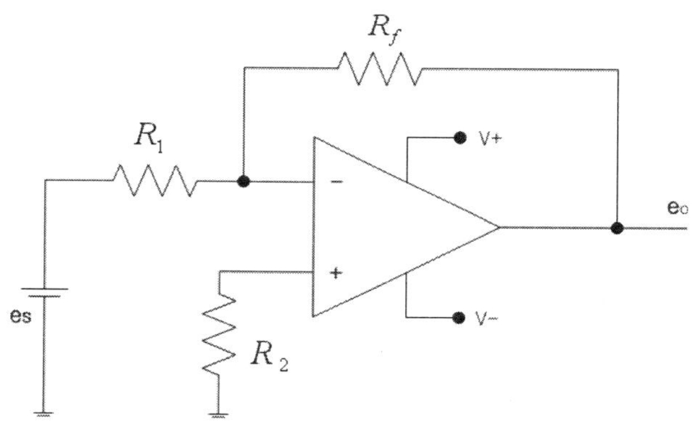

그림23.8 반전증폭기

표23-5

R1	10kΩ	10kΩ	10kΩ	10kΩ
Rf	30kΩ	70kΩ	120kΩ	5kΩ
e_o				

실험 4

(가) 그림23.9의 회로를 구성하고, ±10 [V]의 전원전압을 인가하라.

(나) 신호발생기의 출력신호를 정현파 1 V_{p-p}, 100 [Hz]로 하여 반전 입력단에 입력하여라.

(다) 저항 R_s를 $20k\Omega$, $50k\Omega$, $100k\Omega$으로 하였을 때 입력파형에 대한 출력파형을 그림23.10, 그림23.11,그림23.12에 그리시오.

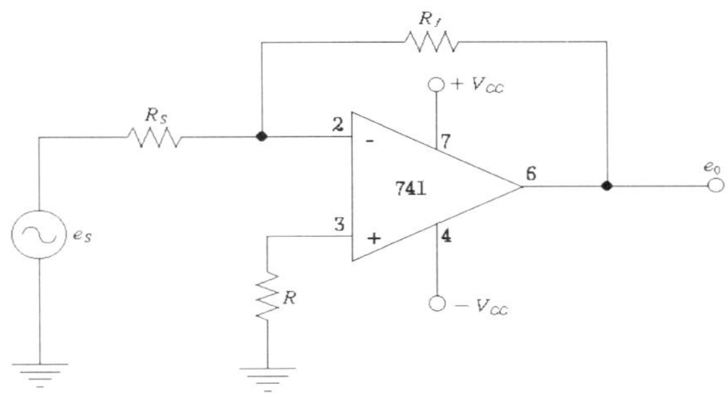

$(R_f = 100k\Omega, R = R_s/2)$

그림23.9 반전 증폭회로

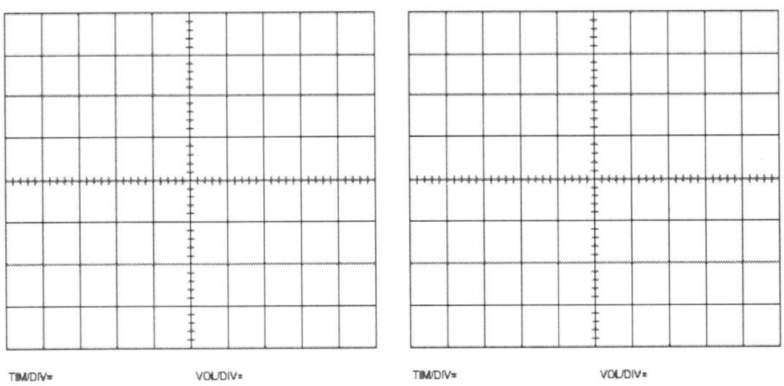

그림23.10

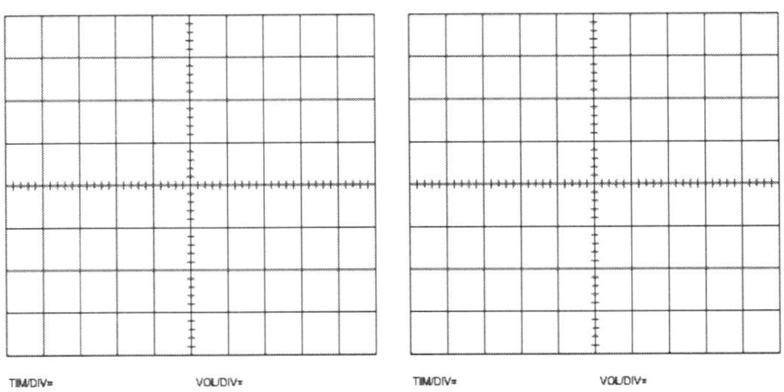

그림23.11

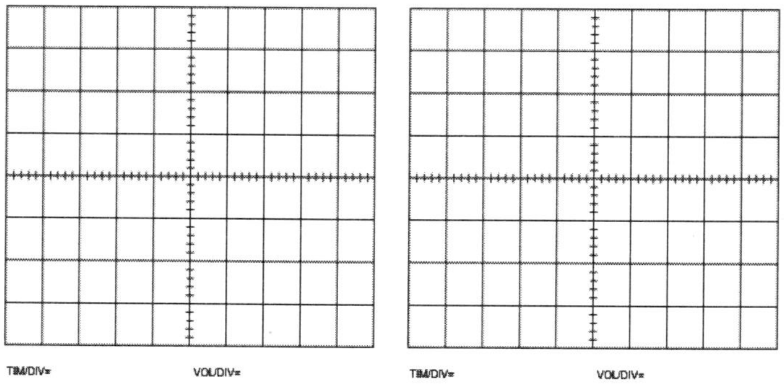

그림23.12

실험 5 비반전증폭회로 실험

(가) 그림23.13 회로를 구성하시오.

(나) 입력전압 e_s에 0.5V를 인가하시오. 0.5V는 가변저항을 이용해서 만들어 인가한다. $V+$, $V-$값은 ±10V를 인가한다.

(다) 표23-6에 제시된 저항값들에 대한 출력전압 e_o를 멀티미터로 측정하여 표23-6에 기록하시오.

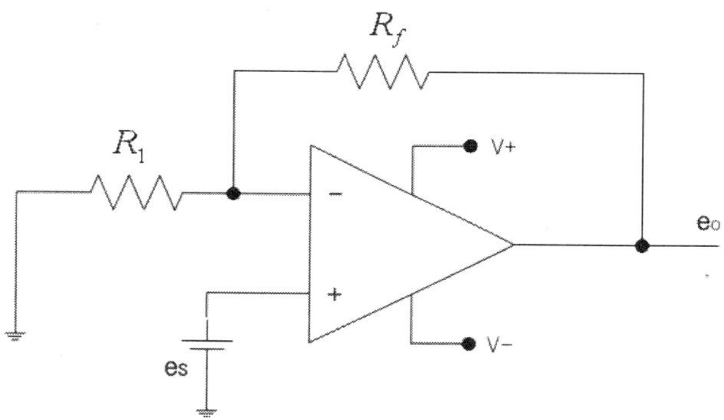

그림23.13 비반전증폭기

표23-6

R1	10kΩ	10kΩ	10kΩ	10kΩ
Rf	20kΩ	80kΩ	200kΩ	5kΩ
e_o				

실험 6　비반전 증폭회로 실험

(가) 그림23.14의 회로를 구성하고, 실험3과 동일한 방법으로 실험하여 측정하고, 측정된 결과를 그림23.15, 그림23.16,그림23.17에 그리시오.

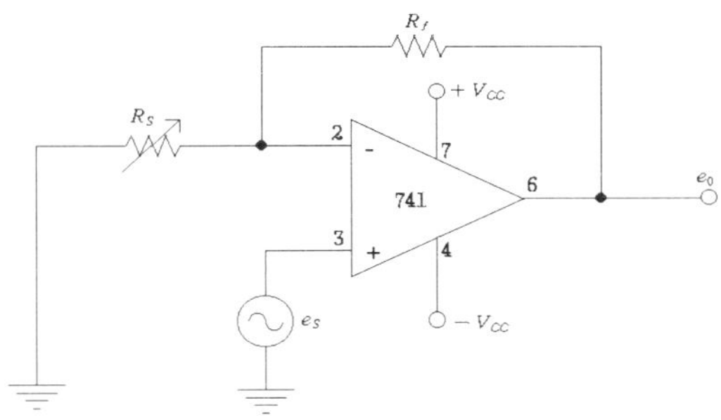

$$(R_f = 100k\Omega, R = R_s/2)$$

그림 23.14 비반전 증폭회로

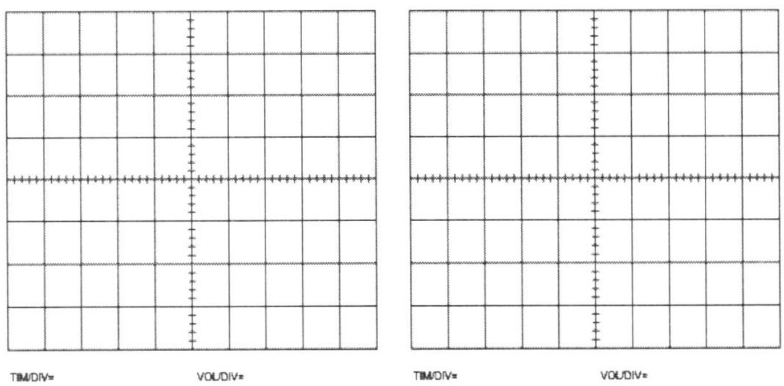

그림23.15

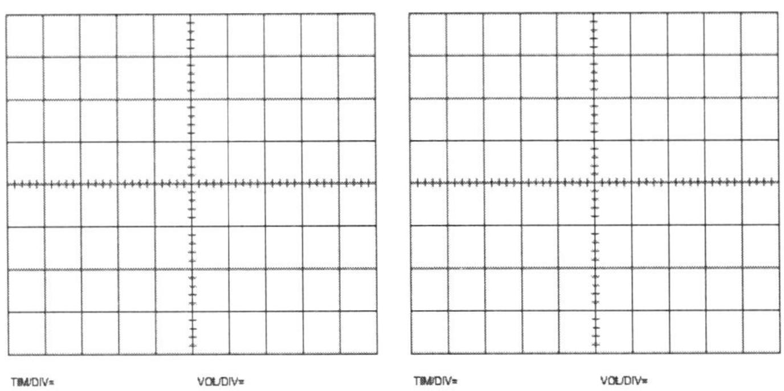

그림23.16

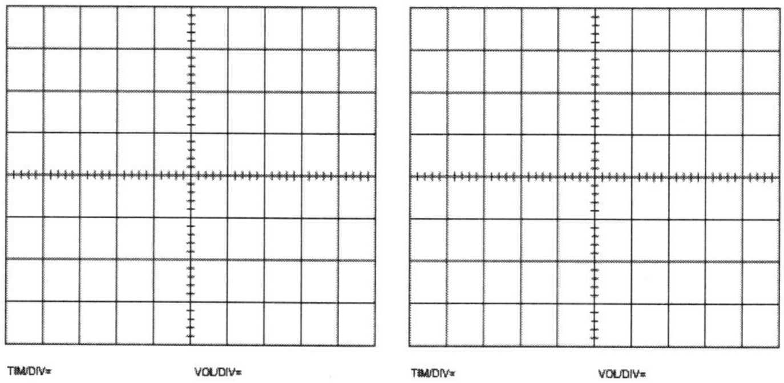

그림23.17

실 험 보 고 서

실험제목			실험일자	
학년	반	학번	실험조	성명

실험 1

표23-2

V_0 측정값 [mV]	V_{IO} 계산값 [mV]

실험 2

표23-3

동상입력전압의 측정값 $V_{in(cm)}$	
동상출력전압의 측정값 $V_{out(cm)}$	
동상전압이득의 계산값 Acm	
차동전압이득의 계산값 Ad	
동상신호제거의 계산값 CMR	

표23-4

동상입력전압의 측정값 vin(cm)	
동상출력전압의 측정값 vout(cm)	
동상전압이득의 계산값 Acm	
차동전압이득의 계산값 Ad	
동상신호제거의 계산값 CMR	

절취선

실험 3 반전증폭회로 실험

R1	10kΩ	10kΩ	10kΩ	10kΩ
Rf	30kΩ	70kΩ	120kΩ	5kΩ
e_o				

실험 4 반전증폭회로 실험

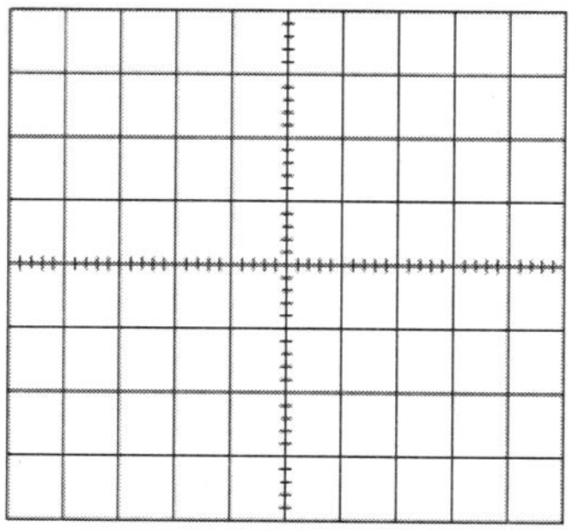

TIM/DIV= VOL/DIV=

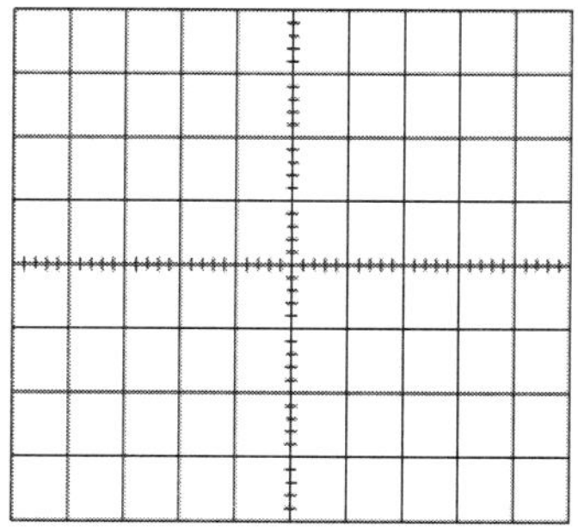

TIM/DIV= VOL/DIV=

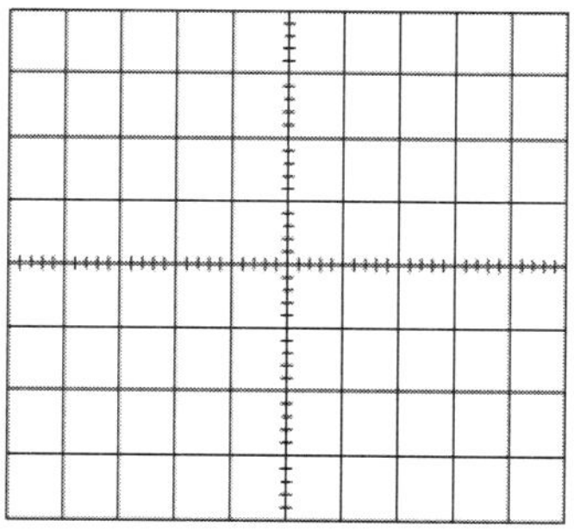

TIM/DIV= VOL/DIV=

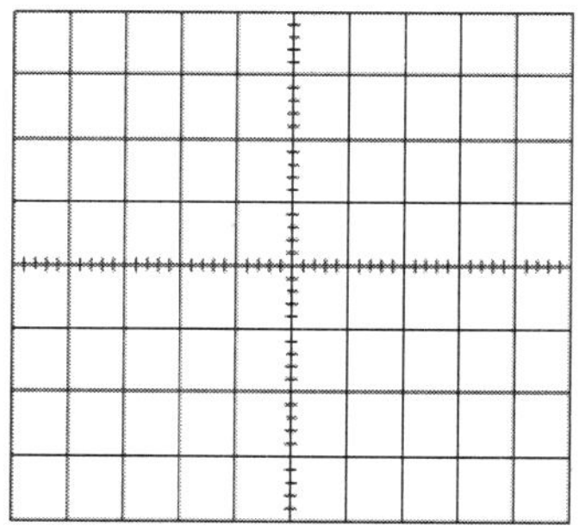

TIM/DIV= VOL/DIV=

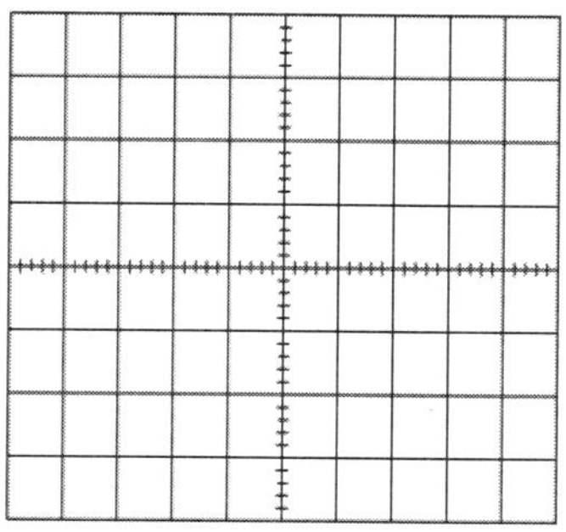

TIM/DIV= VOL/DIV=

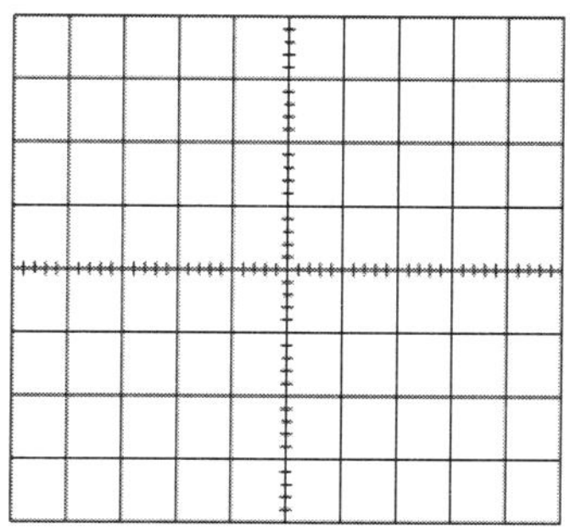

TIM/DIV= VOL/DIV=

실험 5 비반전증폭회로 실험

R1	10kΩ	10kΩ	10kΩ	10kΩ
Rf	20kΩ	80kΩ	200kΩ	5kΩ
e_o				

실험 6 비반전증폭회로 실험

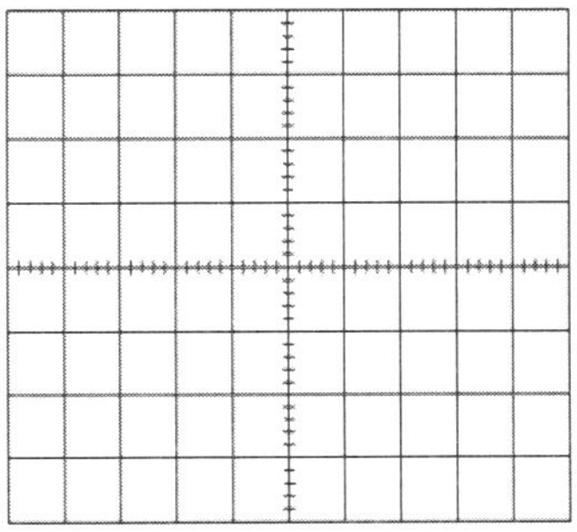

TIM/DIV= VOL/DIV=

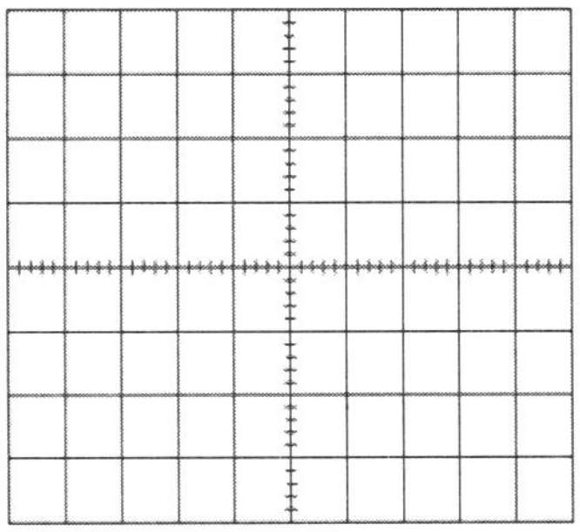

TIM/DIV= VOL/DIV=

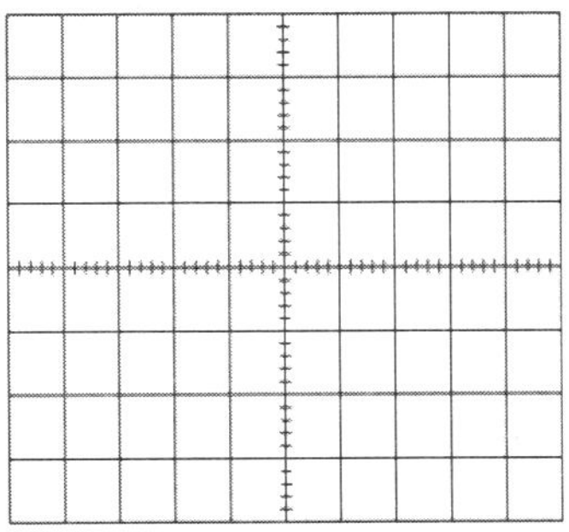

TIM/DIV= VOL/DIV=

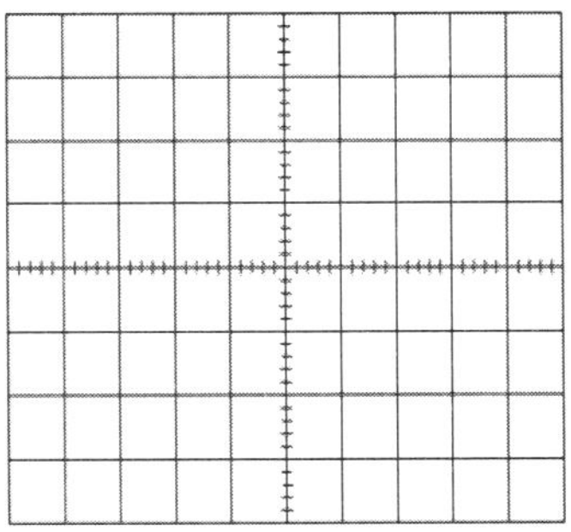

TIM/DIV= VOL/DIV=

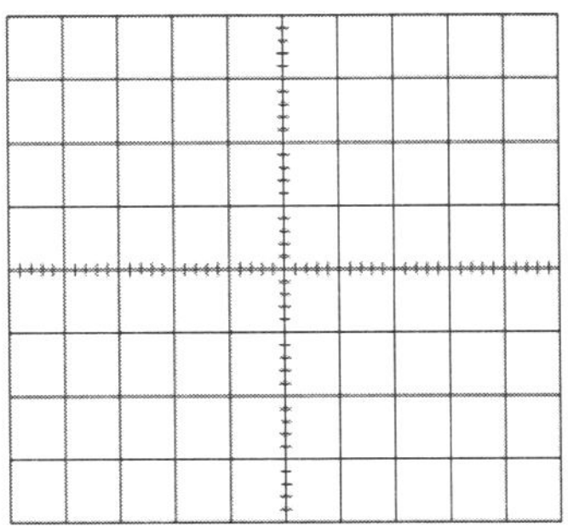

TIM/DIV= VOL/DIV=

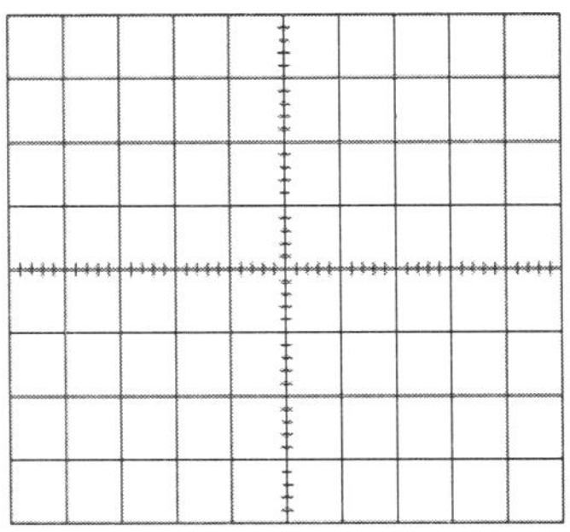

TIM/DIV= VOL/DIV=

절취선

실험 24 연산증폭기의 미·적분기, 가산기

<table>
<tr><td>실습목적</td><td colspan="3">OP-AMP를 이용한 신호의 미분 및 적분 회로의 특성을 이해하고 실험을 통하여 확인한다.</td></tr>
<tr><td rowspan="6">실습준비물</td><td>계측기</td><td colspan="1">• 오실로스코프
• 가변직류전원
• 함수발생기</td><td>1대
1대
1대</td></tr>
<tr><td rowspan="5">부 품</td><td>• 브레드보드</td><td>1개</td></tr>
<tr><td>• OP-AMP uA741</td><td>1개</td></tr>
<tr><td>• 저항 2.2kΩ,10kΩ, 22kΩ, 25kΩ, 100kΩ</td><td>각4개</td></tr>
<tr><td>• 가변저항 10kΩ</td><td>2개</td></tr>
<tr><td>• 캐패시턴스 0.0022uF, 0.0047uF</td><td>각1개</td></tr>
</table>

I 이론

24.1 적분기

적분기(integrator)는 입력신호를 수학적 적분을 하여 출력신호를 발생시키는 회로이다. 그림24.1은 연산증폭기를 사용하여 구성한 적분기를 나타낸다. 일반적으로 귀환 회로에 캐패시터 C가 있는 반전 증폭기로 동작한다. 이 회로의 출력은

$$v_0(t) = -\frac{1}{R_1 C}\int_0^t v_i(t)dt \tag{24.1}$$

이다.

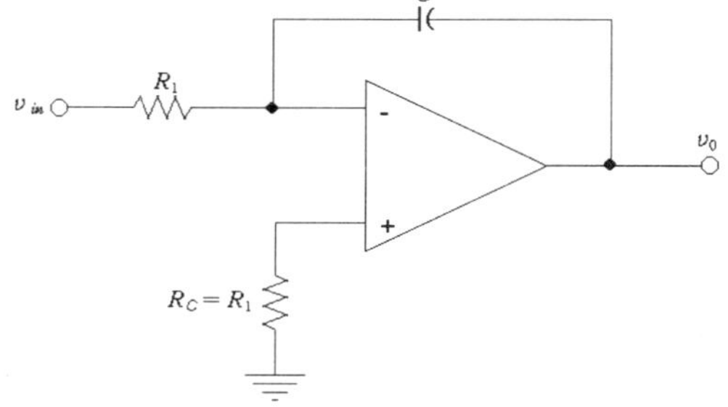

그림24.1 이상적인 적분기

그림24.2는 각종 입력전압 파형에 대한 적분기의 출력전압 파형을 보여준다.

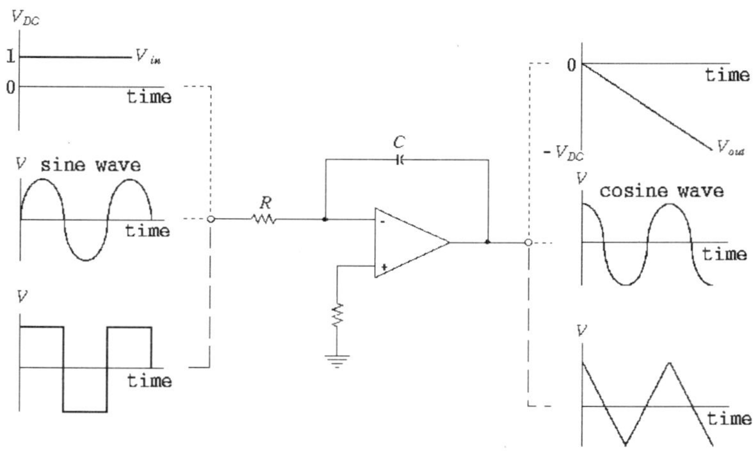

그림24.2 적분기 입력과 출력

24.2 미분기

미분기(differentiator)는 입력신호를 미분하여 출력신호를 발생시키는 회로이다. 그림24.3은 이상적인 미분기의 동작을 보여준다. 이 회로는 용량성 입력과 저항성 귀환 구성으로 적분기와 상반적이다. 이 미분기의 출력은 식(24.4)과 같다.

$$v_0 = -R_f C \frac{dv_i}{dt} \tag{24.4}$$

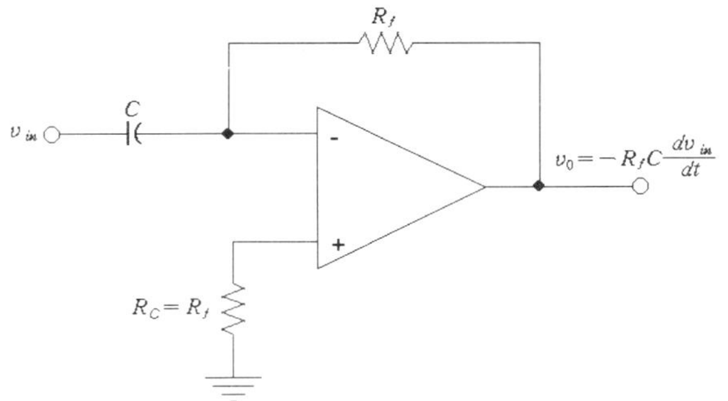

그림24.3 이상적인 미분기

따라서, 미분기 출력전압은 입력신호의 도함수에 상수 $R_f C$를 곱한 값의 반전된 값으로 나타난다. 그림24.4는 각종 입력전압 파형에 대한 미분기의 출력전압 파형을 보여준다.

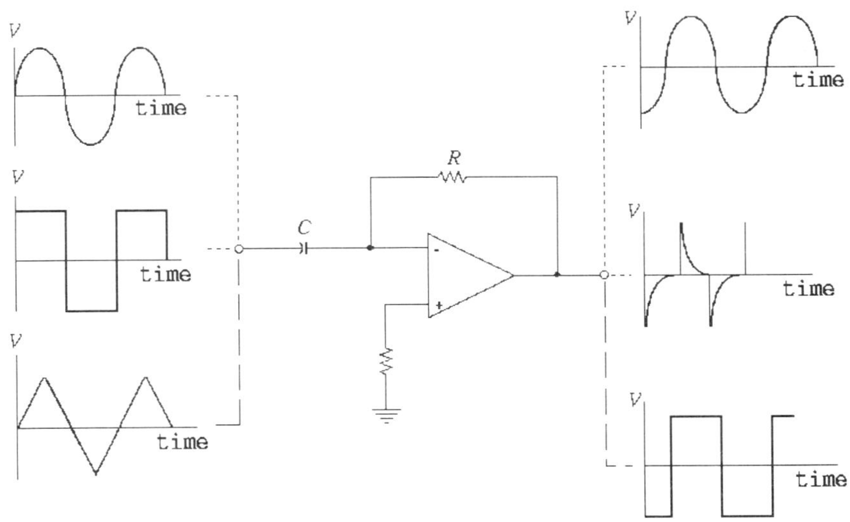

그림24.4 미분기의 입력과 출력

24.3 가산 증폭기

반전 전압 증폭기의 또 다른 장점은 한 입력 이상을 동시에 조정할 수 있는 것이다. 그림24.5의 회로에서 R_1을 흐르는 입력전류는 $i_1 = \frac{V_1}{R_1}$ 이고, R_2을 흐르는 입력전류는 $i_2 = \frac{V_2}{R_2}$, R_3을 흐르는 입력전류는 $i_3 = \frac{v_3}{R_3}$ 이다.

합 $i_1 + i_2 + i_3$ 는 R_f에 흐르게 된다. 그러므로 출력전압은 $v_{out} = -(i_1 + i_2 + i_3)R_f$ 또한

$$v_{out} = -\frac{R_f}{R_1}v_1 - \frac{R_f}{R_2}v_2 - \frac{R_f}{R_3}v_3$$

로 된다. 만약 $R_1 = R_2 = R_3 = R_f = R$이면 $V_{out} = -(V_1 + V_2 + V_3)$ 이다.

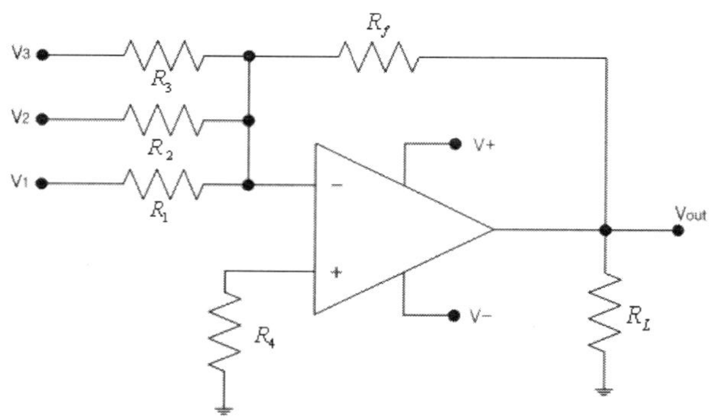

그림24.5 가산기 회로

Ⅱ 실험

실험 1 적분기

(가) 그림24.6의 적분기 회로를 구성하고 오실로스코프를 대략 다음과 같이 맞춘다.

- 채널 1,2:0.5V/DIVISION 직류결합
- 시간배율: 20us/division

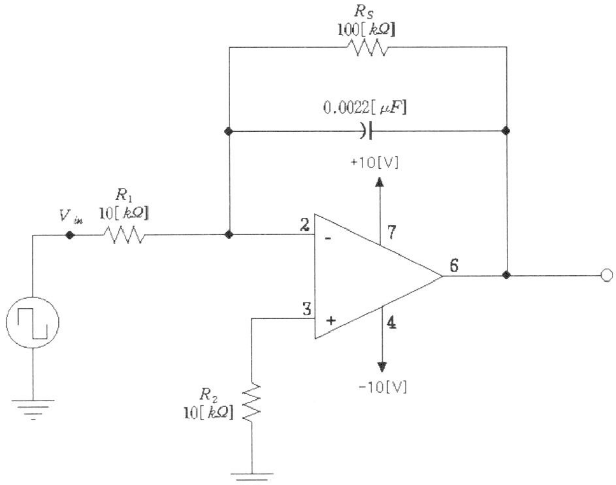

그림24.6 적분기 회로

(나) 브레드보드에 전원을 가하고 입력전압을 조절하여 첨두간 전압이 1V이고 주파수가 10khz인 구형파가 되도록 한다.

(다) 오실로스코프의 채널 2에 연결된 프로브를 잠깐 동안 제거하고 수평선을 화면의 편리한 곳에 오도록 조절한다. 프로브를 다시 적분기의 출력에 연결하고 삼각파의 첨두 전압을 측정하여 그 결과를 표24-1에 기록한다. 입력신호와 출력신호를 그림24.7에 그리시오.

(라) 표24-1에 제시한 구형파 주파수 값을 입력하여 실험(나)와 (다)를 수행한다. 입력신호와 출력신호를 그림24.8과 24.9에 그리시오.

표24-1

입력 주파수	첨두출력 측정값
10kHz	
4kHz	
100Hz	

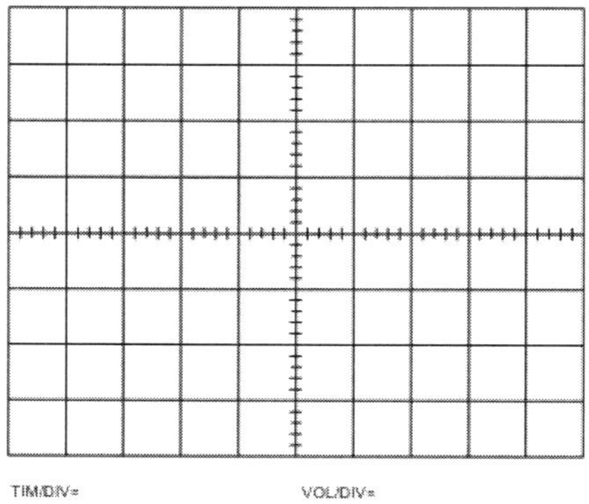

그림24.7

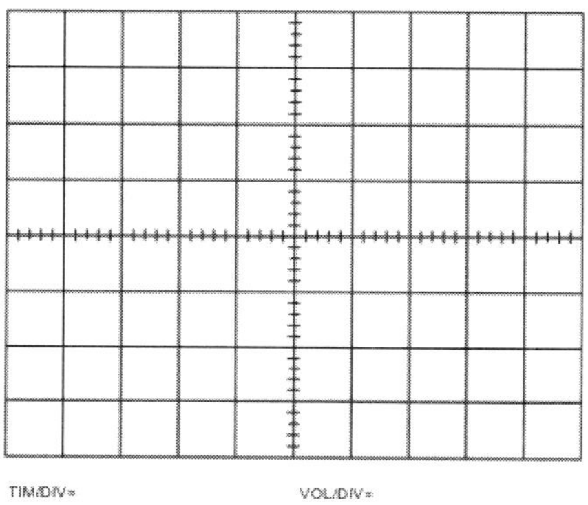

그림24.8

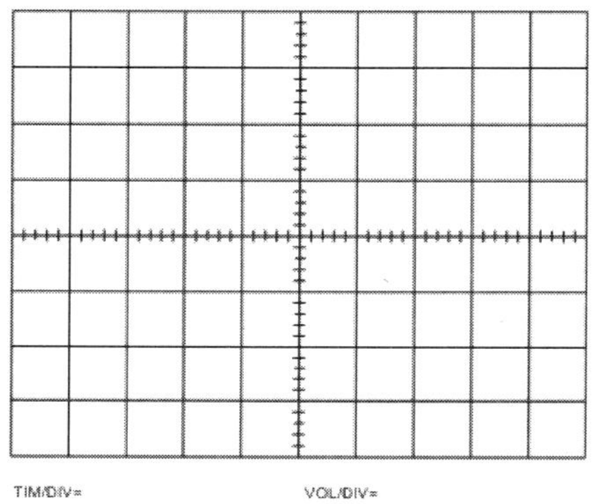

그림24.9

실험 2

(가) 그림24.10의 미분기 회로를 구성하라.

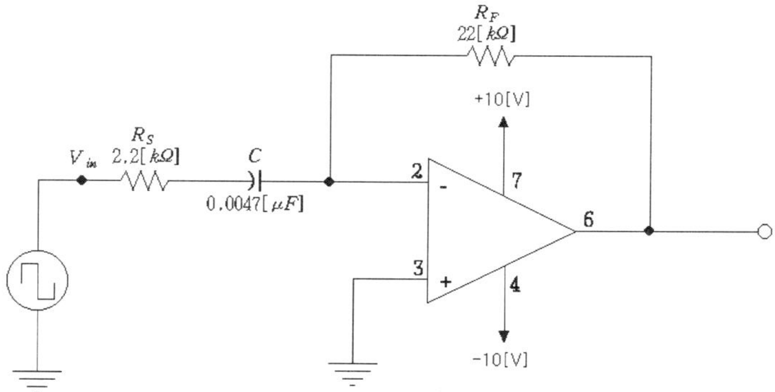

그림24.10 미분기회로

(나) 신호발생기의 출력을 주파수 400 [Hz], 삼각파 0.5 V_{p-p}로 조정하라. 삼각파 입력에 대한 미분기의 입력파형과 출력파형을 측정하여 그림24.11에 그리시오. 또한 구형파의 첨두 전압을 측정하여 그 결과를 표24-2에 기록한다.

표24-2

입력 주파수	첨두출력 측정값
400Hz	
1kHz	
30kHz	

(다) 표24-2에 제시한 구형파 주파수 값을 입력하여 실험(나)를 수행한다. 입력신호와 출력신호를 그림24.12과 24.13에 그리시오.

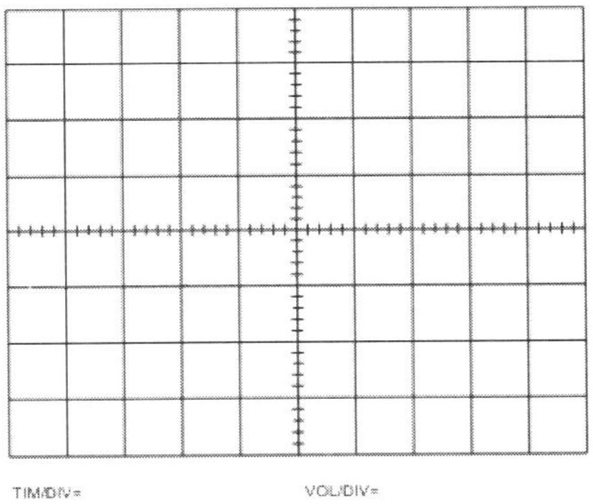

그림24.11

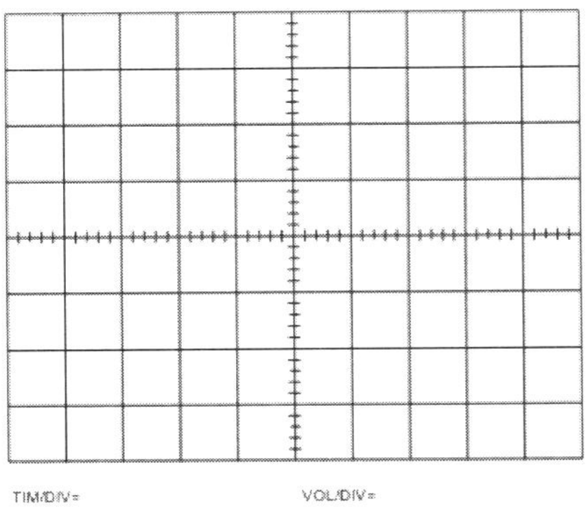

그림24.12

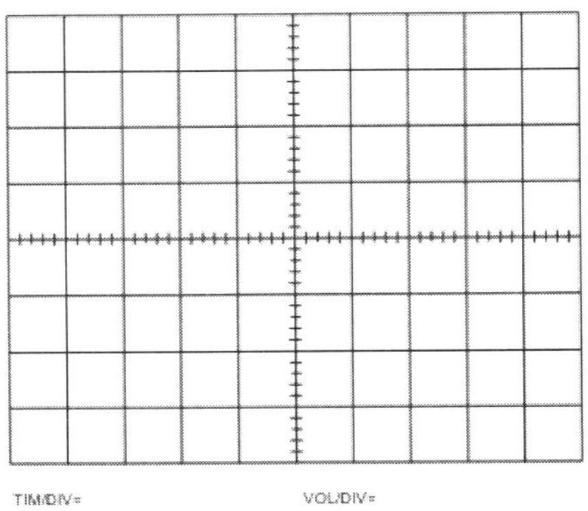

그림24.13

실험 3

(가) 그림24.14과 같이 회로를 구성하시오.

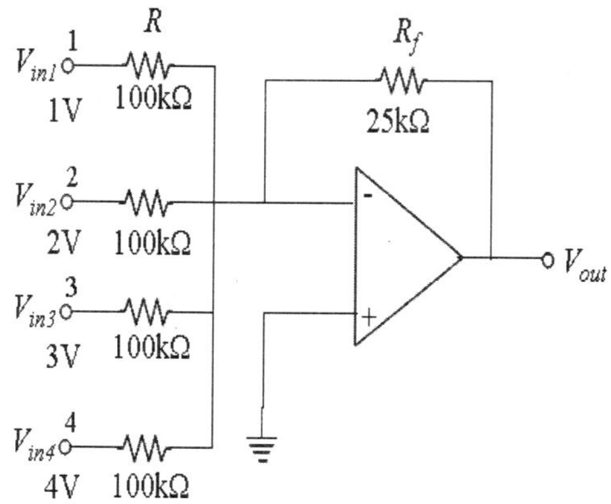

그림24.14 가산기 회로

(나) V_{out}값을 멀티미터로 측정하여 표24-3에 기록하시오.

(다) V_{out}값을 계산하여 표24-3에 기록하시오.

표24-3

V_{out} 계산값	V_{out} 측정값

실 험 보 고 서

실험제목			실험일자	
학년	반	학번	실험조	성명

실험 1

입력 주파수	첨두출력 측정값
10kHz	
4kHz	
100Hz	

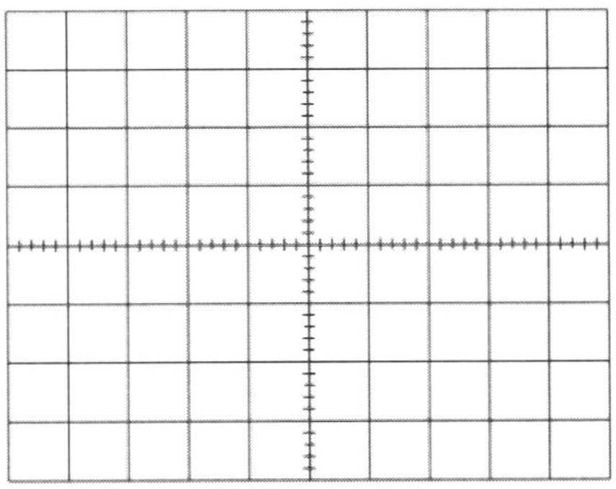

TIM/DIV= VOL/DIV=

그림24.7

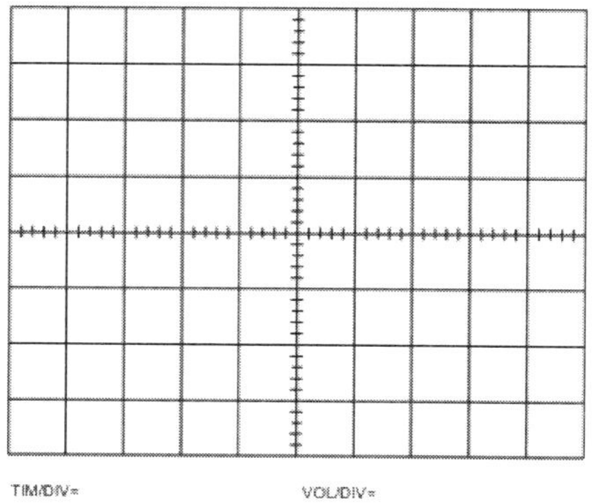

그림24.8

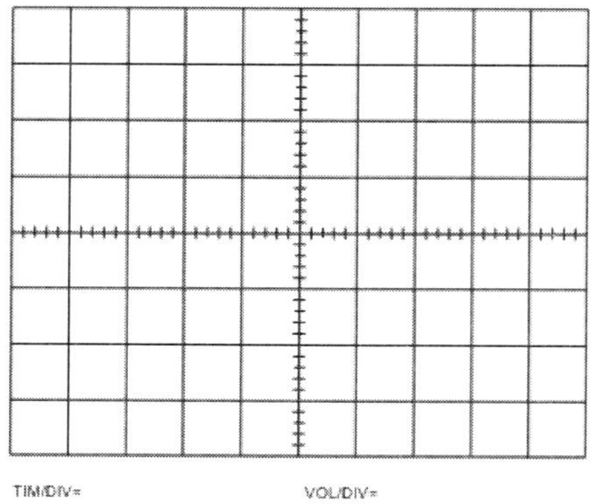

그림24.9

실험 2

입력 주파수	첨두출력 측정값
400Hz	
1kHz	
30kHz	

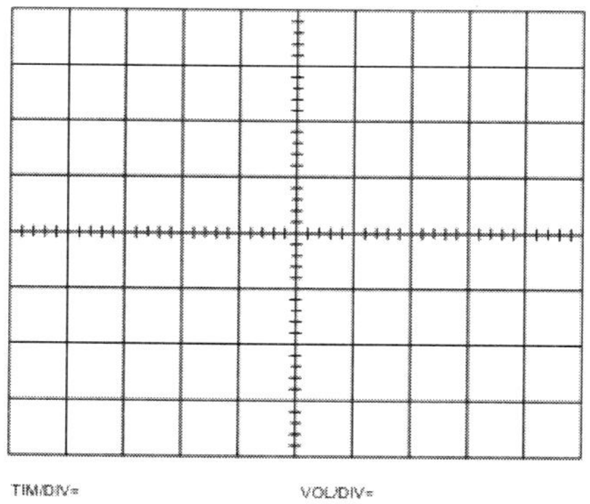

그림24.11

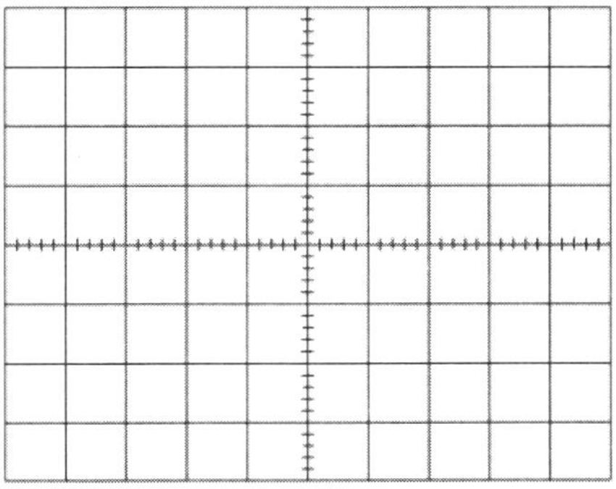

TIM/DIV= VOL/DIV=

그림24.12

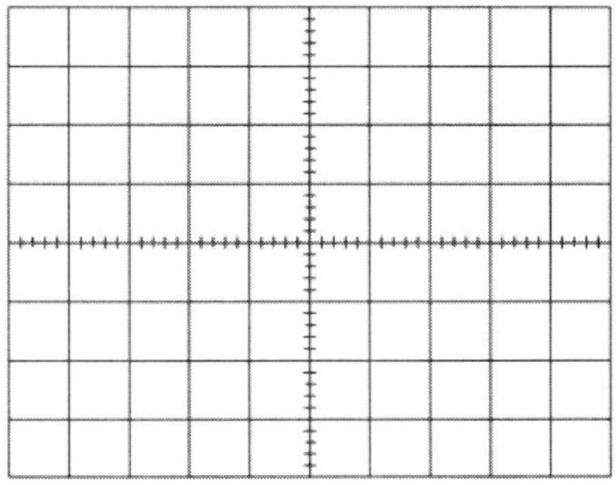

TIM/DIV= VOL/DIV=

그림24.13

실험 3

표24-3

V_{out} 계산값	V_{out} 측정값

실험 25 비교기와 차동 증폭기

<table>
<tr><td>실습목적</td><td colspan="4">• 비교기의 동작 원리와 구성 방법을 이해하고, 실험을 통하여 확인한다.
• 차동 증폭회로의 동작 원리와 구성 방법을 이해한다. 또한 연산증폭기를 이용한 차동 증폭회로를 구성하여 실험적으로 확인한다.</td></tr>
<tr><td rowspan="5">실습준비물</td><td>계측기</td><td colspan="2">• 오실로스코프
• 가변직류전원
• 함수발생기</td><td>1대
1대
1대</td></tr>
<tr><td rowspan="4">부 품</td><td>• 브레드보드</td><td></td><td>1개</td></tr>
<tr><td>• OP-AMP</td><td>LM741</td><td>1개</td></tr>
<tr><td>• 저항</td><td>1kΩ,47kΩ
10kΩ, 30kΩ,</td><td>1개
각6개, 2개</td></tr>
<tr><td>• 저항</td><td>10kΩ(2개), 2kΩ(1개)</td><td></td></tr>
</table>

I 이론

25.1 전압 플로워 회로

그림25.1의 회로는 연산증폭기를 이용한 전압 플로워 (voltage follower) 회로이며, 이 회로에서 출력은 입력과 동일하다. 따라서 출력 전압은 입력과 같으며 식(25.1)과 같이 쓸 수 있다

$$v_{out} = v_{in} \tag{25.1}$$

그리고 이 회로의 입력저항은 연산증폭기 자체의 입력 저항과 같으며, 따라서 매우

큰 값을 갖고 출력 저항은 연산증폭기의 출력저항과 같다. 이러한 입출력 저항 특성 때문에 이 회로는 주로 완충 회로의 용도로 사용된다. 즉, 출력 저항이 큰 신호원에 저항이 작은 부하를 연결 할 때 부하를 신호원에 직접 연결하면 부하의 부하효과에 의해 양단에 걸리는 전압이 매우 작아진다. 이러한 경우 전압 플로워를 중간에 넣어서 연결하면 신호원에서 발생하는 전압이 감쇠되지 않고 부하 양단에는 신호원에서 발생되는 전압이 걸리도록 할 수 있다.

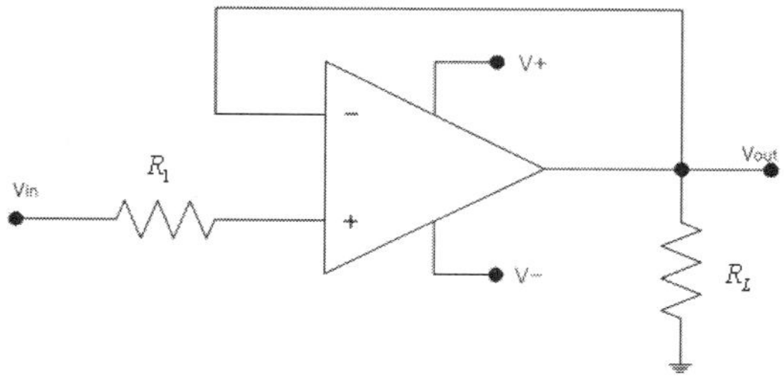

그림25.1 연산증폭기를 이용한 전압 플로워 회로

25.2 전압 비교기(voltage comparator)

연산증폭기에서 두 개의 입력단자에 대하여 어느 쪽의 전압이 상대적으로 높은가 또는 낮은가를 검출하는 회로를 전압 비교기라고 한다. 일반적인 연산증폭기 회로와는 달리 부귀환 회로를 구성하지 않는 것이 특징이다.

전압 비교기는 기준전압 V_R과 입력전압 V_i를 비교하는 회로로 레벨 검출기라고도 한다. 그림 15.1의 회로에서 연산증폭기의 입력단은 차동입력으로 되어 있으므로 $V_0 = A(V_i - V_R)$이 된다.

그러나 이상적인 연산증폭기의 경우 $A = \infty$이어야 하므로 $V_i > V_R$일 때 V_o는 거의 $+V_{CC}$로 접근하게 되고 $V_i < V_R$일 때 V_o는 거의 $-V_{CC}$로 접근하게 된다. 또한 $V_i = V_R$일 때는 $V_0 = 0$가 될 것이다. 따라서 V_i와 V_R의 크기를 비교할 수 있으므로 이를 전압비교기(voltage comparator)라 한다. 또한, $V_R = 0$인 경우 즉 그림 25.2에서 반전입력단자가 접지된 경우 이를 흔히 "영점검출기"라 한다. 실제의 비교기 회로는 그림 25.3과 같이 구성한다.

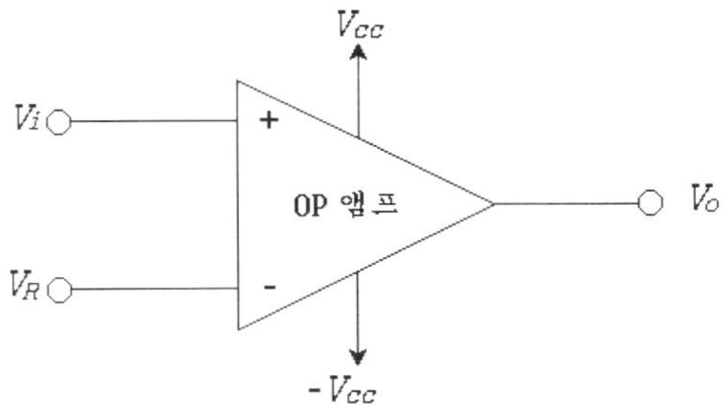

그림25.2 이상적인 연산증폭기를 이용한 비교기회로

그림25.3의 출력단에 접속한 제너다이오드는 출력전압을 제한하기 위한 것으로 각각의 항복전압을 V_{z1}, V_{z2}라 하면 그림25.3(a)과 같이 반전 접속된 경우 $V_i < V_{R1}$이면 $V_0 = V_{z2}$가 되고 $V_i > V_R$이면 $V_o = -V_{z1}$이 된다.

또한 그림25.3(b)과 같이 비반전 접속된 경우 $V_i < V_R$이면 $V_0 = -V_{z1}$이 되고 $V_i > V_R$이면 $V_0 = V_{z2}$가 된다. R_3는 연산증폭기에 지나치게 많은 전류가 흐르지 않도록 하며, 또한 제너다이오드에 흐르는 전류를 제한할 수도 있다.

이러한 비교기는 A/D 및 D/A 변환기, 정전압회로, 위상검출기, 슈미트트리거, 각종 계측기 등 그 응용범위는 광범위하다.

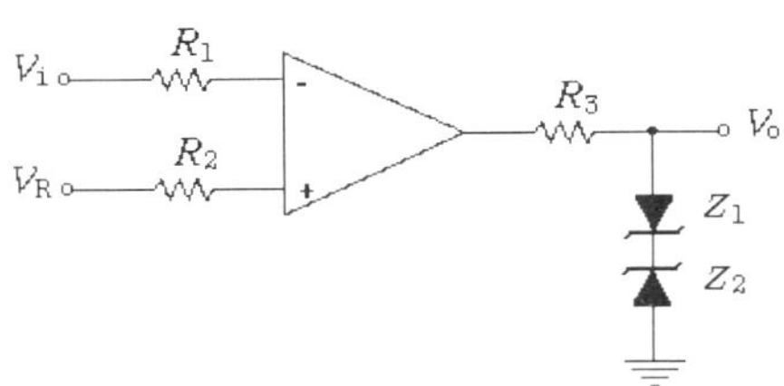

(a) 반전 접속된 경우

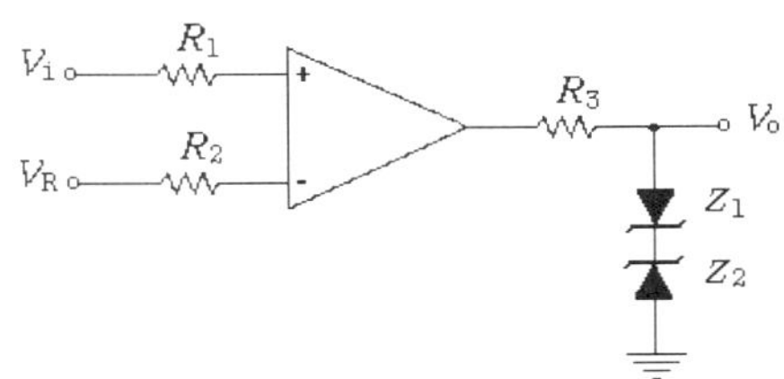

(b) 비반전 접속된 경우

그림25.3 실제 비교기 회로

25.3 차동 증폭 회로

그림25.4는 차동 증폭회로의 기본 구성을 나타낸 것으로 반전 및 비반전의 두 입력을 모두 사용하고 있다. 따라서 차동 증폭회로는 그림25.5에서와 같이 반전 증폭회로와 비반전 증폭회로의 결합으로 생각할 수 있다.

우선 비반전 입력의 입력전압 V_{i2}의 내부저항이 무시되는 것으로 하면 그림25.5(a)와 같은 반전증폭회로로 생각할 수 있다. 비반전 입력과 접지 사이에 R_3와 R_4가 병렬로 들어 있는데, 이것은 비반전 입력의 입력저항이 매우 크므로 비반전 입력을 직접 접지한 것과 마찬가지로 생각하여도 좋다. V_{i1}을 증폭한 출력 V_{01}은 V_{i1}과 위상이 반대이며, 그 크기는 R_1과 R_2의 비에 의해 결정된다. 즉,

$$V_{01} = A_{v1} \times V_{i1} \tag{25.2}$$

이다.

이번에는 반전 입력의 입력전압 V_{i1}이 '0'인 경우인데, 이것은 그림25.5(b)와 같이 V_{i2}를 R_3과 R_4로 분압된 입력전압 V_{R4}를 증폭하는 비반전 증폭회로로 생각하면 된다. 물론 V_{i1}의 내부저항은 무시되는 것으로써 V_{R4}에 대한 A_{v2}는 비반전 증폭회로에서와 같이 식(25.2)로 결정된다.

$$V_{02} = A_{v2} \times V_{R4} \tag{25.3}$$

V_{i1}과 V_{i2}가 어느 것도 '0'으로 되지 않을 때의 출력전압 V_0는 OP앰프가 능동영역 내에서 동작하고 있다면 중첩의 원리를 적용하여

$$V_0 = V_{01} + V_{02} \tag{25.4}$$

으로 표현된다.

만일, $R_1 = R_2 = R_3 = R_4$로 한 경우는

$$V_0 = V_{02} - V_{01} \tag{25.5}$$

으로 되며, 이것은 입력전압의 전압차를 그대로 읽을 수가 있게 된다. 이것이 차동 증폭회로 불리는 이유이다.

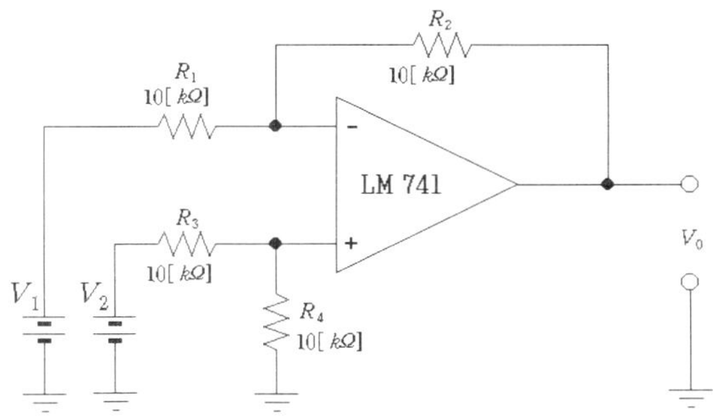

그림25.4 차동 증폭기의 기본회로

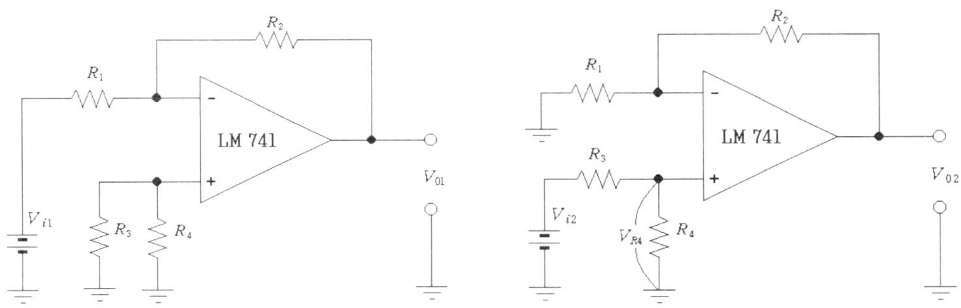

(a) 반전 증폭회로 (b) 비반전 증폭회로

그림25.5 차동 증폭회로의 분리도

따라서 연산증폭기를 이용한 증폭회로에서도 평형회로를 고려하여 외부 유도 잡음에 대해서 영향이 적은 회로를 구성하면 그림25.6와 같이 되고, 이러한 차동 증폭회로는 전송선의 길이가 길어지는 회로에서는 필수적인 회로가 된다. 그림에서 나타낸 바와 같이 차동 증폭기는 평형 입력신호를 증폭할 수 있다는 것을 알 수 있을 것이다.

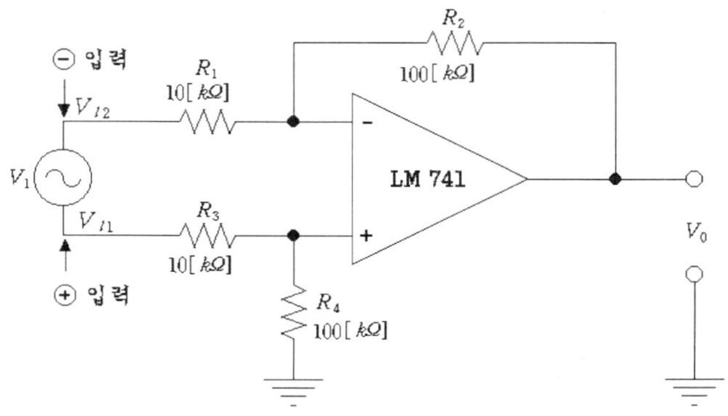

그림25.6 교류입력을 가지는 차동 증폭 회로

그림25.6의 회로에서

$$V_0 = -\frac{R_2}{R_1}(V_{I1} - V_{I2}) \tag{25.6}$$

로 차동신호에 대하여 $-\frac{R_2}{R_1}$ 의 이득을 가지며(감산기와 같은 역할) 동상신호에 대해서는 동상신호의 크기가 같으면 $V_{I1} - V_{I2} = 0$ 가 되므로 출력에는 나타나지 않는다. 이 회로에서 동상신호제거비(CMRR)를 구하면

$$\text{CMRR} = \frac{R_2}{R_1} \cdot \frac{(1 + \frac{R_4}{R_3})}{\frac{R_4}{R_3} - \frac{R_2}{R_1}} \tag{25.7}$$

즉 $\frac{R_4}{R_3} = \frac{R_2}{R_1}$ 가 되어야만 CMRR을 최대로 할 수 있다. 따라서 $R_1 \sim R_4$는 가급적 오차가 적은 저항을 사용해야 한다.

25.3.1 계측증폭회로 (instrumentation amplifier)

차동증폭회로의 입력저항이 크지 않기 때문에, 이를 이용하는 회로에 부하로 사용될 때 부하효과를 줄 수 있다. 따라서 부하효과를 주지 않기 위해서는 입력저항이 큰 회로가 필요하게 된다. 이를 위해서 그림25.7에서와 같은 계측증폭회로를 사용한다. 그림25.7의 계측증폭회로에서 U1 및 U2는 기본적으로 전압폴로워 형태를 응용했기 때문에 이 회로가 연결되는 회로에 부하효과를 주지 않는다. 따라서 이 회로는 큰 입력 임피던스가 요구되는 회로, 즉, 출력임피던스가 매우 큰 회로의 전압을 측정할 때 주로 이용된다.

입력 단자에 전압 v_1과 v_2가 인가되면, 이들 Op amp의 반전(-), 비반전(+) 단자 사이는 실질적으로 단락(virtual short circuit) 되어 있으므로, v_1과 v_2의 차동 전압 ($v_1 - v_2$)는 저항 R_g의 양단에 모두 걸리게 된다. 또한, Op amp U_1과 U_2의 입력 단자에는 입력 전류가 실질적으로 영이므로, 저항 R_3에 흐르는 전류는 R_g에 흐르는 전류와 동일하다. 따라서, U_1과 U_2의 출력 단자의 전압 v_{o1}과 v_{o2}의 차동 전압 ($v_{o1} - v_{o2}$)과 ($v_1 - v_2$) 사이에는 다음의 관계가 성립한다.

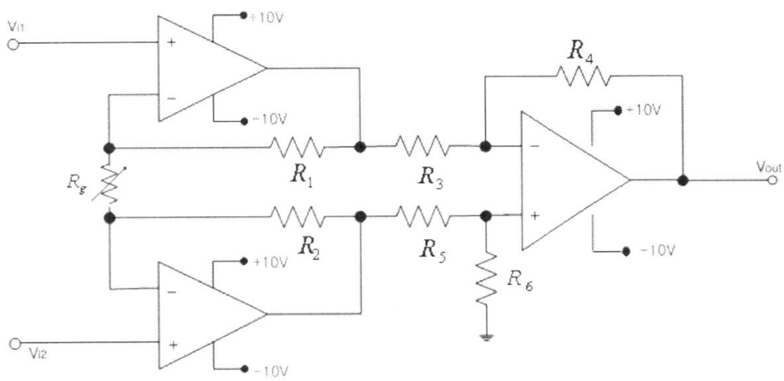

그림25.7 계측증폭회로

$$(v_{o1} - v_{o2}) = \left(\frac{R_g + 2R_3}{R_g}\right)(v_1 - v_2)$$

$$= \left(1 + \frac{2R_3}{R_g}\right)(v_1 - v_2) \tag{25.8}$$

차동증폭기 U_3의 출력 단자 전압 v_o는

$$v_o = \left(\frac{R_2}{R_1}\right)(v_{o2} - v_{o1}) \tag{25.9}$$

식(25.8), (25.9)으로부터,

$$v_o = \left(1 + \frac{2R_3}{R_g}\right)\left(\frac{R_2}{R_1}\right)(v_2 - v_1)$$
$$= A_1 A_2 (v_2 - v_1) = A_d v_{DM} \tag{25.10}$$

여기서,

$$A_1 = \left(1 + \frac{2R_3}{R_g}\right), \quad A_2 = \left(\frac{R_2}{R_1}\right)$$

- $A_d = A_1 A_2$,계측증폭기의 차동증폭비
- $v_{DM} = (v_2 - v_1)$, 차동 전압 입력

식(25.10)의 관계에 의하여 계측증폭기의 증폭율은 R_g를 가변 저항으로 사용하면, 차동증폭기의 차동 증폭비를 정확하게 원하는 값으로 조정할 수 있다. $R_3 = 0$인 경우를 포함하여 $A_d = 1 \sim 1,000$ 정도이다.

Ⅱ 실험

실험 1 비교기

(가) 그림25.8의 회로를 구성하시오.

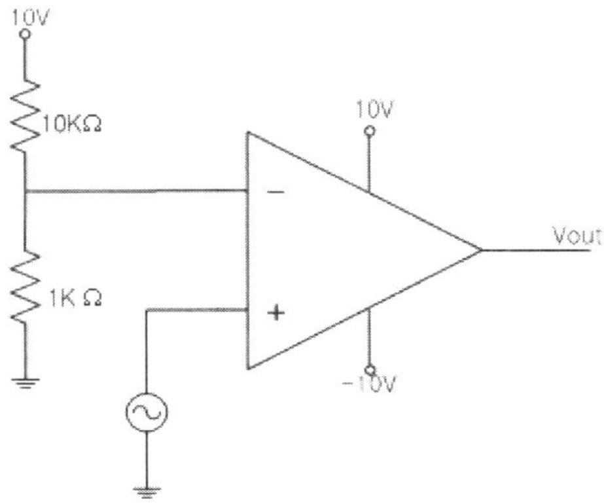

그림25.8 비교기 실험회로

(나) 반전 입력단자에 공급되는 V_{ref} 전압을 전압분배법칙을 이용하여 계산하시오.

V_{ref} = ____________ [V]

(다) 비반전 입력단자에 ±5V의 정현파를 입력한다.

(라) 그림25.9에 입력파형과 출력파형을 그리시오.

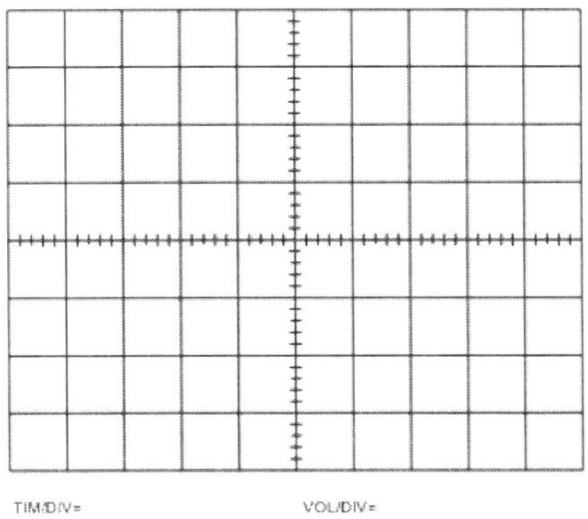

그림25.9

실험 2 비교기 응용

(가) 그림25.10(a)의 회로를 브레드보드에 구성하시오.

(나) 입력신호 V_{in}에 대한 출력파형을 그래프에 그리시오.

(다) 그림25.10의 (b)와 (c)의 회로를 구성하고 (나)를 수행하시오.

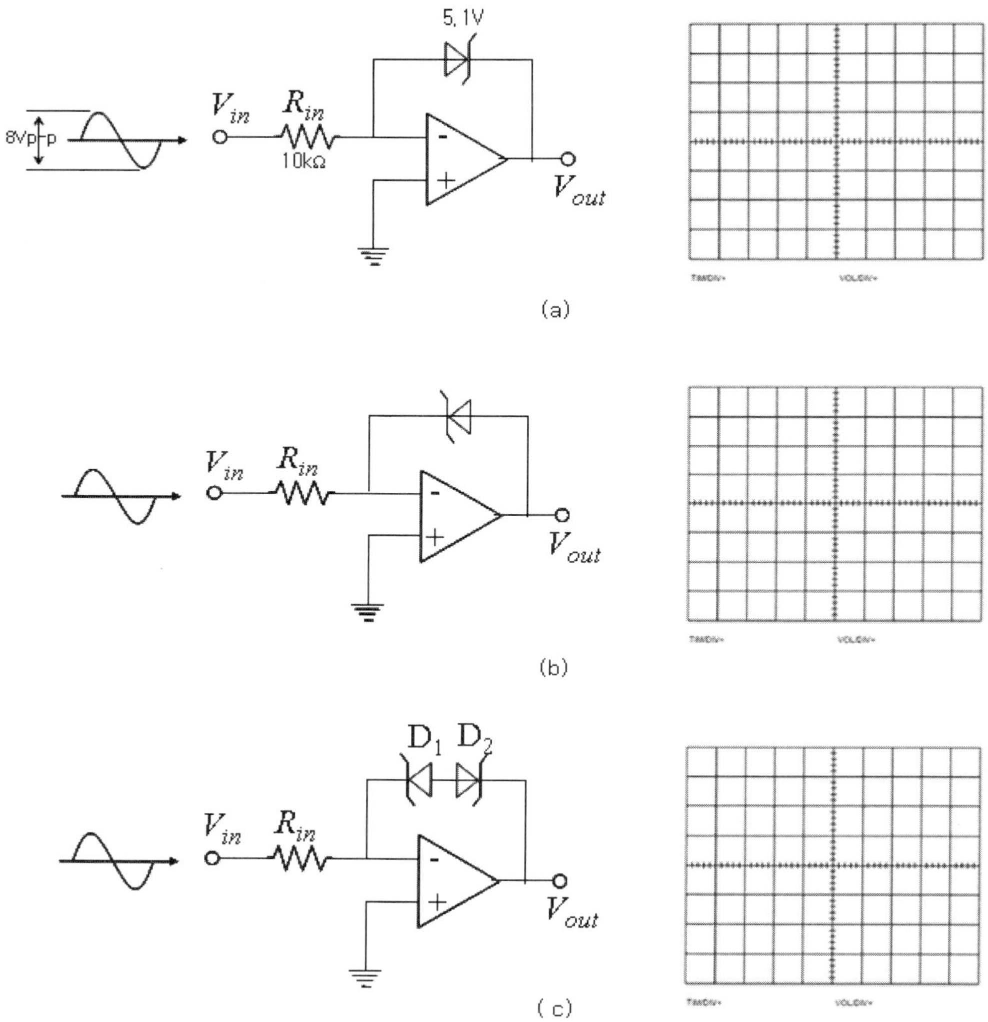

그림25.10 비교기 실험

실험 3 차동증폭기 실험

(1) 그림25.11에서 V_1과 V_2를 표25-1과 같이 변화시켜 가면서 V_0를 측정하여 기록하라. (특히 $V_1 = V_2$의 경우는 정확하게 전압을 맞출 것)

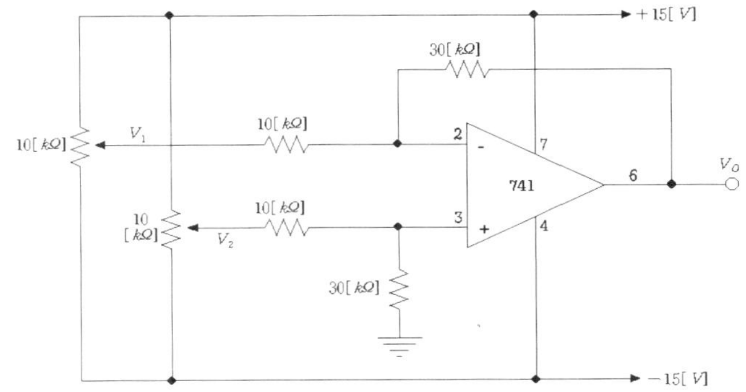

그림25.11

V_1 [V]	5	3	5	-3	-5	0	-2	-1
V_2 [V]	3	5	5	-5	-3	0	1	2
V_0 [V]								

실험 4 차동증폭기 실험

(가) 그림25.12의 회로를 구성하시오. 입력에 800 ㎷p-p, 1 ㎑ 정현파를 인가하고 입력과 출력 전압을 측정하여 그림25.13에 그리시오. 저주파 발진기의 "-"단자는 접지 단자가 아니다. 회로의 GND 나 오실로스코프의 GND에 접속되어서는 절대 안 된다.

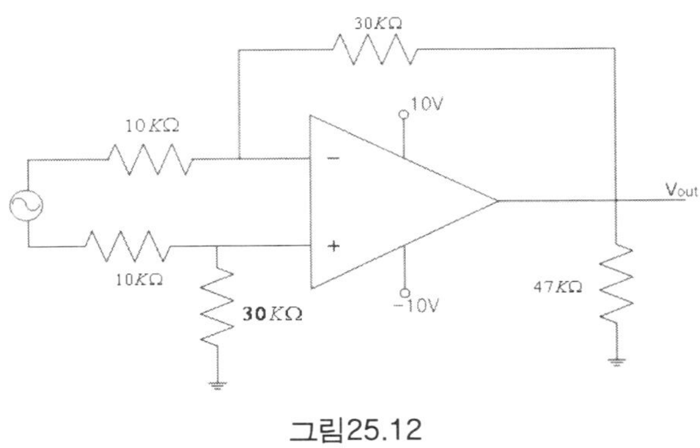

그림25.12

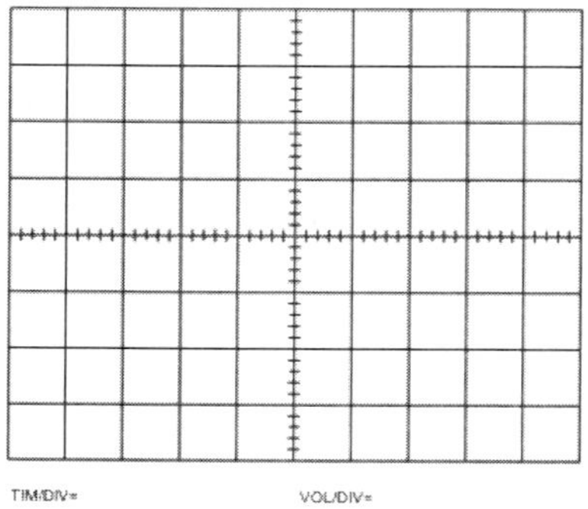

그림23.13

실험 5 계측증폭기 실험

(가) 그림25.14의 회로를 구성하시오.

(나) 입력에 100 ㎷p-p, 1 ㎑ 정현파를 인가하고 입력과 출력 전압을 측정하여 그림25.15에 그리시오.

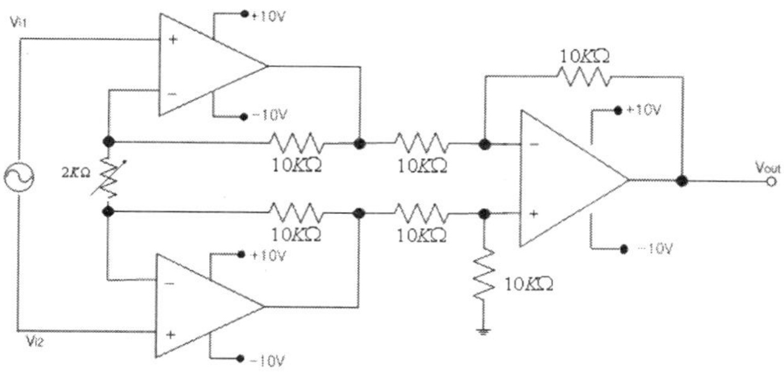

그림25.14 계측증폭회로 실험

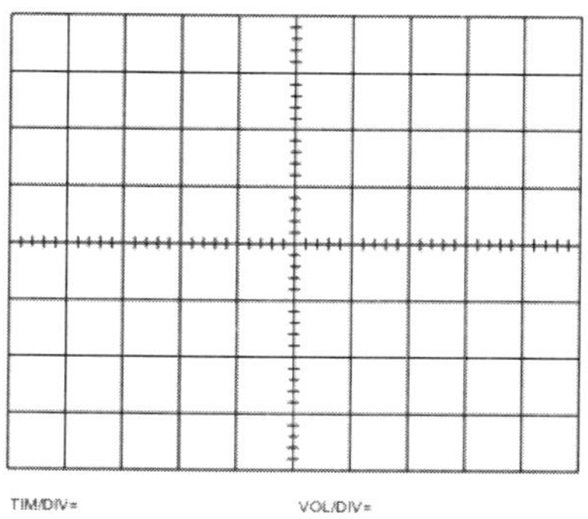

그림23.15

실 험 보 고 서

실험제목			실험일자	
학년	반	학번	실험조	성명

실험 1

V_{ref} = ________________ [V]

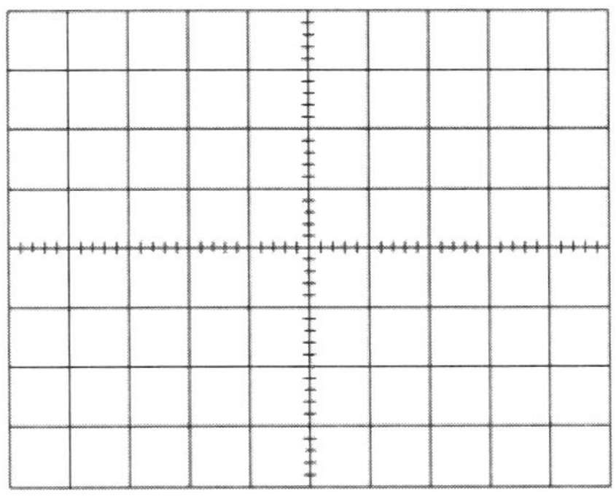

TIM/DIV= VOL/DIV=

실험 2

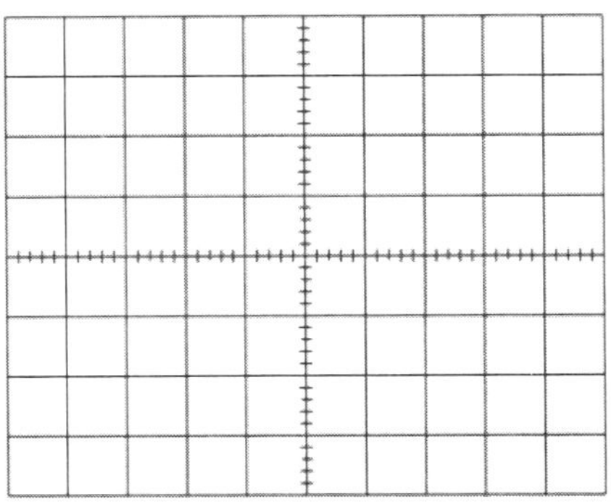

TIM/DIV= VOL/DIV=

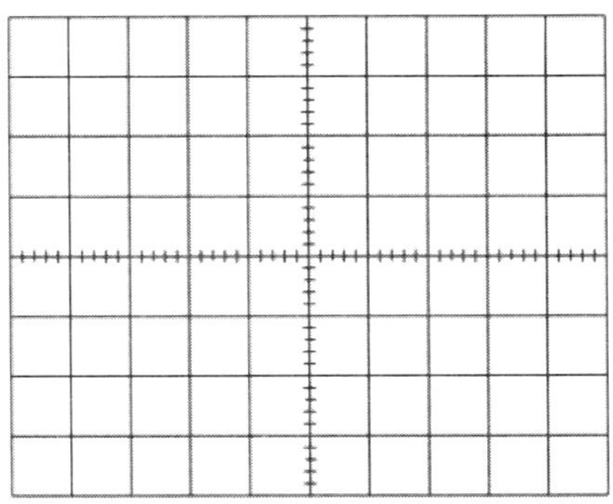

TIM/DIV= VOL/DIV=

절취선

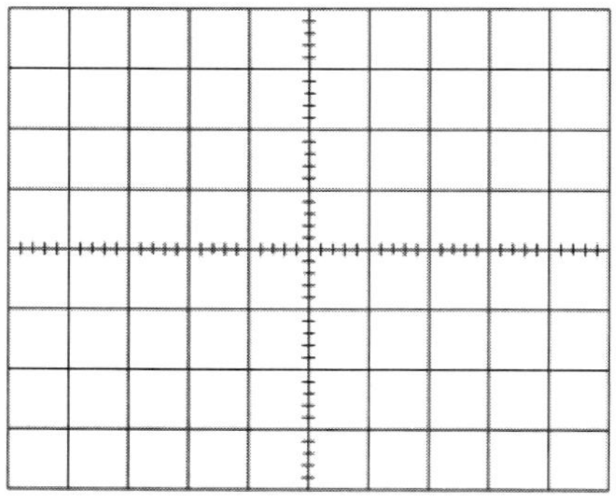

TIM/DIV=　　VOL/DIV=

실험 3

V_1 [V]	5	3	5	-3	-5	0	-2	-1
V_2 [V]	3	5	5	-5	-3	0	1	2
V_0 [V]								

실험 4

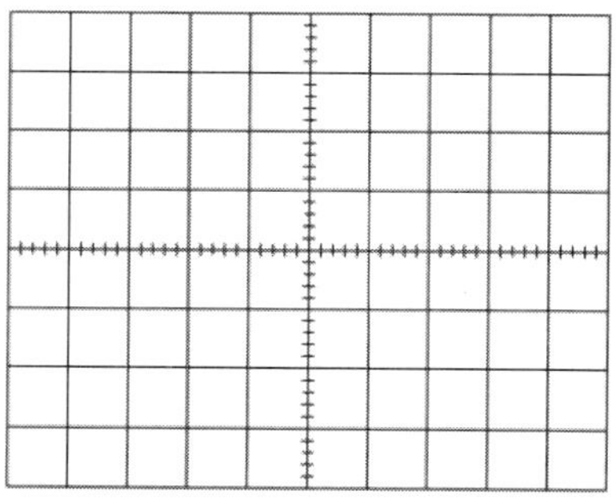

TIM/DIV=　　VOL/DIV=

실험 5

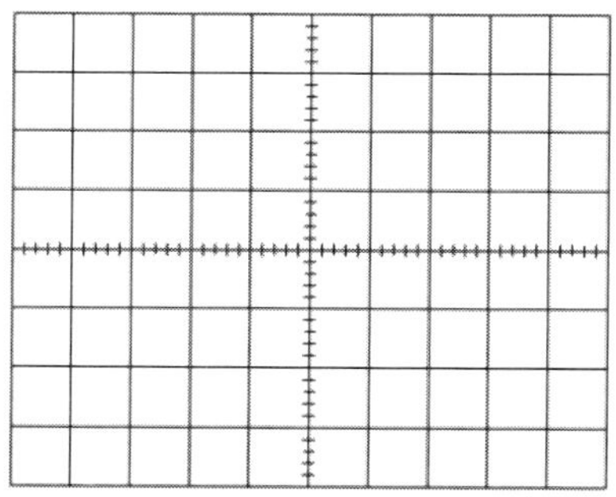

TIM/DIV=　　VOL/DIV=

실험 26 능동 필터회로

<table>
<tr><td>실습목적</td><td colspan="3">• 능동 필터회로의 동작 원리와 구성 방법을 이해하고, 능동 필터회로를 구성한 후 주파수 응답 특성을 확인한다.</td></tr>
<tr><td rowspan="5">실습준비물</td><td>계측기</td><td colspan="2">• 오실로스코프
• 가변직류전원
• 함수발생기</td><td>1대
1대
1대</td></tr>
<tr><td rowspan="4">부 품</td><td>• 브레드보드</td><td></td><td>1개</td></tr>
<tr><td>• OP-AMP</td><td>LM741</td><td>1개</td></tr>
<tr><td>• 저항</td><td>1kΩ,47kΩ
10kΩ, 30kΩ,</td><td>1개
각6개,2개</td></tr>
<tr><td>• 저항</td><td>10kΩ(2개), 2kΩ(1개)</td><td></td></tr>
</table>

I 이론

26.1 저역 통과 필터(Low Pass Filter; LPF)

그림26.1에 저역 통과 필터의 회로와 주파수 응답을 나타내었다. 낮은 주파수대에서 캐패시터 C는 개방회로로 작용하여 전압이득이 1인 전압 버퍼 회로로 작용하고 높은 주파수대에서는 캐패시터 C의 리액턴스는 매우 낮아져 출력전압 V_0는 0[V]에 가까워진다.

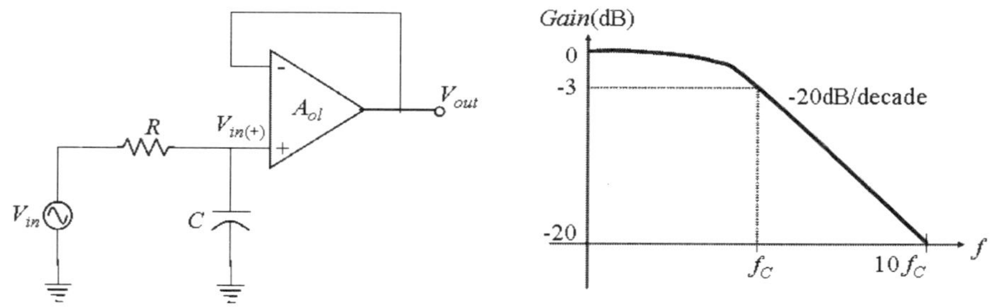

(a) 회로도 (b) 주파수 응답 특성

그림26.1 저역 통과 필터(LPF)

V_i의 주파수가 0 [Hz]에서 증가함에 따라 V_0의 진폭은 통과대역에서는 일정하게 유지되고 그 이상의 대역에서는 감소하기 시작한다. 출력전압 V_0의 진폭이 -3 [dB] (최대값의 0.707배)가 되는 지점에서의 주파수를 차단주파수(cut off frequency) f_c라고 부르고 차단주파수는 다음과 같다.

$$f_c = \frac{1}{2\pi RC} \quad [\mathrm{Hz}] \tag{26.1}$$

식(26.1)에서 차단주파수를 결정하고 캐패시터 C의 값을 정하면 저항 R의 값을 구할 수 있다. 예를 들어 $f_c = 700$ [Hz], $C = 0.01$ [㎌]으로 하면, R값은 다음과 같다.

$$R = \frac{1}{2\pi \times 700 \times 0.01 \times 10^{-6}} = 22736 \fallingdotseq 22 \quad [\mathrm{k\Omega}]$$

26.2 고역 통과 필터

그림26.2에 고역 통과 필터의 회로와 주파수 응답을 나타내었다. 낮은 주파수대에서 캐패시터 C의 리액턴스는 매우 크며 저항 R양단의 전압은 매우 작게 나타나고, 높은 주파수대에서는 리액턴스가 작고 V_i 대부분은 저항 R양단에 걸려 회로는 전압 버퍼 회로로 되어 출력전압 V_0는 V_i와 같게 된다.

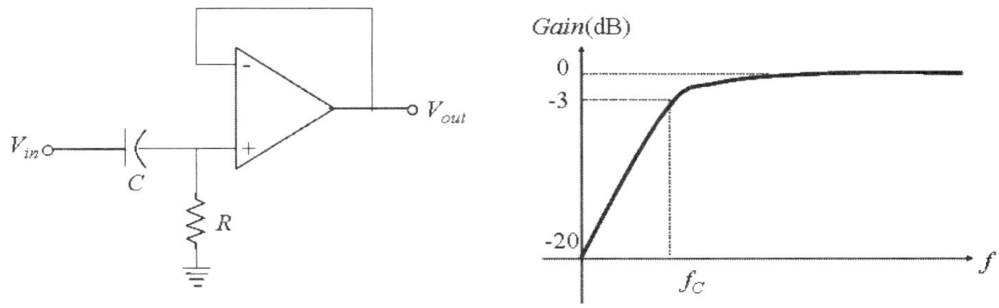

(a) 회로도 (b) 주파수 응답 특성

그림26.2 고역 통화 필터(HPF)

V_i의 주파수가 0 [Hz]에서 증가함에 따라 V_0의 진폭은 증가하여 통과대역에서는 일정하게 유지된다. 출력전압 V_0의 진폭이 -3 [dB]가 되는 지점에서의 주파수를 차단주파수 f_c는 저역 통과 필터와 마찬가지로 식(26.1)에 의해 구할 수 있다. 저역 통과 필터와 마찬가지로, 차단주파수를 결정하고 캐패시터 C의 값을 정하면 저항 R의 값을 구할 수 있다. 예를 들면, f_c=1[㎑], C=0.015[㎌]으로 하면, R 값은 다음과 같다.

$$R = \frac{1}{2\pi \times 1000 \times 0.015 \times 10^{-6}} = 1061 \fallingdotseq 1.0 \ [\text{k}\Omega]$$

26.3 대역 통과 필터

하한 차단주파수와 상한 차단주파수 사이의 모든 신호는 통과시키고, 그 이외의 신호는 통과시키지 않는다. 차단주파수는 출력이 최대 출력의 70.7% (-3dB 감소)일 때의 주파수를 말한다. 공진주파수(중심주파수)는 통과대역의 중심주파수로서 $BW = f_{c2} - f_{c1}$과 같이 나타낸다. 그림26.3은 대역통과 필터의 주파수특성을 나타낸다.

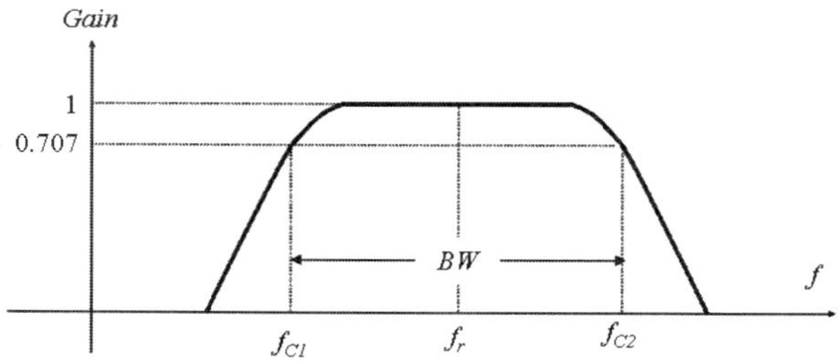

그림26.3 대역통과 필터의 주파수특성

26.4 대역 통과 필터

하한 차단주파수와 상한 차단주파수 사이의 모든 신호는 억제시키고, 그 이외의 신호는 통과시킨다. 차단주파수는 출력이 최대 출력의 70.7% (-3dB 감소)일 때의 주파수를 말한다. 그림26.4는 대역통과 필터의 주파수특성을 나타낸다.

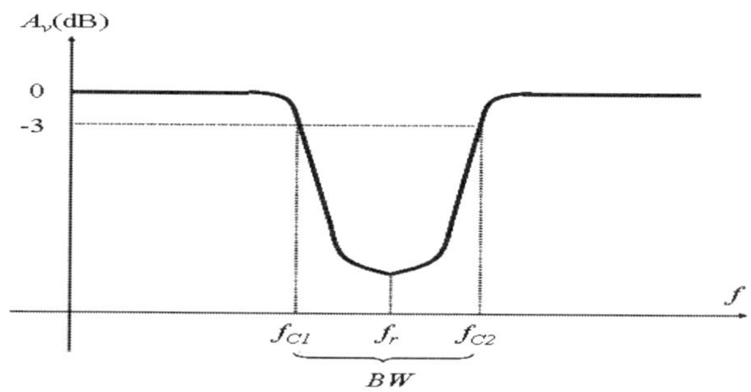

그림26.4 대역저지 필터의 주파수특성

Ⅱ 실험

실험 1 저역통과 필터 실험

(가) 그림26.5의 회로를 구성하시오.

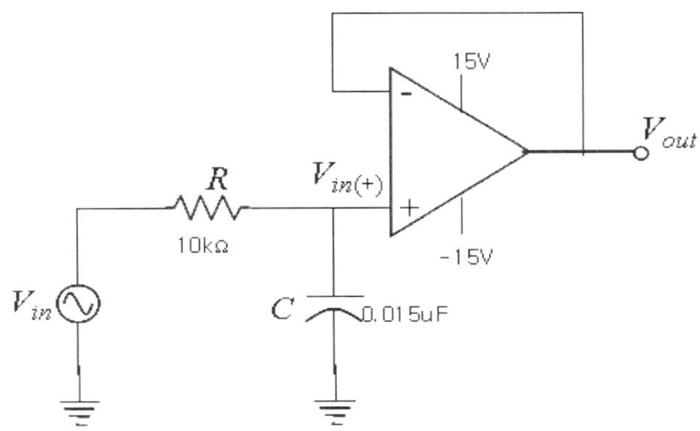

그림26.5

(나) 신호발생기의 출력을 5 V_{p-p} 정현파로 하고 표26-1에 지시된 주파수로 증가하면서 출력전압을 측정하여 기록하라. 이때의 출력전압의 값들을 정규화(normalize)하여 그림26.6에 그리시오.

단, 이득 [dB] = $20\log\frac{V_0}{V_1}$ [dB]이다.

표26-1

주파수 [Hz]	100	200	400	1k	2k	4k	10k	20k	40k	100k
V_0 V_{p-p}										
이득 [dB]										

· 차단주파수 f_c = ____________

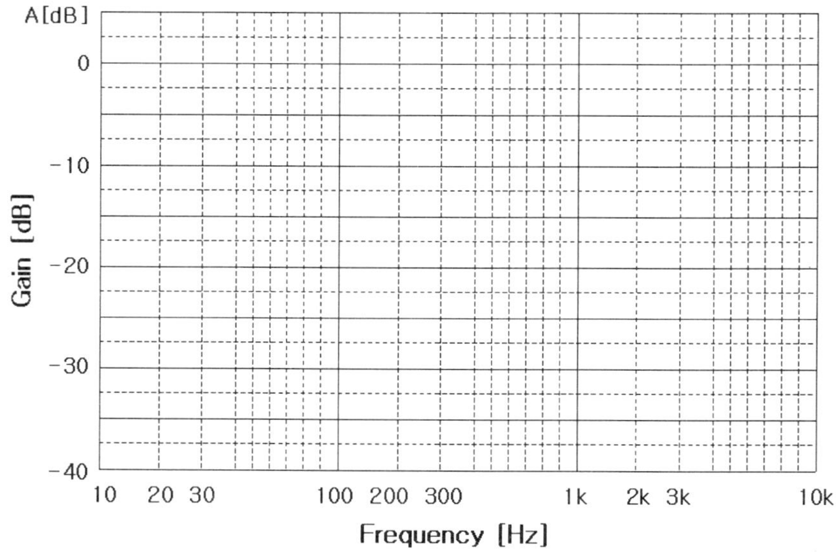

그림26.6 주파수 응답 특성 그래프

실험 1 저역통과 필터 실험

(가) 그림26.7의 회로를 구성하시오.

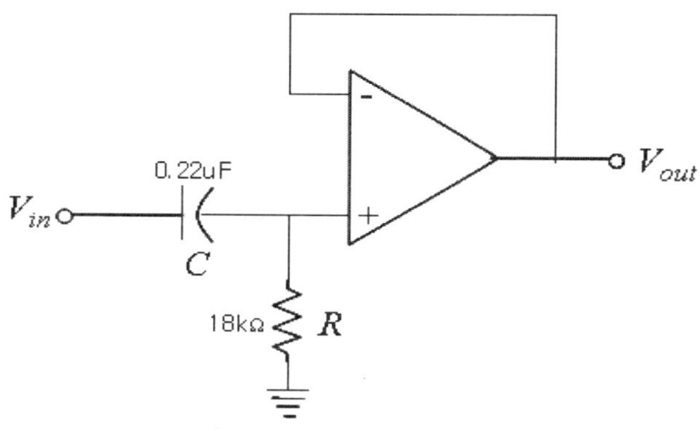

그림26.7

(나) 신호발생기의 출력을 5 V_{p-p} 정현파로 하고 표26-2에 지시된 주파수로 증가하면서 출력전압을 측정하여 기록하라. 이때의 출력전압의 값들을 정규화(normalize)하여 그림26.8에 그리시오.

표26-2

주파수 [Hz]	100	200	400	1k	2k	4k	10k	20k	40k	100k
V_0 V_{p-p}										
이득 [dB]										

• 차단주파수 f_c = ________________

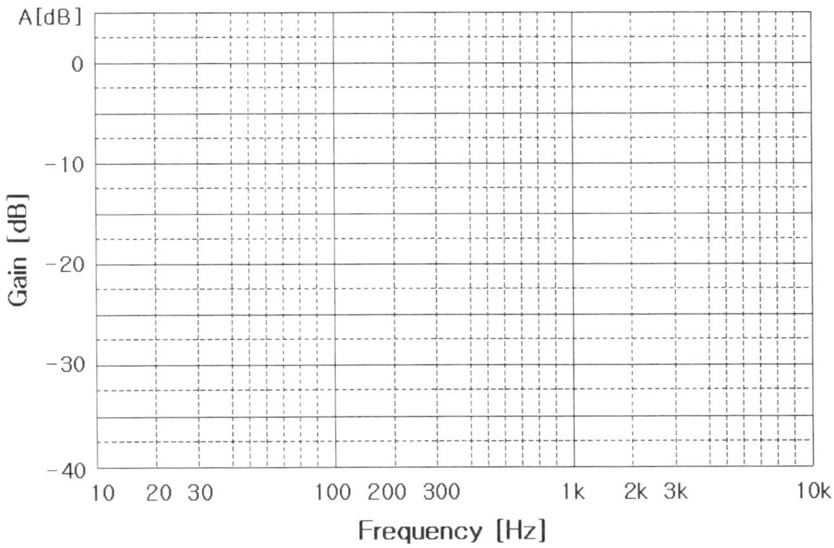

그림26.8 주파수 응답 특성 그래프

실 험 보 고 서

실험제목			실험일자	
학년	반	학번	실험조	성명

실험 1

주파수 [Hz]	100	200	400	1k	2k	4k	10k	20k	40k	100k
V_0 V_{p-p}										
이득 [dB]										

절취선

• 차단주파수 f_c = ________________

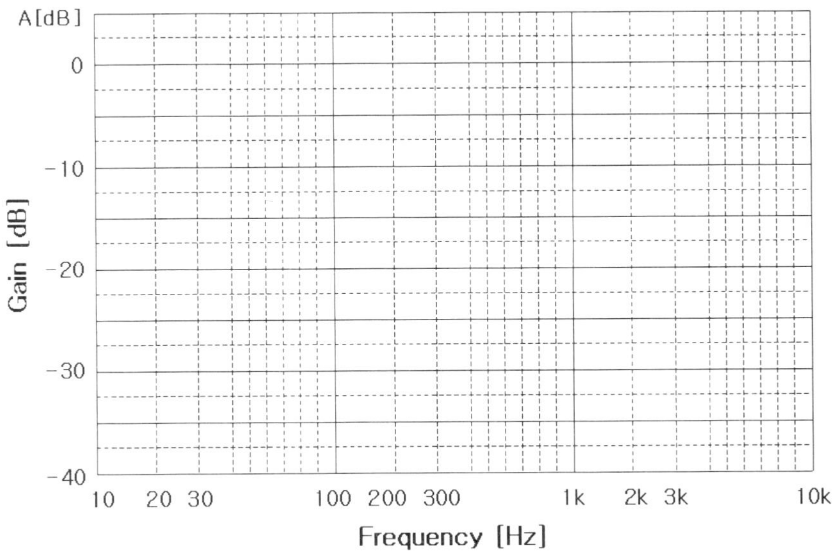

실험 2

표26-2

주파수 [Hz]	100	200	400	1k	2k	4k	10k	20k	40k	100k
V_0 V_{p-p}										
이득 [dB]										

• 차단주파수 f_c = ____________

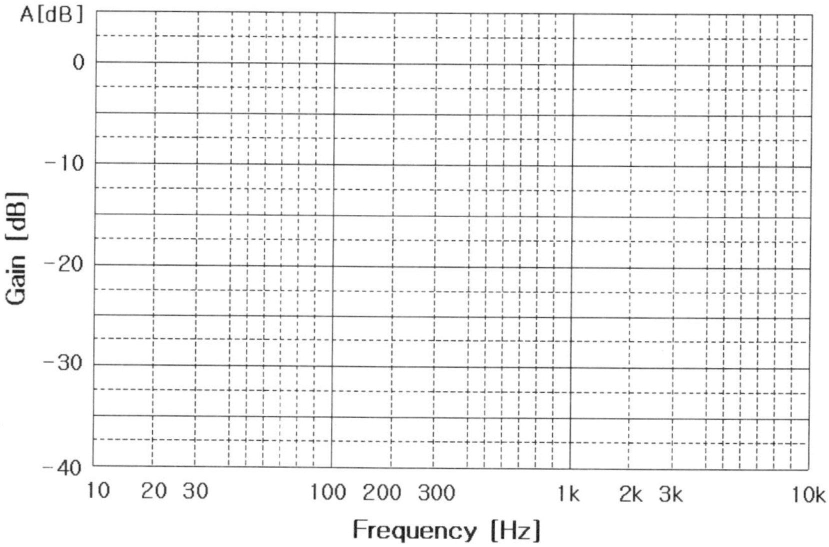

실험 27 연산증폭기 응용

<table>
<tr><td>실습목적</td><td colspan="3">• 연산증폭기를 이용한 다양한 응용회로를 구성하여 실험적으로 확인한다.</td></tr>
<tr><td rowspan="9">실습준비물</td><td>계측기</td><td colspan="2">• 오실로스코프
• 가변직류전원
• 함수발생기</td><td>1대
1대
1대</td></tr>
<tr><td rowspan="8">부 품</td><td>• 브레드보드</td><td></td><td>1개</td></tr>
<tr><td>• IC</td><td>NE555</td><td>1개</td></tr>
<tr><td>• 레귤레이터</td><td>uA7812</td><td>1개</td></tr>
<tr><td>• OP-AMP</td><td>LM741</td><td>1개</td></tr>
<tr><td>• 저항</td><td>1kΩ,2.2kΩ, 4.7kΩ,10kΩ
100kΩ,</td><td>각 2개</td></tr>
<tr><td>• 캐패시터</td><td>0.01uF, 0.022uF, 0.1uF,
1uF, 10uF, 100uF</td><td>각2개</td></tr>
<tr><td>• 다이오드</td><td>1N4001, 5.1V제너</td><td>각 2개</td></tr>
<tr><td>• 트랜지스터</td><td>Power TR</td><td>1개</td></tr>
</table>

I 실험

실험 1 전압안정화 회로

(가) 그림27.1의 회로를 구성하시오.

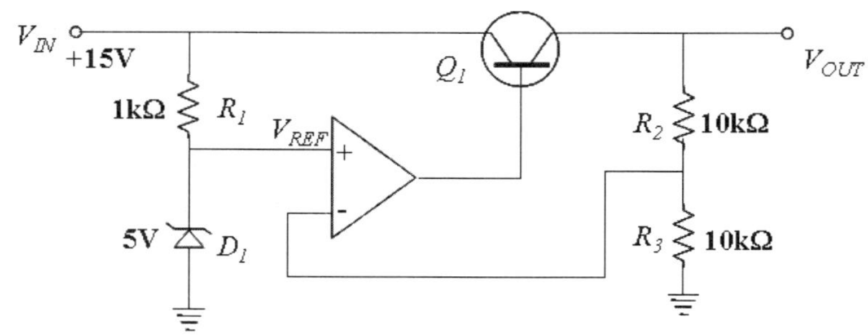

그림27.1

(나) 직렬 전압안정화 회로에서 출력전압의 변화는 *R2*와 *R3*으로 구성된 분압기가 감지하며 감지된 전압은 OP-Amp의 반전 입력단자에 인가된다.

(다) OP-Amp의 비반전 입력단자의 전압은 제너 다이오드에 의해 V_{ref}로 고정된다. $V_{ref}=$ ______________________ [V]

(라) 기준전압 V_{ref}와 감지된 전압의 차가 OP-Amp의 차동입력으로 인가되어 Q_1 트랜지스터(Power tr.)의 이미터-베이스간 전압 V_{EB}를 조절함으로써 고정된 출력전압을 얻을 수 있게 된다.

(마) 그림27.1에서

- $A_{cl} = 1 + \dfrac{R_2}{R_3}$

- $V_{out} = (1 + \dfrac{R_2}{R_3})\, V_{ref}$ 으로 계산하여 구할 수 있다.

(바) 그림27.1에서 입력전압과 출력전압을 멀티미터로 측정하여 기록하시오.

$V_{in} =$ ______________________ [V] , $V_{out} =$ ______________________ [V]

실험 2 IC 전압안정화 회로

(가) 그림27.2의 회로를 구성하시오.($V_{IN} = 15\,V$)

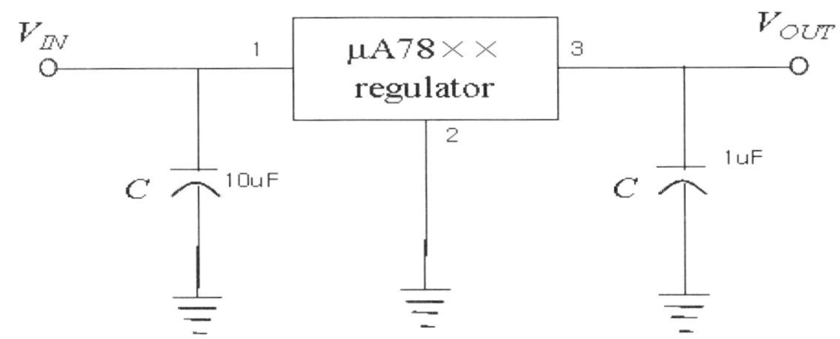

그림27.2

(나) 그림27.2에서 출력전압을 멀티미터로 측정하여 기록하시오.

$V_{out}=$ ________________ [V]

실험 3 555 타이머(1)

(가) 그림27.3의 회로를 구성하시오.

(나) 그림27.3은 비안정모드로 동작하는 회로이다. 출력신호를 그래프에 그리시오. 이때 출력주파수와 듀티비를 측정하여 기록하시오.

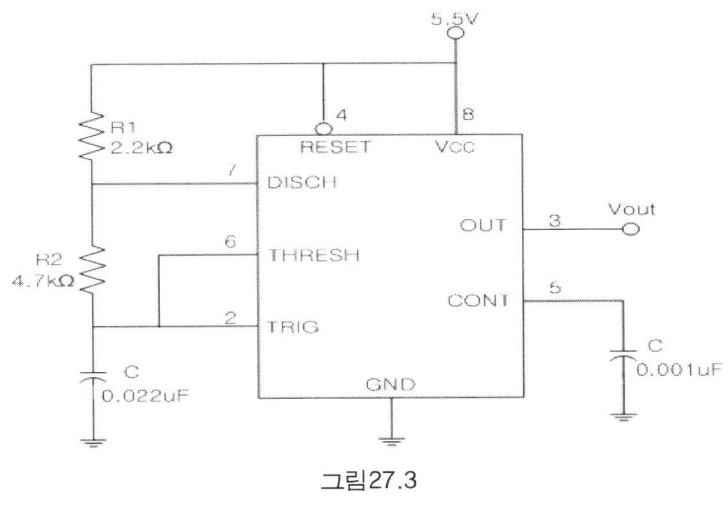

그림27.3

• 출력주파수(f) = ______________ **[kHz]** , **Duty ratio** = ______________ **[%]**

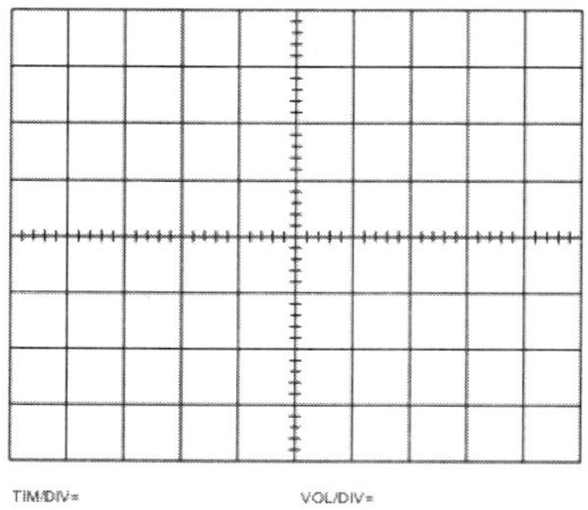

그림27.4

실험 4 **555 타이머(2)**

(가) 그림27.5의 회로를 구성하시오.

(나) 그림27.5는 Monostable로 동작하는 회로이다. 스위치를 누를 때 마다 출력신호를 그래프에 그리시오. 이때 출력신호수의 듀티비를 측정하여 기록하시오.

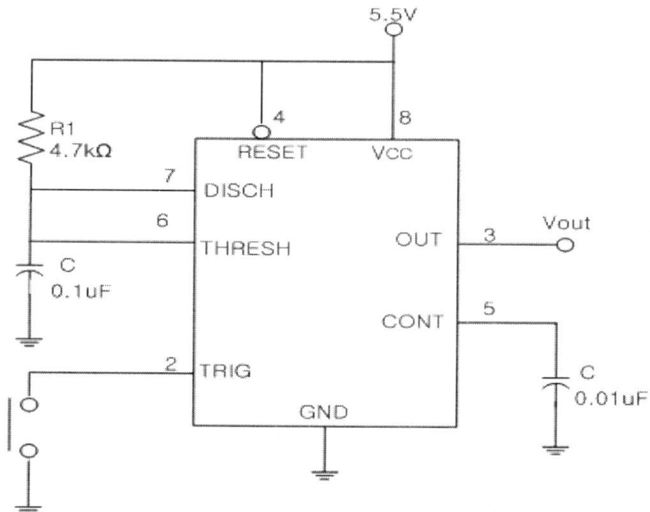

그림27.5

· **Duty ratio =** ____________ **[%]**

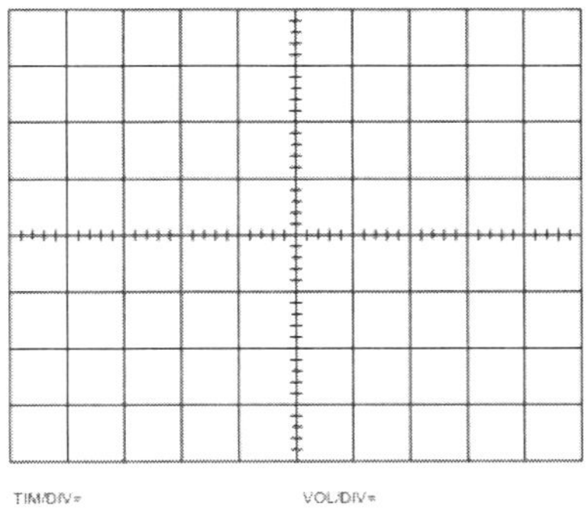

그림27.6

실험 5 555 타이머(2)

(가) 그림27.7의 회로를 구성하시오.

(나) 회로의 출력전압을 멀티미터로 측정하여 기록하시오.

$V_{OUT}=$ ______________ [V]

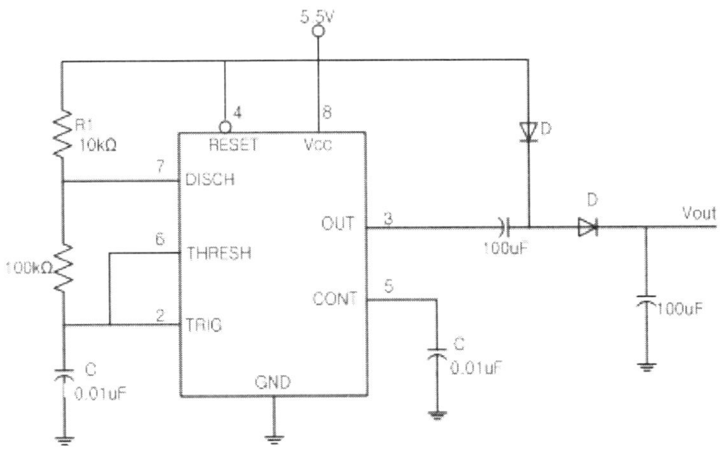

그림27.7

공학도를 위한
전기.전자회로 기초실험

2010년 2월 10일 초판 2쇄(수정판)
2011년 2월 12일 발행
저 자 김 락 환 .김 준 식. 권 오 상 공저
펴낸이 오 성 걸
펴낸곳 오성미디어
주 소 132-916 서울시 도봉구 창 3동 491-1
전 화 02)997-0136
FAX 02)997-0137
등 록 2000. 5. 12 제 7-212 호

ISBN 978-89-92583-28-2 값 17,000 원